建设工程快速识图与诀窍丛书

建筑工程快速识图与诀窍

万　滨　主编

中国建筑工业出版社

图书在版编目（CIP）数据

建筑工程快速识图与诀窍/万滨主编. —北京：中国建筑工业出版社，2020.1
（建设工程快速识图与诀窍丛书）
ISBN 978-7-112-24755-4

Ⅰ. ①建… Ⅱ. ①万… Ⅲ. ①建筑制图-识图 Ⅳ. ①TU204.21

中国版本图书馆 CIP 数据核字（2020）第 022243 号

本书为通俗易懂的识图入门书。根据《房屋建筑制图统一标准》（GB/T 50001—2017）、《总图制图标准》（GB/T 50103—2010）、《建筑制图标准》（GB/T 50104—2010）等标准编写，主要包括建筑制图基本规定、建筑识图基础知识、建筑施工图识图诀窍、一般民用建筑构造图识图诀窍以及建筑施工图识图实例。本书详细讲解了最新制图标准、识图方法、步骤与诀窍，并配有丰富的识图实例，具有逻辑性、系统性强、内容简明实用、重点突出等特点。对于造价人员，熟练识图才能做好后续的造价计算。

本书可供建筑工程设计、施工、造价、监理等相关技术和管理人员使用，可作为识图入门培训教材，也可供各院校师生参考使用。

责任编辑：郭 栋
责任校对：芦欣甜

建设工程快速识图与诀窍丛书
建筑工程快速识图与诀窍
万 滨 主编
*
中国建筑工业出版社出版、发行（北京海淀三里河路 9 号）
各地新华书店、建筑书店经销
霸州市顺浩图文科技发展有限公司制版
北京圣夫亚美印刷有限公司印刷
*
开本：787×1092 毫米 1/16 印张：13 字数：320 千字
2020 年 8 月第一版 2020 年 8 月第一次印刷
定价：**39.00** 元
ISBN 978-7-112-24755-4
（35354）

编 委 会

主　编　万　滨

参　编（按姓氏笔画排序）

王　旭　王　雷　曲春光　张　彤　张　健

张吉娜　庞业周　侯乃军　李　瑶　郭朝勇

前言 | Preface

建筑工程施工图是一种能够准确表达建筑物的外形轮廓、大小尺寸、结构形式、构造方法和材料做法的图样，是沟通设计和施工的桥梁，对于建筑工程施工人员来说，快速和准确地识读建筑工程施工图是一项基本的技能；而对于刚参加工作的建筑工程施工人员来说，看懂建筑工程施工图显得更为重要。为了能让更多的建筑从业人员掌握建筑制图、识图的相关知识，我们组织编写了这本书。对于造价人员，熟练识图才能做好后续的造价计算。通俗易懂是本书的特色。

本书根据《房屋建筑制图统一标准》(GB/T 50001—2017)、《总图制图标准》(GB/T 50103—2010)、《建筑制图标准》(GB/T 50104—2010) 等标准编写，主要包括建筑制图基本规定、建筑识图基础知识、建筑施工图识图诀窍、一般民用建筑构造图识图诀窍以及建筑施工图识图实例。本书详细讲解了最新制图标准、识图方法、步骤与诀窍，并配有丰富的识图实例，具有逻辑性、系统性强、内容简明实用、重点突出等特点。本书可供建筑工程设计、施工、造价、监理等相关技术和管理人员使用，也可供建筑工程相关专业的大中专院校师生学习参考使用。

由于编写经验、理论水平有限，难免有疏漏、不足之处，敬请读者批评指正。

目录 Contents

建筑制图基本规定

1.1 施工图的相关规定

1.1.1 图线

1）图线的基本线宽 b，宜按照图纸比例及图纸性质从 1.4mm、1.0mm、0.7mm、0.5mm 线宽系列中选取。每个图样，应根据复杂程序与比例大小，先选定基本线宽 b，再选用表 1-1 中相应的线宽组。

线宽组（mm） 表 1-1

线宽比	线宽组			
b	1.4	1.0	0.7	0.5
$0.7b$	1.0	0.7	0.5	0.35
$0.5b$	0.7	0.5	0.35	0.25
$0.25b$	0.35	0.25	0.18	0.13

注：1. 需要缩微的图纸，不宜采用 0.18mm 及更细的线宽。
2. 同一张图纸内，各不同线宽中的细线，可统一采用较细的线宽组的细线。

2）工程建设制图应选用表 1-2 所示的图线。

工程建设制图应选用的图线 表 1-2

名称		线型	线宽	一般用途
实线	粗	————	b	主要可见轮廓线
	中粗	————	$0.7b$	可见轮廓线、变更云线
	中	————	$0.5b$	可见轮廓线、尺寸线
	细	————	$0.25b$	图例填充线、家具线
虚线	粗	--------	b	见各有关专业制图标准
	中粗	---------	$0.7b$	不可见轮廓线

续表

名称		线型	线宽	一般用途
虚线	中		0.5b	不可见轮廓线、图例线
	细		0.25b	图例填充线、家具线
单点长画线	粗		b	见各有关专业制图标准
	中		0.5b	见各有关专业制图标准
	细		0.25b	中心线、对称线、轴线等
双点长画线	粗		b	见各有关专业制图标准
	中		0.5b	见各有关专业制图标准
	细		0.25b	假想轮廓线、成型前原始轮廓线
折断线	细		0.25b	断开界线
波浪线	细		0.25b	断开界线

3）同一张图纸内，相同比例的各图样，应选用相同的线宽组。

4）图纸的图框和标题栏线可采用表 1-3 的线宽。

图框和标题栏线的宽度（mm） **表 1-3**

幅面代号	图框线	标题栏外框线对中标志	标题栏分格线幅面线
A0、A1	b	0.5b	0.25b
A2、A3、A4	b	0.7b	0.35b

5）相互平行的图例线，其净间隙或线中间隙不宜小于 0.2mm。

6）虚线、单点长画线或双点长画线的线段长度和间隔，宜各自相等。

7）单点长画线或双点长画线，当在较小图形中绘制有困难时，可用实线代替。

8）单点长画线或双点长画线的两端，不应采用点。点画线与点画线交接点或点画线与其他图线交接时，应采用线段交接。

9）虚线与虚线交接或虚线与其他图线交接时，应采用线段交接。虚线为实线的延长线时，不得与实线相接。

10）图线不得与文字、数字或符号重叠、混淆；不可避免时，应首先保证文字的清晰。

1.1.2 比例

1）图样的比例，应为图形与实物相对应的线性尺寸之比。

2）比例的符号应为"："，比例应以阿拉伯数字表示。

3）比例宜注写在图名的右侧，字的基准线应取平；比例的字高宜比图名的字高小一号或二号，如图 1-1 所示。

平面图 1:100　　⑥ 1:20

图 1-1　比例的注写

4）绘图所用的比例应根据图样的用途与被绘对象的复杂程度，从表 1-4 中选用，并应优先采用表中常用比例。

绘图所用的比例　　**表 1-4**

常用比例	1∶1、1∶2、1∶5、1∶10、1∶20、1∶30、1∶50、1∶100、1∶150、1∶200、1∶500、1∶1000、1∶2000
可用比例	1∶3、1∶4、1∶6、1∶15、1∶25、1∶40、1∶60、1∶80、1∶250、1∶300、1∶400、1∶600、1∶5000、1∶10000、1∶20000、1∶50000、1∶100000、1∶200000

5）一般情况下，一个图样应选用一种比例。根据专业制图需要，同一图样可选用两种比例。

6）特殊情况下也可自选比例，这时除应注出绘图比例外，还应在适当位置绘制出相应的比例尺。需要缩微的图纸应绘制比例尺。

1.1.3　符号

1. 剖切符号

（1）剖切符号宜优先选择国际通用方法表示，也可常用方法表示，同一套图纸应选用一种表示方法。

（2）剖切符号标注的位置应符合下列规定：

1）建（构）筑物剖面图的剖切符号应注在±0.000 标高的平面图或首层平面图上。

2）局部剖面图（不含首层）、断面图的剖切符号应注在包含剖切部位的最下面一层的平面图上。

（3）采用国际通用剖视表示方法时，剖面及断面的剖切符号（图 1-2）应符合下列规定：

1）剖面剖切索引符号应由直径 8～10mm 的圆和水平直径以及两条相互垂直且外切圆的线段组成，水平直径上方应为索引编号，下方应为图纸编号（详细规定如图 1-5 所示），线段与圆之间应填充黑色并形成箭头表示剖视方向，索引符号应位于剖线两端；断面及剖视详图剖切符号的索引符号应位于平面图外侧一端，另一端为剖视方向线，长度宜为 7～9mm，宽度宜为 2mm。

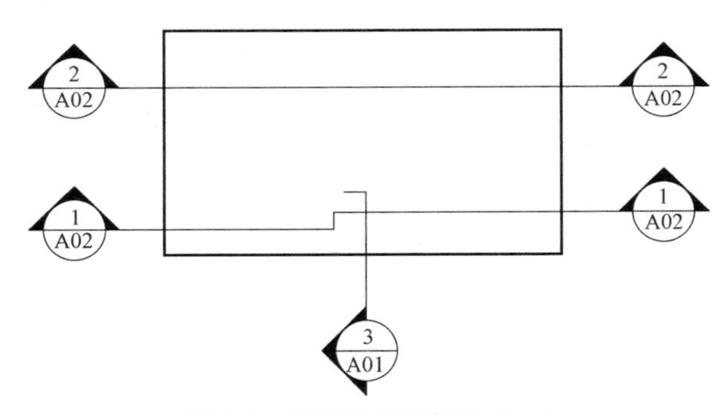

图 1-2　剖视的剖切符号（一）

2）剖切线与符号线线宽应为 0.25b。

3）需要转折的剖切线应连续绘制。

4）剖号的编号宜由左至右、由下向上连续编排。

（4）采用常用方法表示时，剖面的剖切符号应由剖切线及剖视方向线组成，均应以粗实线绘制，线宽宜为 b。剖面的剖切符号应符合下列规定：

1）剖切位置线的长度宜为 6～10mm；剖视方向线应垂直于剖切位置线，长度应短于剖切位置线，宜为 4～6mm。绘制时，剖视剖切符号不应与其他图线相接触。

2）剖视剖切符号的编号宜采用粗阿拉伯数字，按剖切顺序由左至右、由下向上连续编排，并应注写在剖视方向线的端部（图 1-3）。

3）需要转折的剖切位置线，应在转角的外侧加注与该符号相同的编号。

4）断面的剖切符号应仅用剖切位置线表示，其编号应注写在剖切位置线的一侧；编号所在的一侧应为该断面的剖视方向，其余同剖面的剖切符号（图 1-4）。

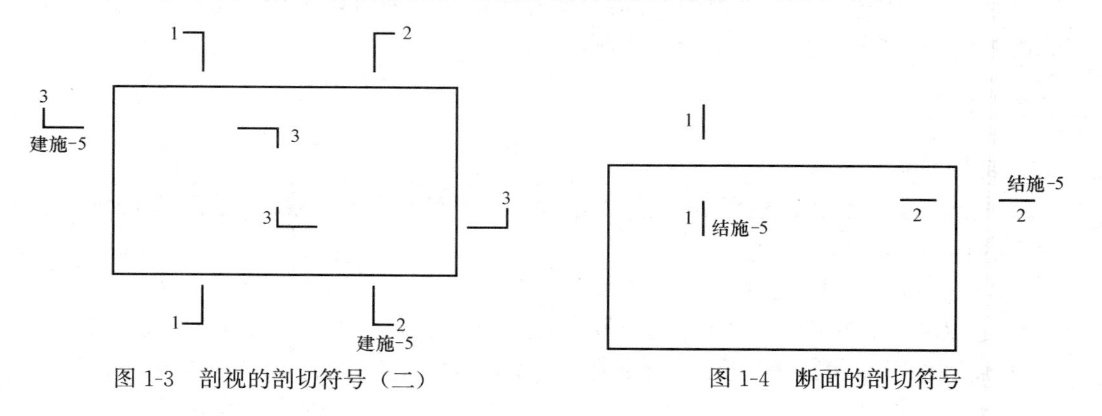

图 1-3 剖视的剖切符号（二） 图 1-4 断面的剖切符号

5）当与被剖切图样不在同一张图内，应在剖切位置线的另一侧注明其所在图纸的编号，如图 1-4 所示，也可以在图上集中说明。

2. 索引符号与详图符号

（1）图样中的某一局部或构件，如需另见详图，应以索引符号索引，如图 1-5（*a*）所示。索引符号应由直径为 8～10mm 的圆和水平直径组成，圆及水平直径线宽宜为 0.25*b*。索引符号编写应符合下列规定：

1）当索引出的详图与被索引的详图同在一张图纸内，应在索引符号的上半圆中用阿拉伯数字注明该详图的编号，并在下半圆中间画一段水平细实线，如图 1-5（*b*）所示。

2）当索引出的详图与被索引的详图不在同一张图纸中，应在索引符号的上半圆中用阿拉伯数字注明该详图的编号，在索引符号的下半圆用阿拉伯数字注明该详图所在图纸的编号，如图 1-5（*c*）所示。数字较多时，可加文字标注。

3）当索引出的详图采用标准图时，应在索引符号水平直径的延长线上加注该标准图集的编号，如图 1-5（*d*）所示。需要标注比例时，应在文字的索引符合右侧或延长线下方，与符号下对齐。

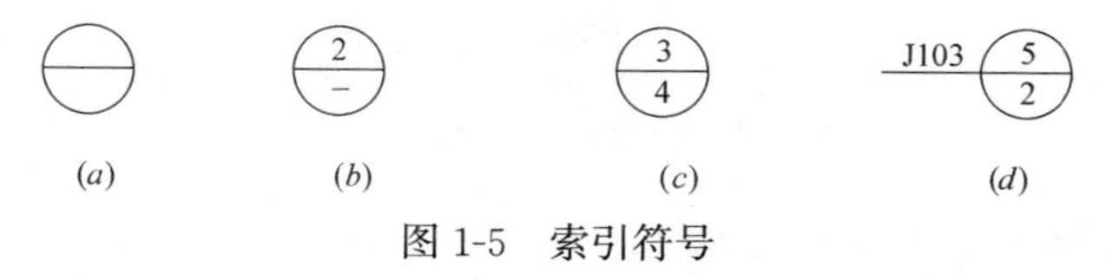

图 1-5 索引符号

（2）当索引符号用于索引剖视详图时，应在被剖切的部位绘制剖切位置线，并以引出线引出索引符号，引出线所在的一侧应为剖视方向，索引符号的编号应符合（1）的规定，如图 1-6 所示。

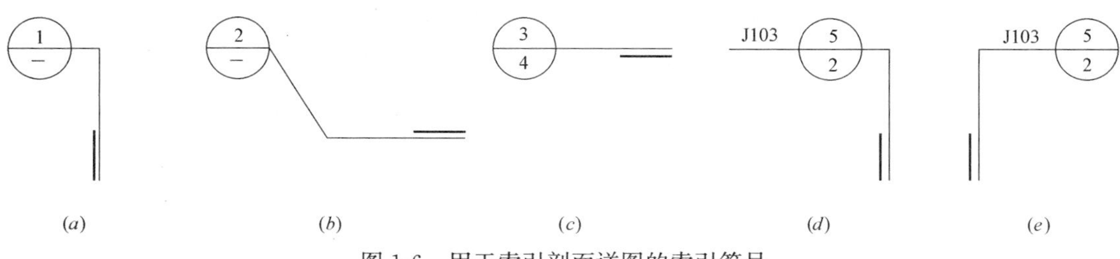

图 1-6 用于索引剖面详图的索引符号

（3）零件、钢筋、杆件及消火栓、配电箱、管井等设备的编号宜以直径为 4～6mm 的圆表示，圆线宽宜为 0.25*b*，同一图样应保持一致，其编号应用阿拉伯数字按顺序编写，如图 1-7 所示。

（4）详图的位置和编号应以详图符号表示。详图符号的圆直径应为 14mm，线宽为 *b*。详图编号应符合下列规定：

1）当详图与被索引的图样同在一张图纸内时，应在详图符号内用阿拉伯数字注明详图的编号，如图 1-8 所示。

2）当详图与被索引的图样不在同一张图纸内时，应用细实线在详图符号内画一水平直径，在上半圆中注明详图编号，在下半圆中注明被索引的图纸的编号，如图 1-9 所示。

图 1-7 零件、钢筋等的编号

图 1-8 与被索引图样同在一张图纸内的详图索引

图 1-9 与被索引图样不在同一张图纸内的详图索引

3. 引出线

（1）引出线线宽应为 0.25*b*，宜采用水平方向的直线，或与水平方向成 30°、45°、60°、90°的直线，并经上述角度再折成水平线。文字说明宜注写在水平线的上方，如图 1-10（*a*）所示，也可注写在水平线的端部，如图 1-10（*b*）所示。索引详图的引出线，应与水平直径线相连接，如图 1-10（*c*）所示。

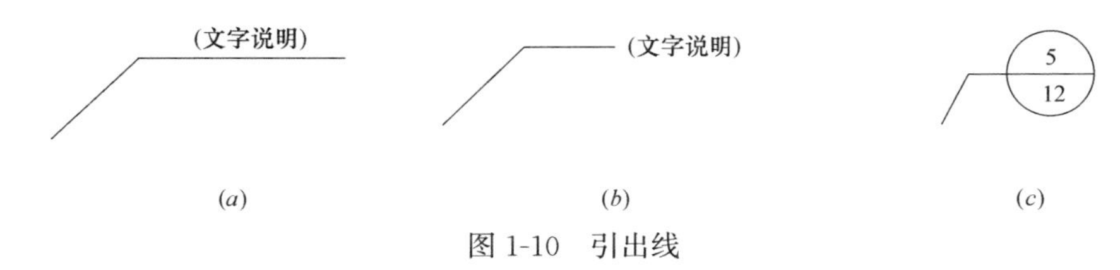

图 1-10 引出线

（2）同时引出的几个相同部分的引出线，宜互相平行，如图 1-11（*a*）所示，也可画成集中于一点的放射线，如图 1-11（*b*）所示。

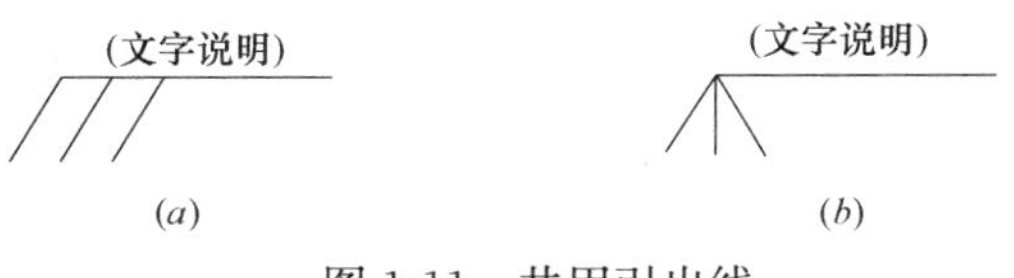

图 1-11 共用引出线

（3）多层构造或多层管道共用引出线，应通过被引出的各层，并用圆点示意对应各层次。文字说明宜注写在水平线的上方，或注写在水平线的端部，说明的顺序应由上至下，并应与被说明的层次对应一致；如层次为横向排序，则由上至下的说明顺序应与由左至右的层次对应一致，如图 1-12 所示。

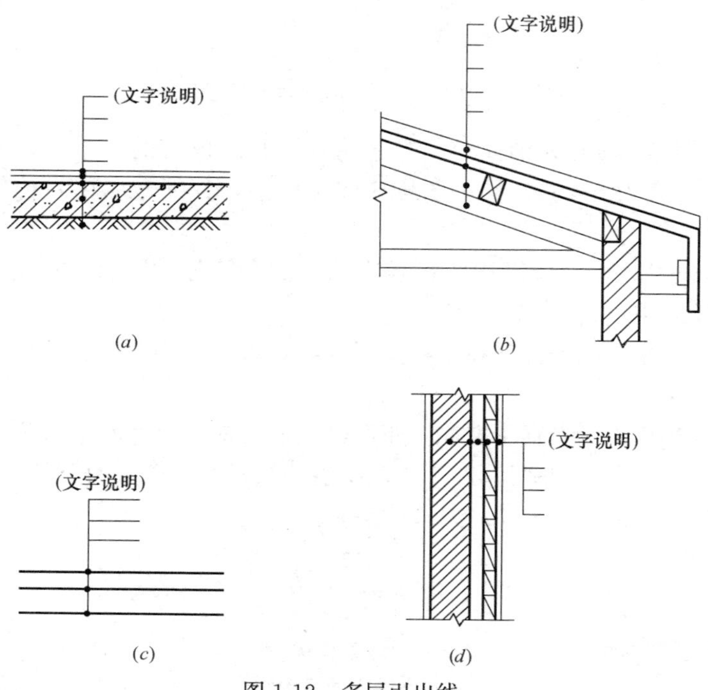

图 1-12　多层引出线

4. 其他符号

（1）对称符号应由对称线和两端的两对平行线组成。对称线应用单点长画线绘制，线宽宜为 0.25*b*；平行线应用实线绘制，其长度宜为 6～10mm，每对的间距宜为 2～3mm，线宽宜为 0.5*b*；对称线应垂直平分于两对平行线，两端超出平行线宜为 2～3mm，如图 1-13 所示。

（2）连接符号应以折断线表示需连接的部分。两部位相距过远时，折断线两端靠图样一侧应标注大写英文字母表示连接编号。两个被连接的图样应用相同的字母编号，如图 1-14 所示。

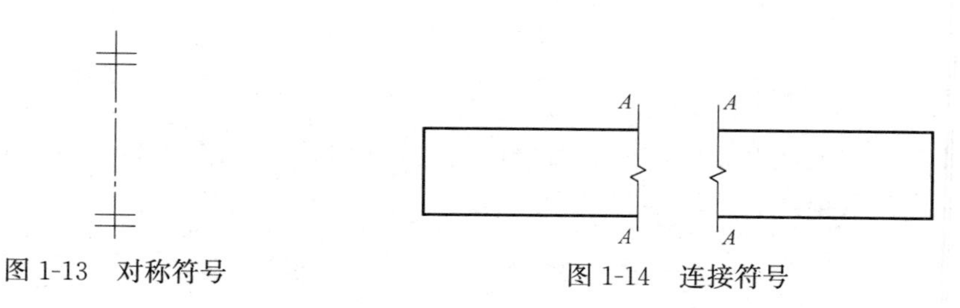

图 1-13　对称符号

图 1-14　连接符号

（3）指北针的形状宜符合图 1-15 的规定，其圆的直径宜为 24mm，用细实线绘制；指针尾部的宽度宜为 3mm，指针头部应注“北”或“N”字。需用较大直径绘制指北针

时，指针尾部的宽度宜为直径的 1/8。

（4）指北针与风玫瑰结合时宜采用互相垂直的线段，线段两端应超出风玫瑰轮廓线 2～3mm，垂点宜为风玫瑰中心，北向应注“北”或“N”字，组成风玫瑰所有线宽均宜为 0.5b。

（5）对图纸中局部变更部分宜采用云线，并宜注明修改版次，修改版次符号宜为边长 0.8cm 的正等边三角形，修改版次应采用数字表示，如图 1-16 所示。变更云线的线宽宜按 0.7b 绘制。

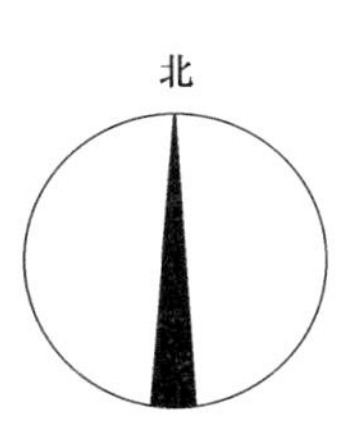

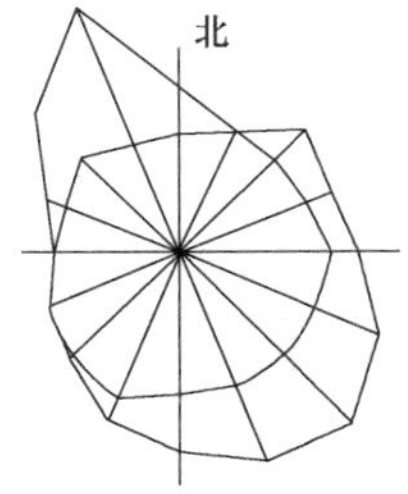

图 1-15　指北针、风玫瑰

图 1-16　变更云线
注：1 为修改次数

1.1.4　定位轴线

（1）定位轴线应用 0.25b 线宽的单点长画线绘制。

（2）定位轴线应编号，编号应注写在轴线端部的圆内。圆应用 0.25b 线宽的实线绘制，直径宜为 8～10mm。定位轴线圆的圆心应在定位轴线的延长线上或延长线的折线上。

（3）除较复杂需采用分区编号或圆形、折线形外，平面图上定位轴线的编号，宜标注在图样的下方及左侧，或在图样的四面标注。横向编号应用阿拉伯数字，从左至右顺序编写；竖向编号应用大写英文字母，从下至上顺序编写，如图 1-17 所示。

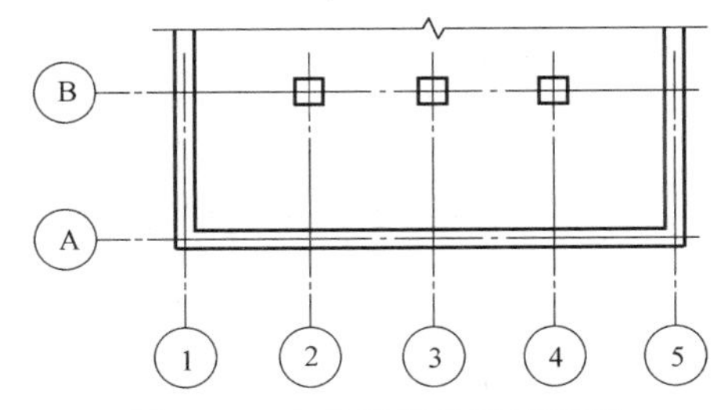

图 1-17　定位轴线的编号顺序

（4）英文字母作为轴线号时，应全部采用大写字母，不应用同一个字母的大小写来区分轴线号。英文字母的 I、O、Z 不得用作轴线编号。当字母数量不够使用，可增用双字母或单字母加数字注脚。

（5）组合较复杂的平面图中定位轴线可采用分区编号，如图 1-18 所示。编号的注写形式应为“分区号——该分区定位轴线编号”，分区号宜采用阿拉伯数字或大写英文字母表示；多子项的平面图中定位轴线可采用子项编号，编号的注写形式为“子项号——该子项定位轴线编号”，子项号采用阿拉伯数字或大写英文字母表示，如“1-1”、“1-A”或“A-1”、“A-2”。当采用分区编号或子项编号，同一根轴线有不止 1 个编号时，相应编号应同时注明。

（6）附加定位轴线的编号应以分数形式表示，并应符合下列规定：

1）两根轴线的附加轴线，应以分母表示前一轴线的编号，分子表示附加轴线的编号。

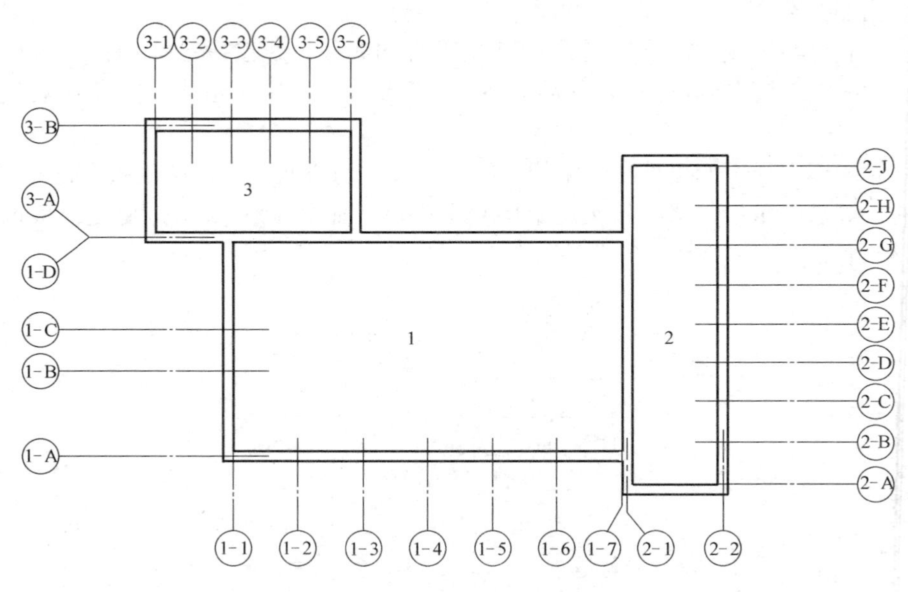

图 1-18 定位轴线的分区编号

编号宜用阿拉伯数字顺序编写；

2）1 号轴线或 A 号轴线之前的附加轴线的分母应以 01 或 0A 表示。

（7）一个详图适用于几根轴线时，应同时注明各有关轴线的编号，如图 1-19 所示。

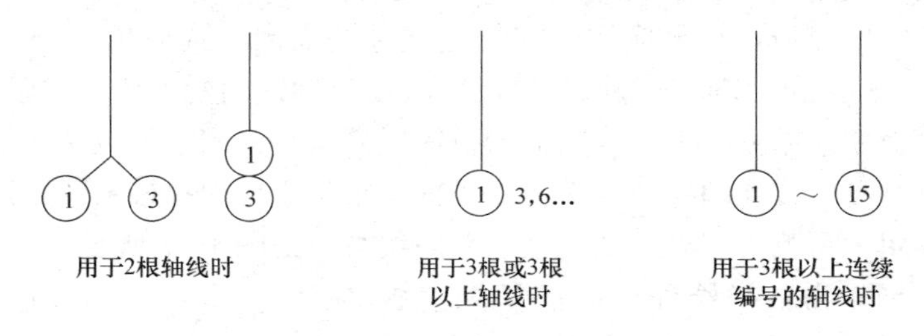

图 1-19 详图的轴线编号

（8）通用详图中的定位轴线，应只画圆，不注写轴线编号。

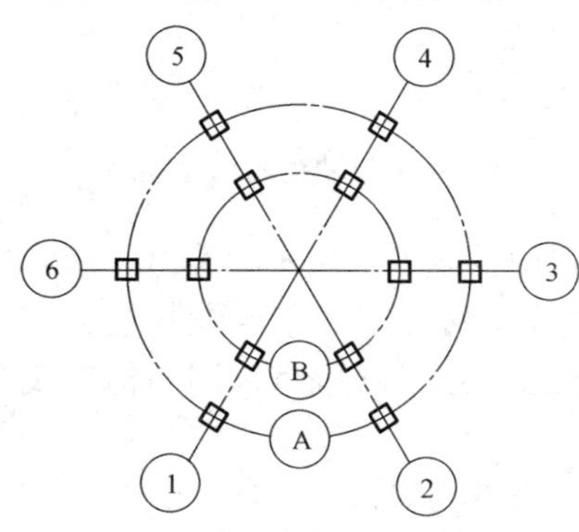

图 1-20 圆形平面定位轴线的编号

（9）圆形与弧形平面图中的定位轴线，其径向轴线应以角度进行定位，其编号宜用阿拉伯数字表示，从左下角或－90°（若径向轴线很密，角度间隔很小）开始，按逆时针顺序编写；其环向轴线宜用大写英文字母表示，从外向内顺序编写，如图 1-20、图 1-21 所示。圆形与弧形平面图的圆心宜选用大写英文字母编号（I、O、Z 除外），有不止 1 个圆心时，可在字母后加注阿拉伯数字进行区分，如 P1、P2、P3。

（10）折线形平面图中定位轴线的编号可按图 1-22 的形式编写。

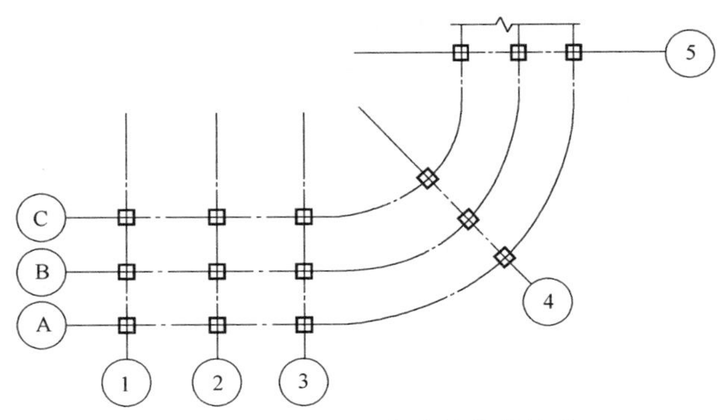

图 1-21 弧形平面定位轴线的编号

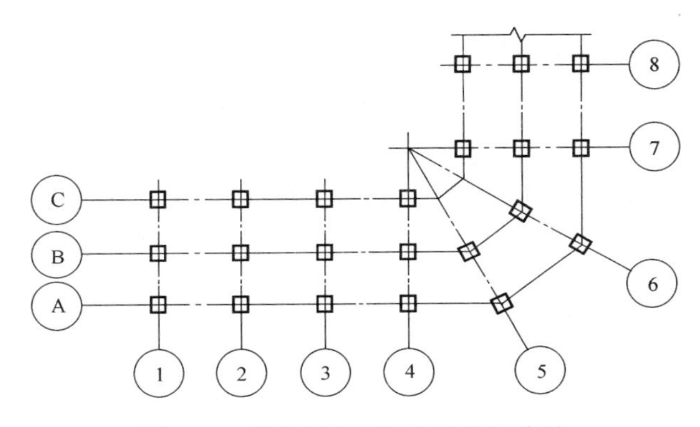

图 1-22 折线形平面定位轴线的编号

1.1.5 尺寸标注

1. 尺寸界线、尺寸线及尺寸起止符号

(1) 图样上的尺寸，应包括尺寸界线、尺寸线、尺寸起止符号和尺寸数字，如图 1-23 所示。

(2) 尺寸界线应用细实线绘制，应与被注长度垂直，其一端应离开图样轮廓线不小于 2mm，另一端宜超出尺寸线 2～3mm。图样轮廓线可用作尺寸界线，如图 1-24 所示。

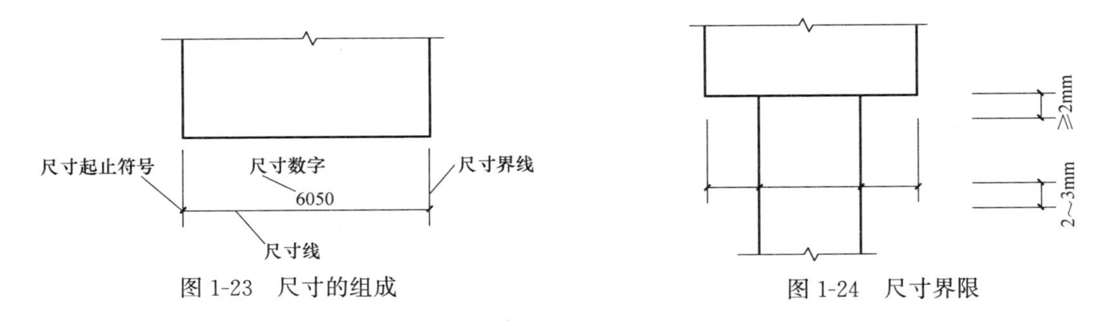

图 1-23 尺寸的组成 图 1-24 尺寸界限

(3) 尺寸线应用细实线绘制，应与被注长度平行，两端宜以尺寸界线为边界，也可超出尺寸界线 2～3mm。图样本身的任何图线均不得用作尺寸线。

（4）尺寸起止符号用中粗斜短线绘制，其倾斜方向应与尺寸界线成顺时针45°角，长度宜为2～3mm。轴测图中用小圆点表示尺寸起止符号，小圆点直径1mm，如图1-25（a）所示。半径、直径、角度与弧长的尺寸起止符号，宜用箭头表示，箭头宽度b不宜小于1mm，如图1-25（b）所示。

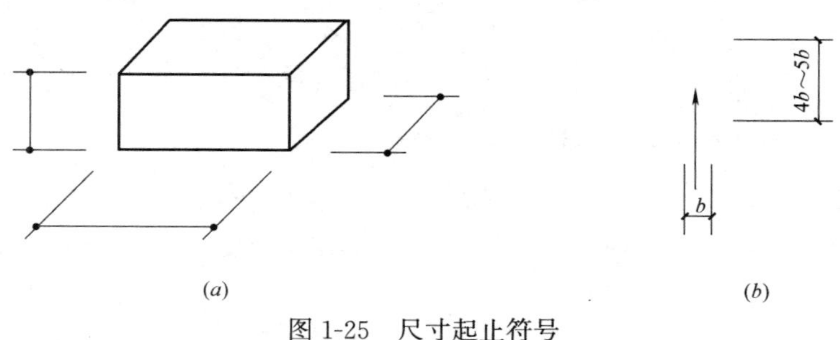

（a）　　（b）

图1-25　尺寸起止符号

（a）轴测图尺寸起止符号；（b）箭头尺寸起止符号

2. 尺寸数字

（1）图样上的尺寸，应以尺寸数字为准，不应从图上直接量取。

（2）图样上的尺寸单位，除标高及总平面以米为单位外，其他必须以毫米为单位。

（3）尺寸数字的方向，应按图1-26（a）的规定注写。若尺寸数字在30°斜线区内，也可按图1-26（b）的形式注写。

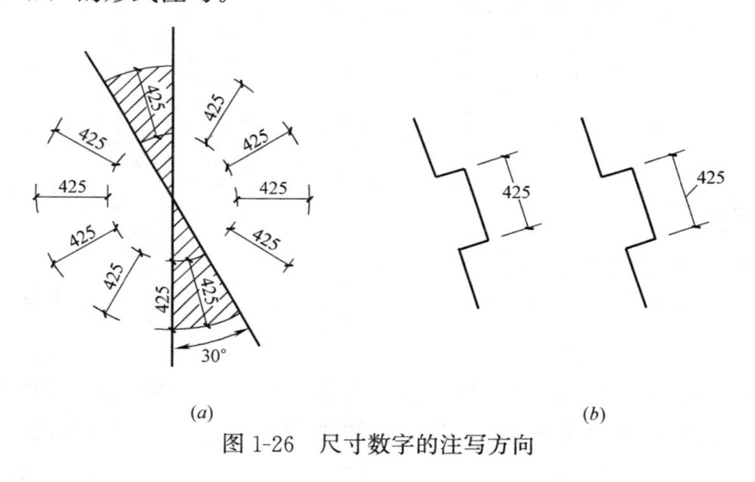

（a）　　（b）

图1-26　尺寸数字的注写方向

（4）尺寸数字应依据其方向注写在靠近尺寸线的上方中部。如没有足够的注写位置，最外边的尺寸数字可注写在尺寸界线的外侧，中间相邻的尺寸数字可上下错开注写，可用引出线表示标注尺寸的位置，如图1-27所示。

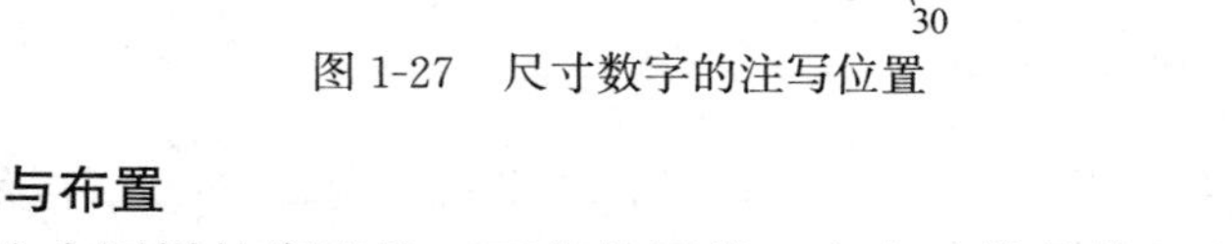

30 420 90 50 50 50 50 30 150 25

图1-27　尺寸数字的注写位置

3. 尺寸的排列与布置

（1）尺寸宜标注在图样轮廓以外，不宜与图线、文字及符号等相交，如图1-28所示。

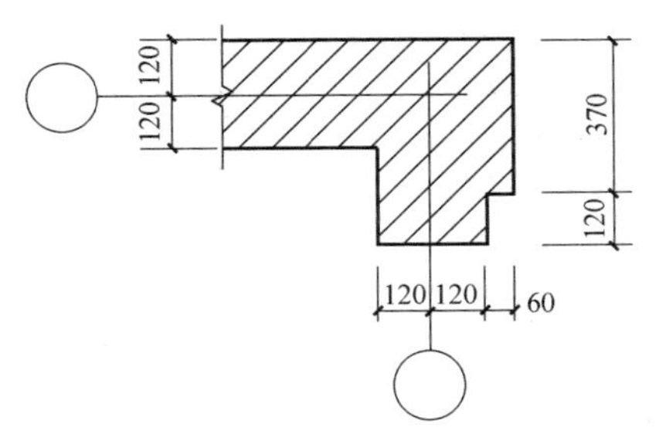

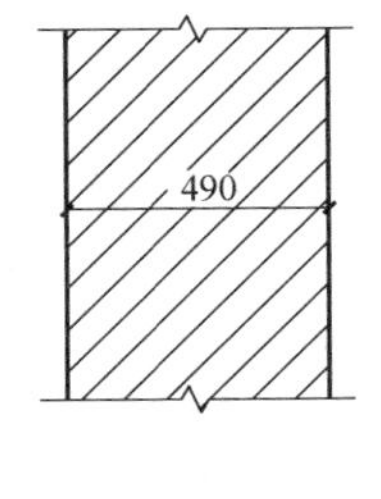

图 1-28 尺寸数字的注写

（2）互相平行的尺寸线，应从被注写的图样轮廓线由近向远整齐排列，较小尺寸应离轮廓线较近，较大尺寸应离轮廓线较远，如图 1-29 所示。

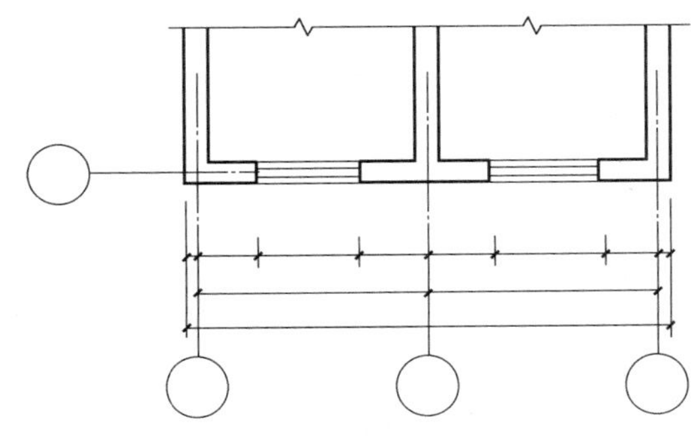

图 1-29 尺寸的排列

（3）图样轮廓线以外的尺寸界线，距图样最外轮廓之间的距离不宜小于 10mm。平行排列的尺寸线的间距宜为 7～10mm，并应保持一致，如图 1-29 所示。

（4）总尺寸的尺寸界线应靠近所指部位，中间的分尺寸的尺寸界线可稍短，但其长度应相等，如图 1-29 所示。

4. 半径、直径、球的尺寸标注

（1）半径的尺寸线应一端从圆心开始，另一端画箭头指向圆弧。半径数字前应加注半径符号“*R*”，如图 1-30 所示。

（2）较小圆弧的半径，可按图 1-31 的形式标注。

（3）较大圆弧的半径，可按图 1-32 的形式标注。

（4）标注圆的直径尺寸时，直径数字前应加直径符号“ϕ”。在圆内标注的尺寸线应通过圆心，两端画箭头指至圆弧，如图 1-33 所示。

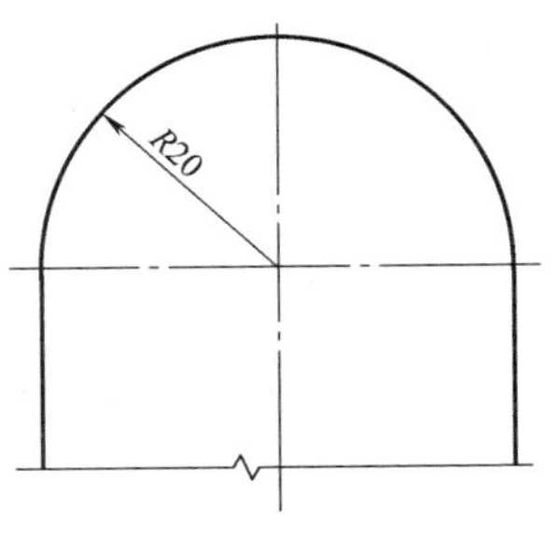

图 1-30 半径标注方法

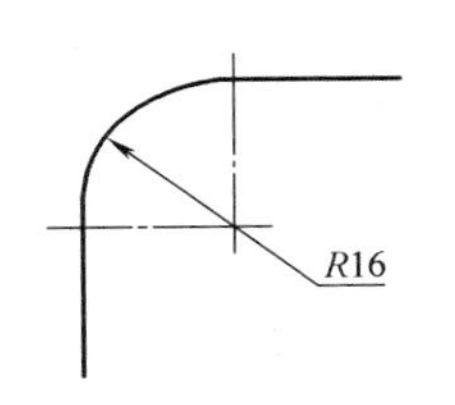

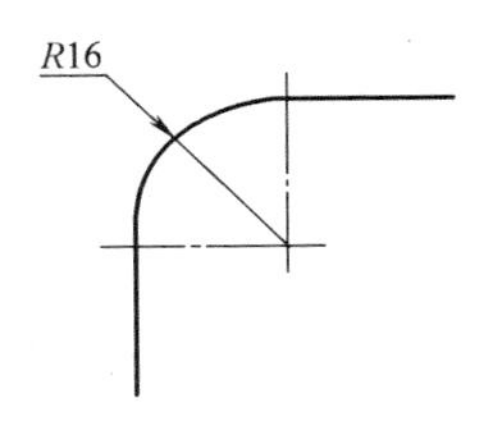

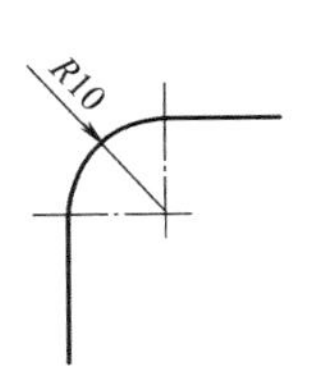

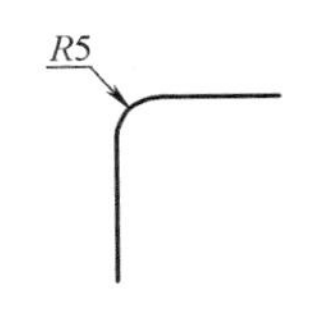

图 1-31 小圆弧半径的标注方法

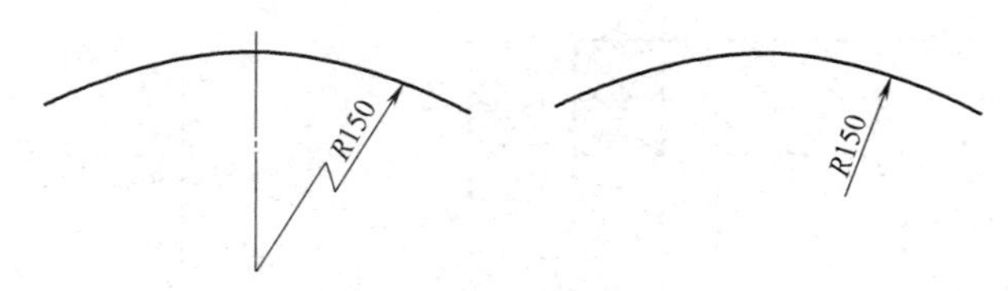

图 1-32 大圆弧半径的标注方法

（5）较小圆的直径尺寸，可标注在圆外，如图 1-34 所示。

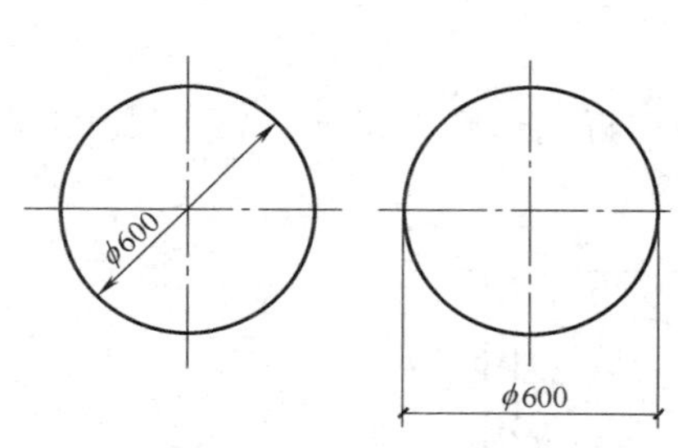

图 1-33 圆直径的标注方法

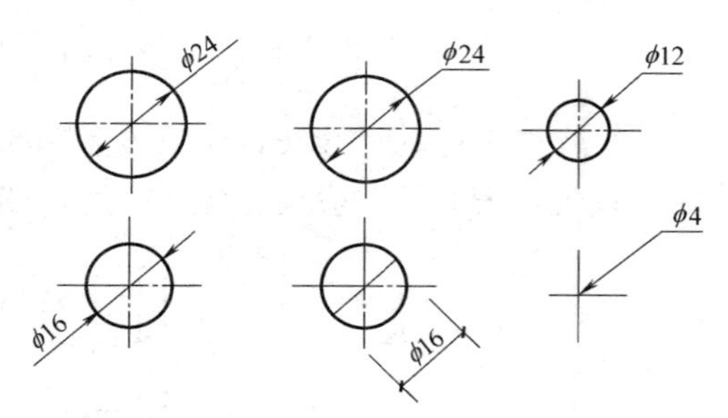

图 1-34 小圆直径的标注方法

（6）标注球的半径尺寸时，应在尺寸前加注符号“*SR*”。标注球的直径尺寸时，应在尺寸数字前加注符号“*Sϕ*”。注写方法与圆弧半径和圆直径的尺寸标注方法相同。

5. 角度、弧度、弧长的标注

（1）角度的尺寸线应以圆弧表示。该圆弧的圆心应是该角的顶点，角的两条边为尺寸界线。起止符号应以箭头表示，如没有足够位置画箭头，可用圆点代替，角度数字应沿尺寸线方向注写，如图 1-35 所示。

（2）标注圆弧的弧长时，尺寸线应以与该圆弧同心的圆弧线表示，尺寸界线应指向圆心，起止符号用箭头表示，弧长数字上方或前方应加注圆弧符号“⌒”，如图 1-36 所示。

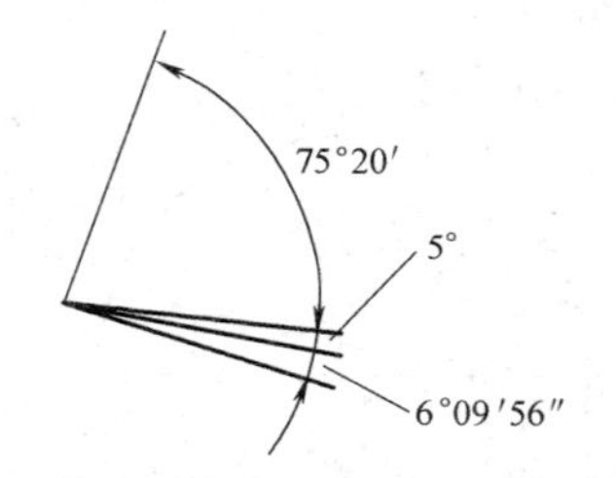

图 1-35 角度标注方法

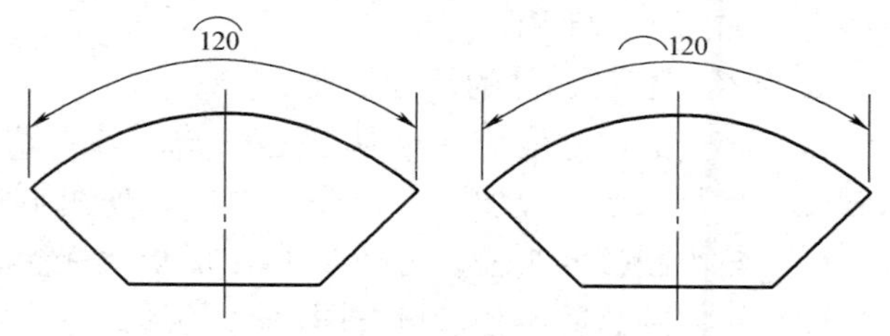

图 1-36 弧长标注方法

（3）标注圆弧的弦长时，尺寸线应以平行于该弦的直线表示，尺寸界线应垂直于该弦，起止符号用中粗斜短线表示，如图 1-37 所示。

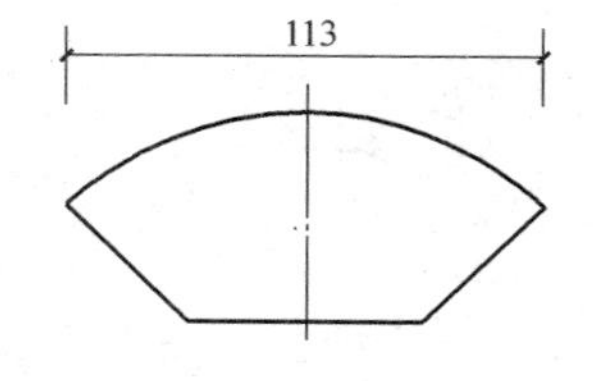

图 1-37 弦长标注方法

6. 薄板厚度、正方形、坡度、非圆曲线等尺寸标注

（1）在薄板板面标注板厚尺寸时，应在厚度数字前加厚度符号“*t*”，如图 1-38 所示。

（2）标注正方形的尺寸，可用“边长×边长”的形式，也可在边长数字前加正方形符号“□”，如图 1-39 所示。

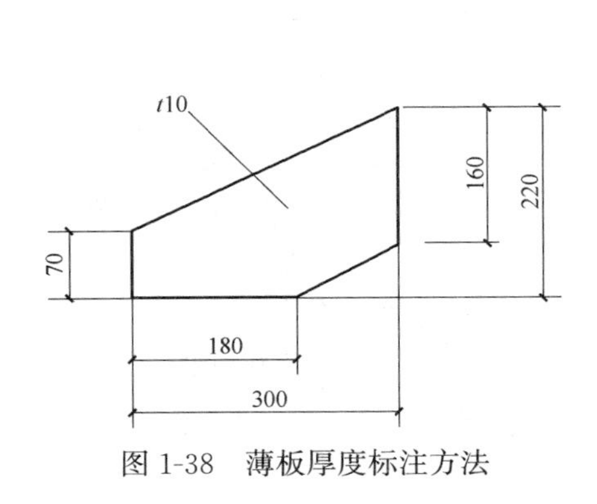

图 1-38　薄板厚度标注方法

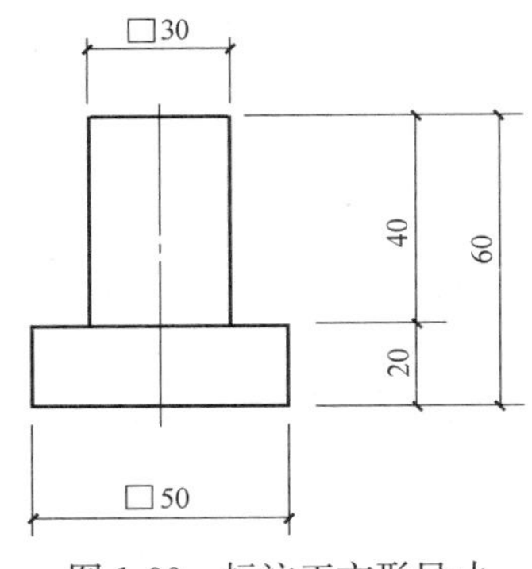

图 1-39　标注正方形尺寸

（3）标注坡度时，应加注坡度符号“←”或“←”，如图 1-40（*a*）、（*b*）所示，箭头应指向下坡方向，如图 1-40（*c*）、（*d*）所示。坡度也可用直角三角形的形式标注，如图 1-40（*e*）、（*f*）所示。

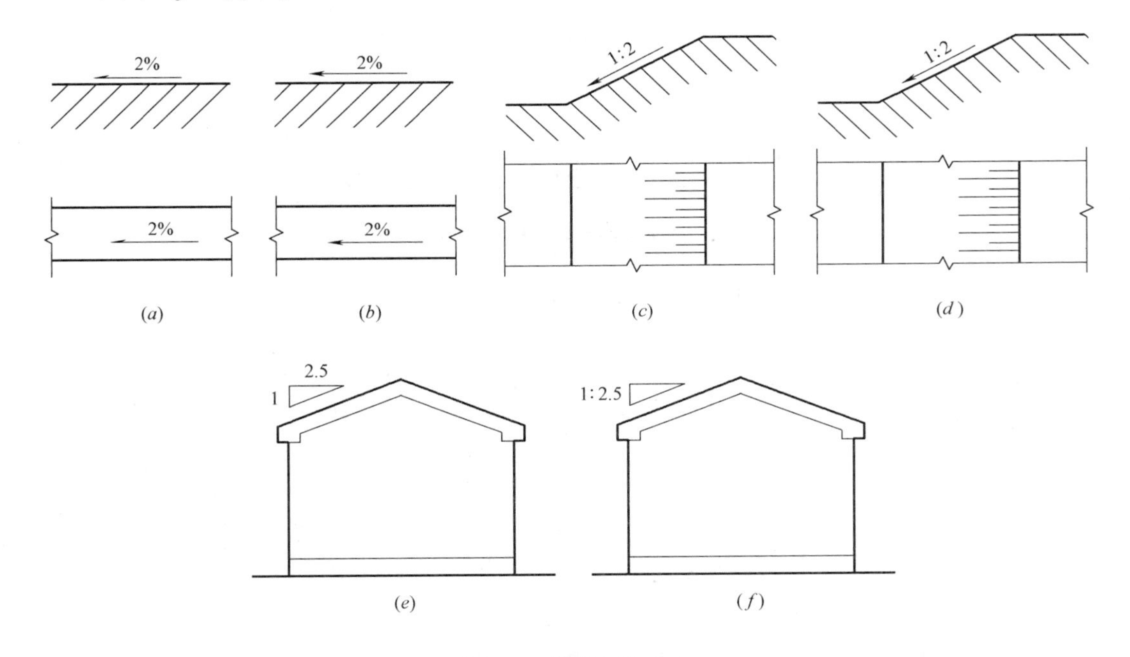

图 1-40　坡度标注方法

（4）外形为非圆曲线的构件，可用坐标形式标注尺寸，如图 1-41 所示。

（5）复杂的图形，可用网格形式标注尺寸，如图 1-42 所示。

7. 尺寸的简化标注

（1）杆件或管线的长度，在单线图（桁架简图、钢筋简图、管线简图）上，可直接将尺寸数字沿杆件或管线的一侧注写，如图 1-43 所示。

（2）连续排列的等长尺寸，可用“等长尺寸×个数＝总长”（图 1-44*a*）或“总长（等分个数）”（图 1-44*b*）的形式标注。

（3）构配件内的构造要素（如孔、槽等）如相同，可仅标注其中一个要素的尺寸，如

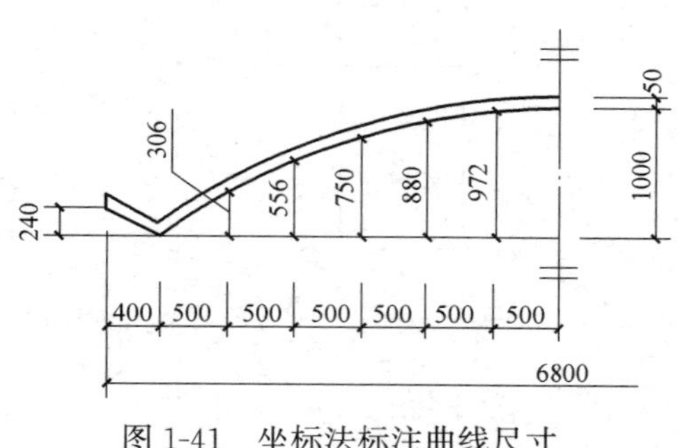

图 1-41　坐标法标注曲线尺寸

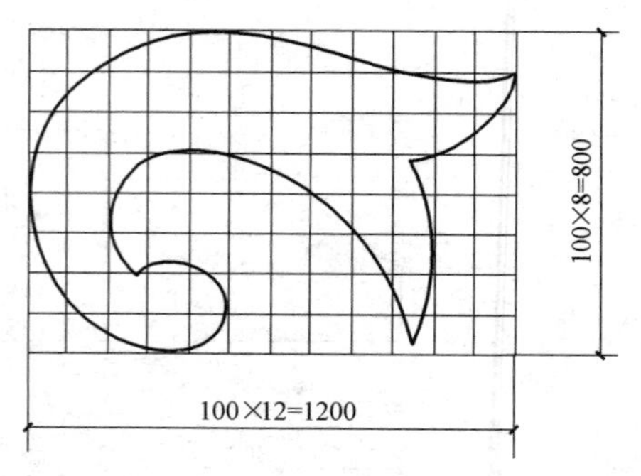

图 1-42　网格法标注曲线尺寸

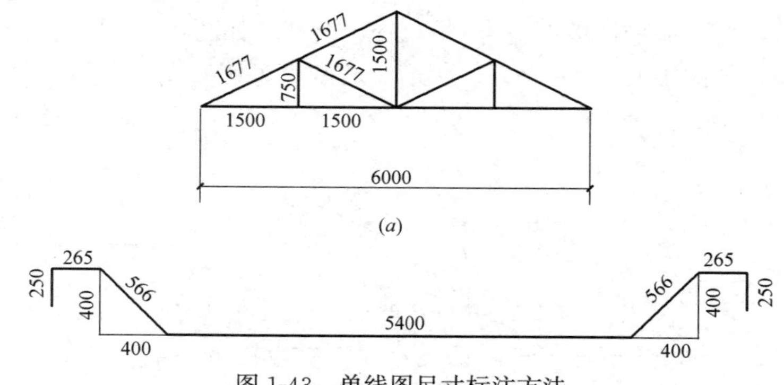

图 1-43　单线图尺寸标注方法

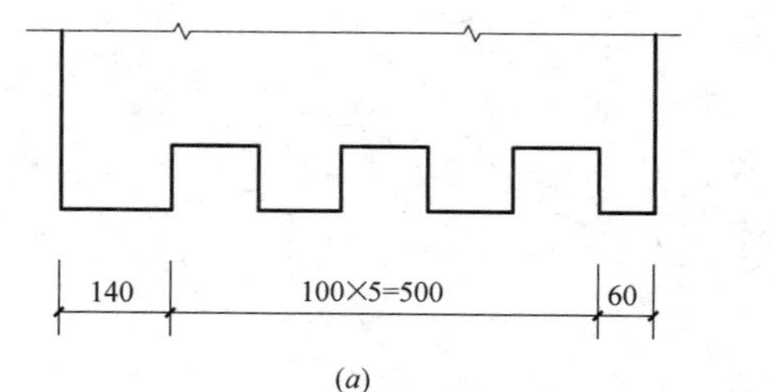

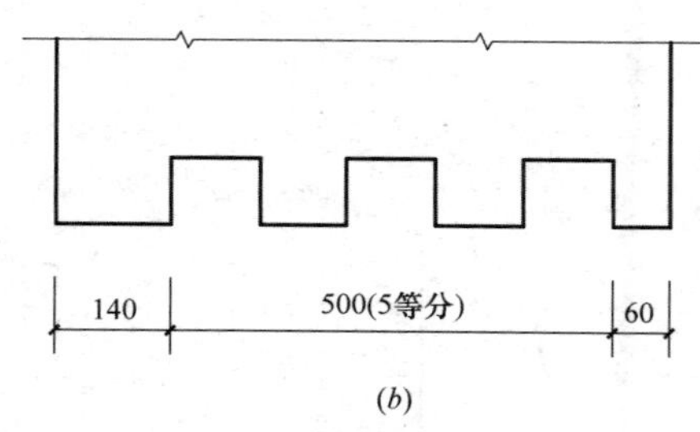

图 1-44　等长尺寸简化标注方法

图 1-45 所示。

（4）对称构配件采用对称省略画法时，该对称构配件的尺寸线应略超过对称符号，仅在尺寸线的一端画尺寸起止符号，尺寸数字应按整体全尺寸注写，其注写位置宜与对称符号对齐，如图 1-46 所示。

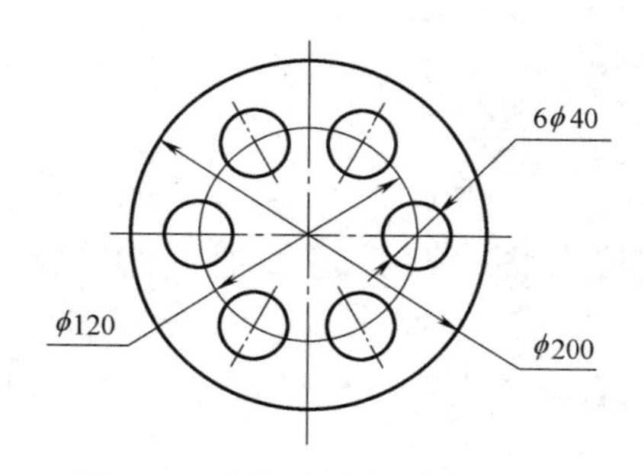

图 1-45　相同要素尺寸标注方法

（5）两个构配件如个别尺寸数字不同，可在同一图样中将其中一个构配件的不同尺寸数字注写在括号内，该构配件的名称也应注写在相应的括号内，如图 1-47 所示。

（6）数个构配件如仅某些尺寸不同，这些有变化的尺寸数字，可用拉丁字母注写在同一图样中，

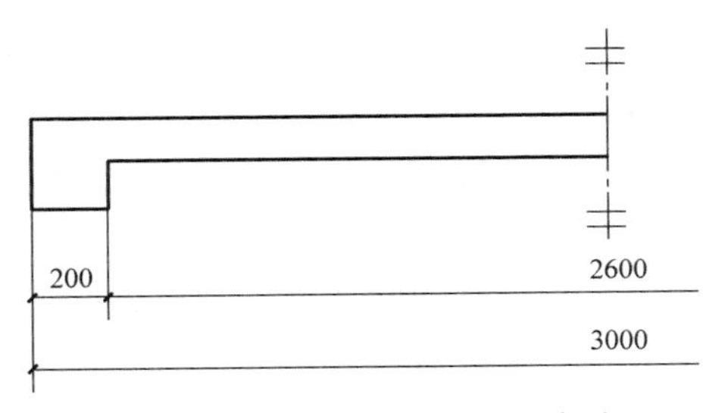

图 1-46　对称构件尺寸标注方法

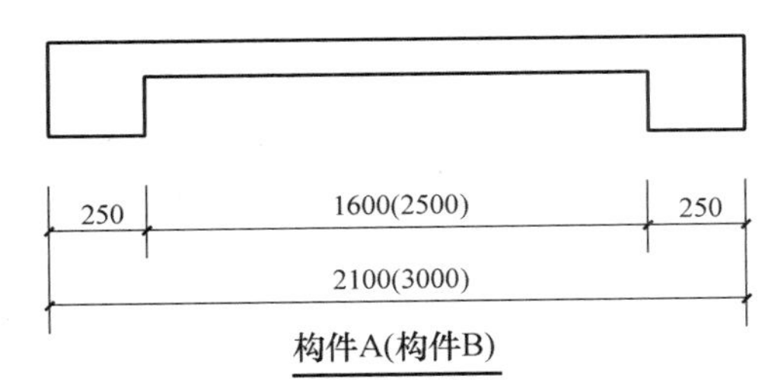

图 1-47　相似构件尺寸标注方法

另列表格写明其具体尺寸，如图 1-48 所示。

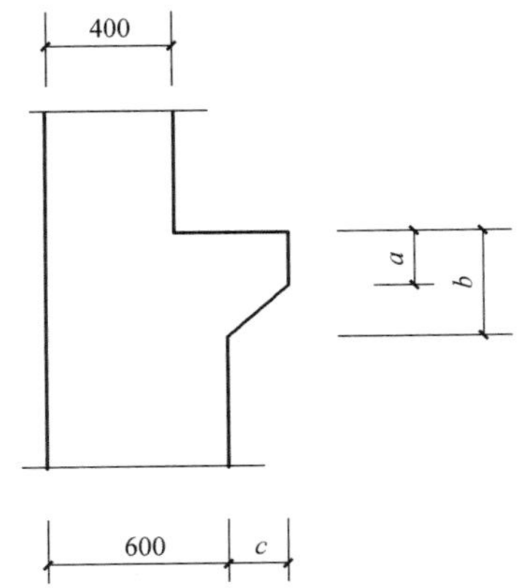

构件编号	*a*	*b*	*c*
Z-1	200	200	200
Z-2	250	450	200
Z-3	200	450	250

图 1-48　相似构配件尺寸表格式标注方法

8. 标高

(1) 标高符号应以等腰直角三角形表示，并应按图 1-49 (*a*) 所示形式用细实线绘制，如标注位置不够，也可按图 1-49 (*b*) 所示形式绘制。标高符号的具体画法可按图 1-49 (*c*)、(*d*) 所示。

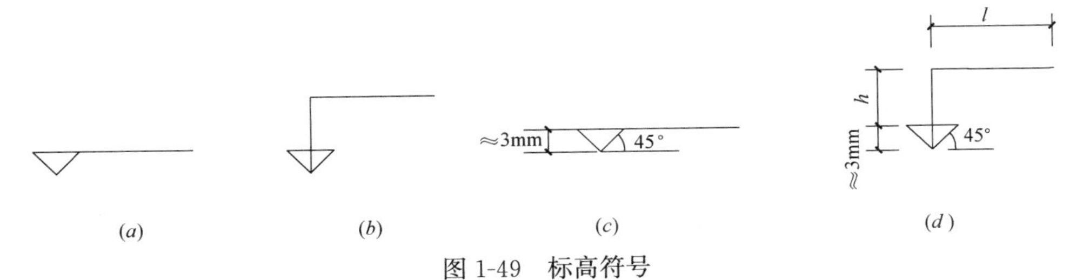

图 1-49　标高符号

l—取适当长度注写标高数字；*h*—根据需要取适当高度

(2) 总平面图室外地坪标高符号宜用涂黑的三角形表示，具体画法可按图 1-50 所示。

(3) 标高符号的尖端应指至被注高度的位置。尖端宜向下，也可向上。标高数字应注写在标高符号的上侧或下侧，如图 1-51 所示。

图 1-50　总平面图室外地坪标高符号

图 1-51　标高的指向

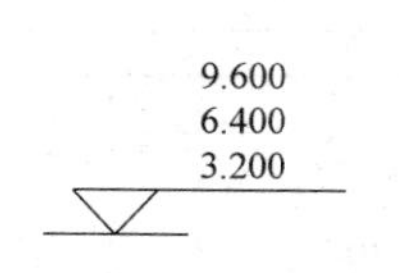

图 1-52　同一位置注写多个标高数字

（4）标高数字应以米为单位，注写到小数点以后第三位。在总平面图中，可注写到小数点以后第二位。

（5）零点标高应注写成±0.000，正数标高不注“＋”，负数标高应注“－”，例如 3.000、－0.600。

（6）在图样的同一位置需表示几个不同标高时，标高数字可按图 1-52 的形式注写。

1.2　施工图常用图例

1.2.1　总平面图例

总平面图例见表 1-5。

总平面图例　　　　**表 1-5**

序号	名称	图例	备　　注
1	新建建筑物	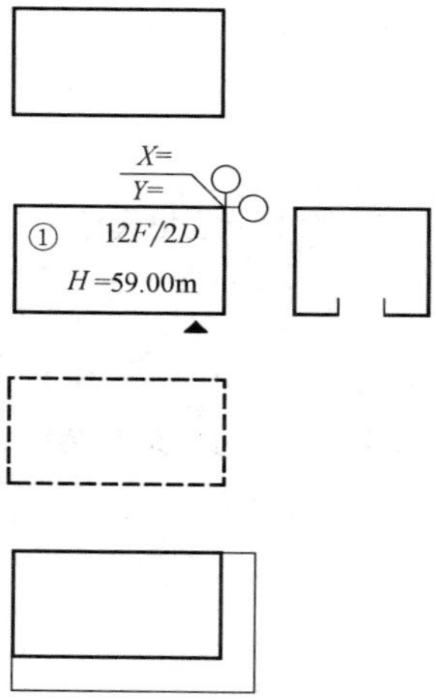 X= Y= ① 12F/2D H=59.00m	新建建筑物以粗实线表示与室外地坪相接处±0.000 外墙定位轮廓线 建筑物一般以±0.000 高度处的外墙定位轴线交叉点坐标定位。轴线用细实线表示，并标明轴线号 根据不同设计阶段标注建筑编号，地上、地下层数，建筑高度，建筑出入口位置（两种表示方法均可，但同一图纸采用一种表示方法） 地下建筑物以粗虚线表示其轮廓 建筑上部（±0.000 以上）外挑建筑用细实线表示 建筑物上部连廊用细虚线表示并标注位置
2	原有建筑物	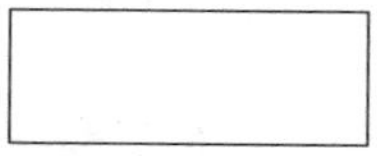	用细实线表示
3	计划扩建的预留地或建筑物		用中粗虚线表示
4	拆除的建筑物	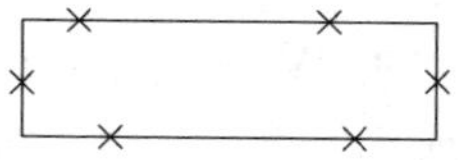	用细实线表示
5	建筑物下面的通道	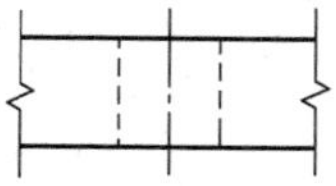	—

续表

序号	名称	图例	备注
6	散状材料露天堆场		需要时可注明材料名称
7	其他材料露天堆场或露天作业场		需要时可注明材料名称
8	铺砌场地		—
9	敞棚或敞廊		—
10	高架式料仓		—
11	漏斗式贮仓		左、右图为底卸式 中图为侧卸式
12	冷却塔(池)		应注明冷却塔或冷却池
13	水塔、贮罐		左图为卧式贮罐 右图为水塔或立式贮罐
14	水池、坑槽		也可以不涂黑
15	明溜矿槽(井)		—
16	斜井或平硐		—
17	烟囱		实线为烟囱下部直径,虚线为基础,必要时可注写烟囱高度和上、下口直径
18	围墙及大门		—
19	挡土墙	5.00 1.50	挡土墙根据不同设计阶段的需要标注 $\frac{墙顶标高}{墙底标高}$

续表

序号	名称	图例	备　注
20	挡土墙上设围墙		—
21	台阶及无障碍坡道	1. 2.	1. 表示台阶（级数仅为示意） 2. 表示无障碍坡道
22	露天桥式起重机	G_n=(t)	起重机起重量 G_n，以吨计算 "＋"为柱子位置
23	露天电动葫芦	G_n=　(t)	起重机起重量 G_n，以吨计算 "＋"为支架位置
24	门式起重机	G_n=　(t) G_n=　(t)	起重机起重量 G_n，以吨计算 上图表示有外伸臂 下图表示无外伸臂
25	架空索道		"I"为支架位置
26	斜坡卷扬机道		—
27	斜坡栈桥（皮带廊等）		细实线表示支架中心线位置
28	坐标	1. X=105.00 Y=425.00 2. A=105.00 B=425.00	1. 表示地形测量坐标系 2. 表示自设坐标系 坐标数字平行于建筑标注
29	方格网交叉点标高	−0.50 77.85 78.35	"78.35"为原地面标高 "77.85"为设计标高 "−0.50"为施工高度 "−"表示挖方（"＋"表示填方）
30	填方区、挖方区、未整平区及零线	＋ − ＋ −	"＋"表示填方区 "−"表示挖方区 中间为未整平区 点画线为零点线

续表

序号	名称	图例	备注
31	填挖边坡	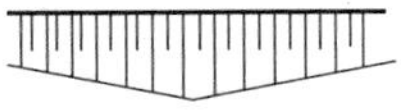	—
32	分水脊线与谷线	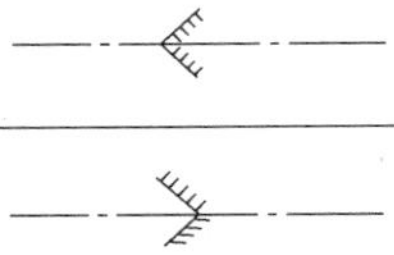	上图表示脊线 下图表示谷线
33	洪水淹没线		洪水最高水位以文字标注
34	地表排水方向		—
35	截水沟	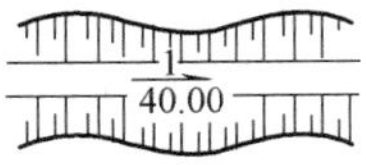 1 40.00	“1”表示1%的沟底纵向坡度，“40.00”表示变坡点间距离，箭头表示水流方向
36	排水明沟	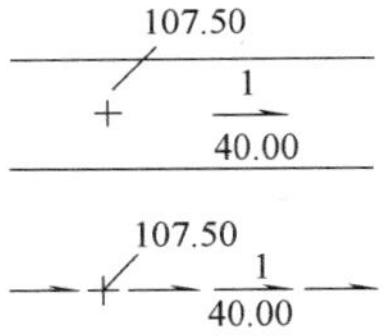 107.50 1 40.00 107.50 1 40.00	上图用于比例较大的图面 下图用于比例较小的图面 “1”表示1%的沟底纵向坡度，“40.00”表示变坡点间距离，箭头表示水流方向 “107.50”表示沟底变坡点标高（变坡点以“+”表示）
37	有盖板的排水沟	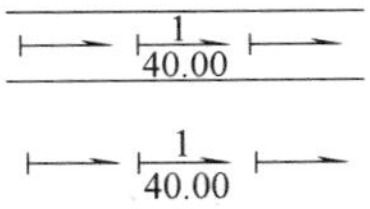 1 40.00 1 40.00	—
38	雨水口	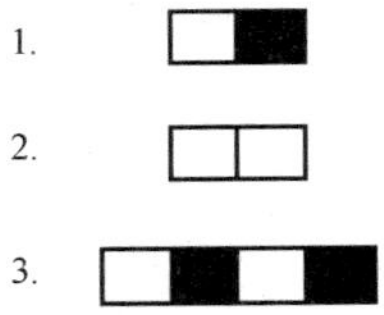 1. 2. 3.	1. 雨水口 2. 原有雨水口 3. 双落式雨水口
39	消火栓井		—
40	急流槽		箭头表示水流方向
41	跌水	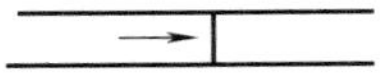	
42	拦水（闸）坝	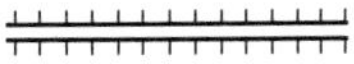	—
43	透水路堤	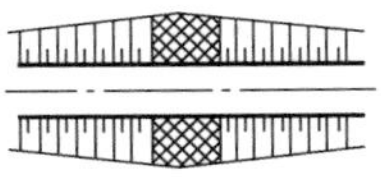	边坡较长时，可在一端或两端局部表示

续表

序号	名称	图例	备注
44	过水路面		—
45	室内地坪标高	151.00 (±0.00)	数字平行于建筑物书写
46	室外地坪标高	143.00	室外标高也可采用等高线
47	盲道		—
48	地下车库入口		机动车停车场
49	地面露天停车场		—
50	露天机械停车场		露天机械停车场

1.2.2 常用建筑材料图例

常用建筑材料图例见表 1-6。

常用建筑材料图例 **表 1-6**

序号	名称	图例	备注
1	自然土壤		包括各种自然土壤
2	夯实土壤		—
3	砂、灰土		—
4	砂砾石、碎砖三合土		—
5	石材		—
6	毛石		—
7	实心砖、多孔砖		包括普通砖、多孔砖、混凝土砖等砌体

续表

序号	名称	图例	备注
8	耐火砖		包括耐酸砖等砌体
9	空心砖、空心砌块		包括空心砖、普通或轻骨料混凝土小型空心砌块等砌体
10	加气混凝土	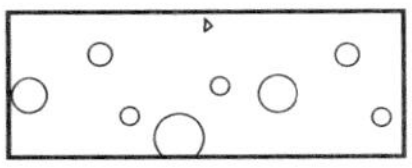	包括加气混凝土砌块砌体、加气混凝土墙板及加气混凝土材料制品等
11	饰面砖	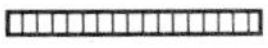	包括铺地砖、玻璃马赛克、陶瓷马赛克、人造大理石等
12	焦渣、矿渣	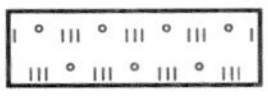	包括与水泥、石灰等混合而成的材料
13	混凝土	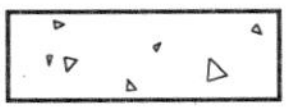	1. 包括各种强度等级、骨料、添加剂的混凝土 2. 在剖面图上绘制表达钢筋时，则不需绘制图例线 3. 断面图形较小，不易绘制表达图例线时，可填黑或深灰(灰度宜70%)
14	钢筋混凝土	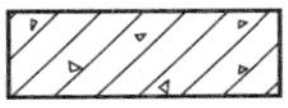	
15	多孔材料	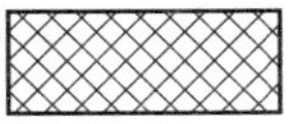	包括水泥珍珠岩、沥青珍珠岩、泡沫混凝土、软木、蛭石制品等
16	纤维材料	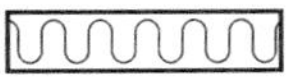	包括矿棉、岩棉、玻璃棉、麻丝、木丝板、纤维板等
17	泡沫塑料材料	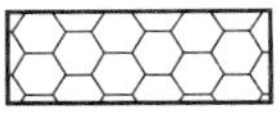	包括聚苯乙烯、聚乙烯、聚氨酯等多聚合物类材料
18	木材		1. 上图为横断面，左上图为垫木、木砖或木龙骨 2. 下图为纵断面
19	胶合板		应注明为×层胶合板
20	石膏板	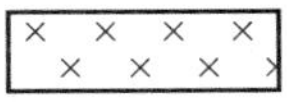	包括圆孔或方孔石膏板、防水石膏板、硅钙板、防火石膏板等
21	金属		1. 包括各种金属 2. 图形较小时，可填黑或深灰(灰度宜为70%)
22	网状材料		1. 包括金属、塑料网状材料 2. 应注明具体材料名称
23	液体	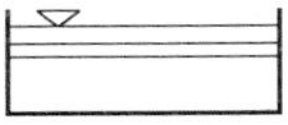	应注明具体液体名称
24	玻璃		包括平板玻璃、磨砂玻璃、夹丝玻璃、钢化玻璃、中空玻璃、夹层玻璃、镀膜玻璃等

续表

序号	名称	图例	备注
25	橡胶		—
26	塑料		包括各种软、硬塑料及有机玻璃等
27	防水材料		构造层次多或绘制比例大时，采用上面的图例
28	粉刷		本图例采用较稀的点

注：1. 本表中所列图例通常在 1∶50 及以上比例的详图中绘制表达。
2. 如需表达砖、砌块等砌体墙的承重情况时，可通过在原有建筑材料图例上增加填灰等方式进行区分，灰度宜为 25%左右。
3. 序号 1、2、5、7、8、14、15、21 图例中的斜线、短斜线、交叉斜线等，均为 45°。

1.2.3 构造及配件图例

常用建筑构造及配件图例见表 1-7。

建筑构造及配件图例 **表 1-7**

序号	名称	图例	备注
1	墙体		1)上图为外墙，下图为内墙 2)外墙细线表示有保温层或有幕墙 3)应加注文字或涂色或图案填充表示各种材料的墙体 4)在各层平面图中，防火墙宜着重以特殊图案填充表示
2	隔断		1)加注文字或涂色或图案填充表示各种材料的轻质隔断 2)适用于到顶与不到顶隔断
3	玻璃幕墙		幕墙龙骨是否表示由项目设计决定
4	栏杆		—
5	楼梯	下 下 上 上	1)上图为顶层楼梯平面，中图为中间层楼梯平面，下图为底层楼梯平面 2)需设置靠墙扶手或中间扶手时，应在图中表示

续表

序号	名称	图例	备注
6	坡道	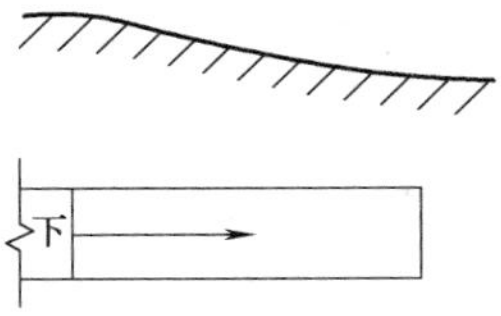 下	长坡道
		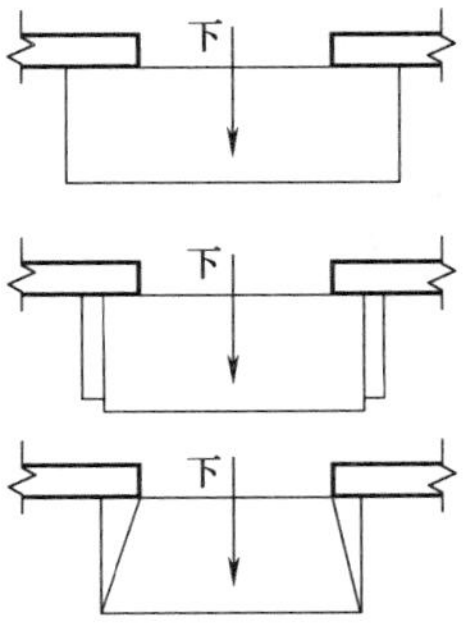 下 下 下	上图为两侧垂直的门口坡道，中图为有挡墙的门口坡道，下图为两侧找坡的门口坡道
7	台阶	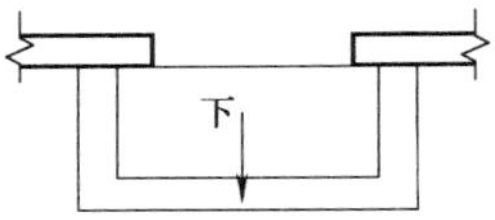 下	—
8	平面高差	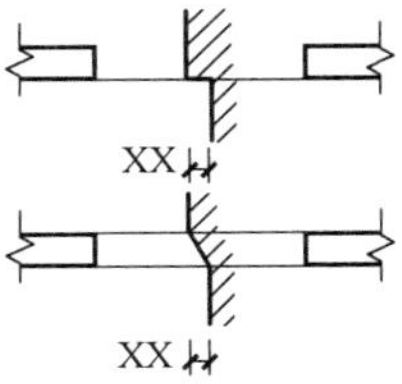 XX XX	用于高差小的地面或楼面交接处，并应与门的开启方向协调
9	检查口		左图为可见检查口，右图为不可见检查口
10	孔洞		阴影部分亦可填充灰度或涂色代替
11	坑槽		—
12	墙预留洞、槽	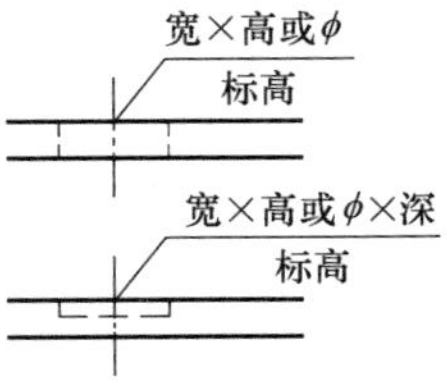 宽×高或ϕ 标高 宽×高或ϕ×深 标高	1)上图为预留洞，下图为预留槽 2)平面以洞(槽)中心定位 3)标高以洞(槽)底或中心定位 4)宜以涂色区别墙体和预留洞(槽)
13	地沟	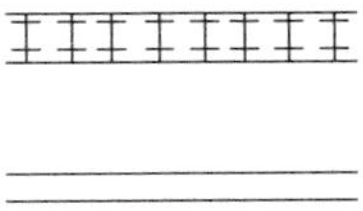	上图为有盖板地沟，下图为无盖板明沟

续表

序号	名称	图例	备注
14	烟道	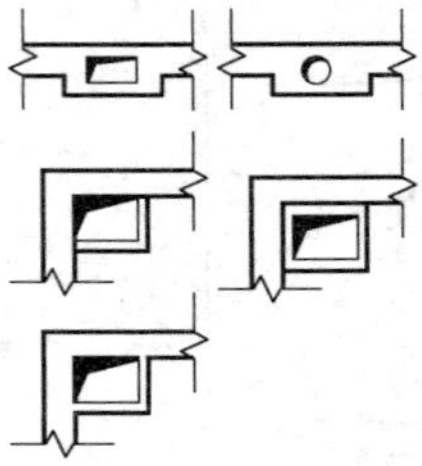	1)阴影部分亦可填充灰度或涂色代替 2)烟道、风道与墙体为相同材料，其相接处墙身线应连通 3)烟道、风道根据需要增加不同材料的内衬
15	风道	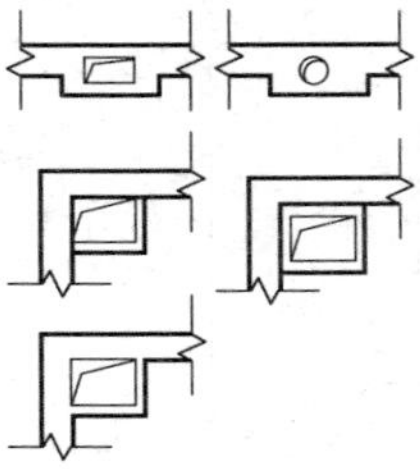	
16	新建的墙和窗	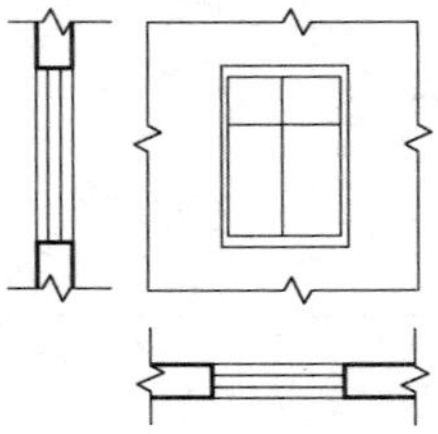	—
17	改建时保留的墙和窗	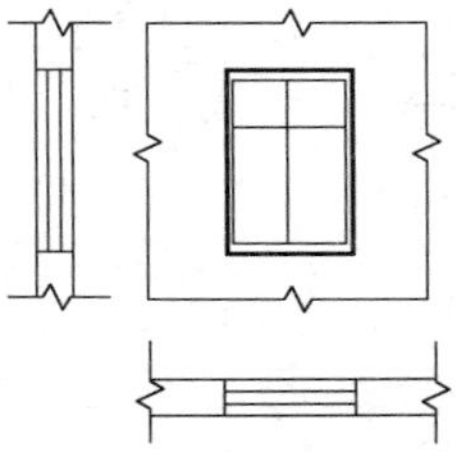	只更换窗，应加粗窗的轮廓线
18	拆除的墙	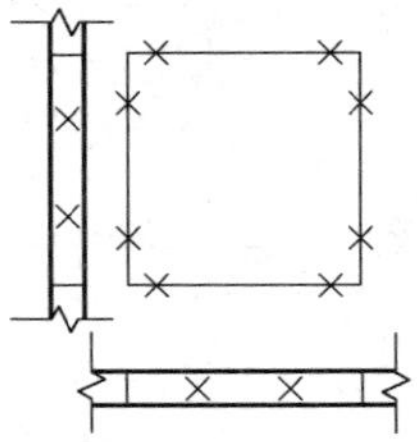	—
19	改建时在原有墙或楼板新开的洞	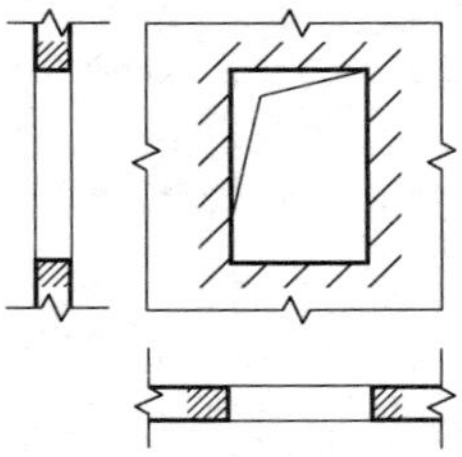	—

续表

序号	名称	图例	备　注
20	在原有墙或楼板洞旁扩大的洞	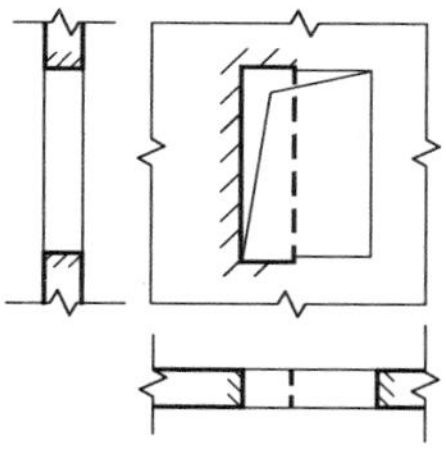	图示为洞口向左边扩大
21	在原有墙或楼板上全部填塞的洞	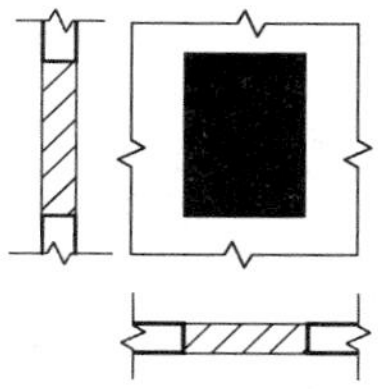	全部填塞的洞 图中立面填充灰度或涂色
22	在原有墙或楼板上局部填塞的洞	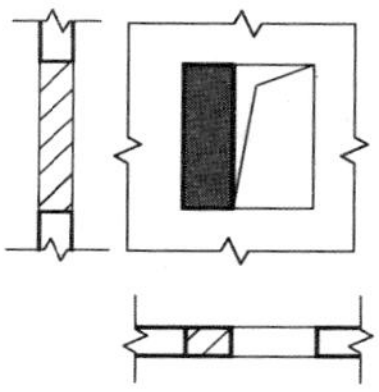	左侧为局部填塞的洞 图中立面填充灰度或涂色
23	空门洞	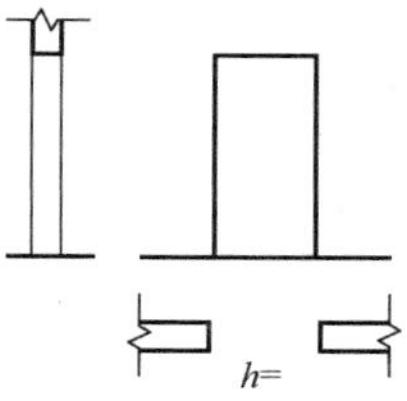 h=	h 为门洞高度
24	单面开启单扇门（包括平开或单面弹簧）	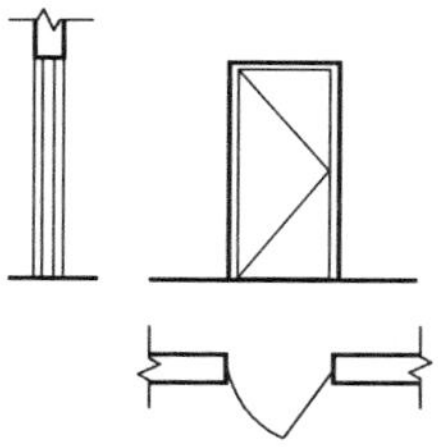	1)门的名称代号用 M 表示 2)平面图中，下为外，上为内 门开启线为 90°、60°或 45°，开启弧线宜绘出 3)立面图中，开启线实线为外开，虚线为内开。开启线交角的一侧为安装合页一侧。开启线在建筑立面图中可不表示，在立面大样图中可根据需要绘出 4)剖面图中，左为外，右为内 5)附加纱扇应以文字说明，在平、立、剖面图中均不表示 6)立面形式应按实际情况绘制
	双面开启单扇门（包括双面平开或双面弹簧）	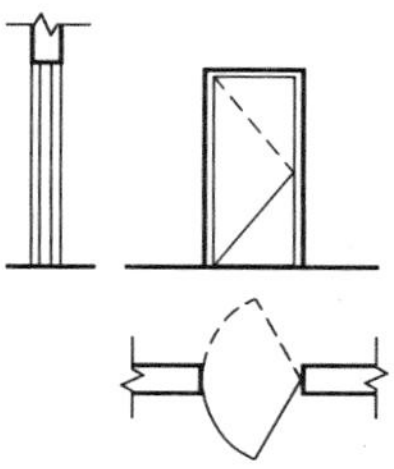	

续表

<table>
<tr><th>序号</th><th>名称</th><th>图例</th><th>备　注</th></tr>
<tr><td>24</td><td>双层单扇平开门</td><td>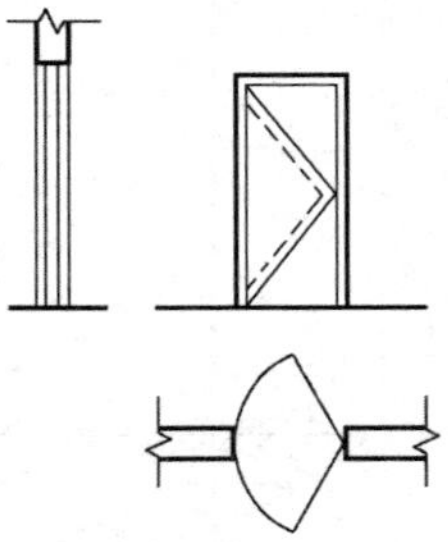</td><td>1)门的名称代号用 M 表示
2)平面图中,下为外,上为内
门开启线为 90°、60°或 45°,开启弧线宜绘出
3)立面图中,开启线实线为外开,虚线为内开。开启线交角的一侧为安装合页一侧。开启线在建筑立面图中可不表示,在立面大样图中可根据需要绘出
4)剖面图中,左为外,右为内
5)附加纱扇应以文字说明,在平、立、剖面图中均不表示
6)立面形式应按实际情况绘制</td></tr>
<tr><td rowspan="3">25</td><td>单面开启双扇门
(包括平开或
单面弹簧)</td><td>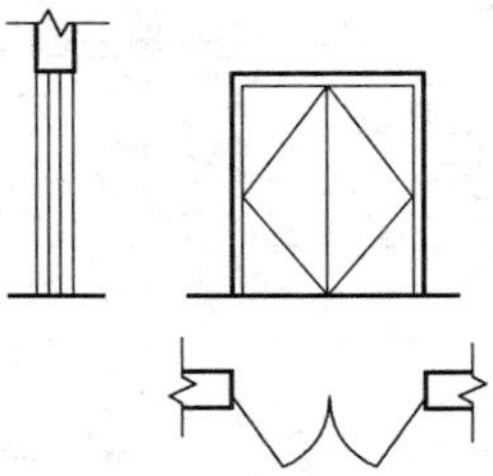</td><td rowspan="3">1)门的名称代号用 M 表示
2)平面图中,下为外,上为内
门开启线为 90°、60°或 45°,开启弧线宜绘出
3)立面图中,开启线实线为外开,虚线为内开,开启线交角的一侧为安装合页一侧。开启线在建筑立面图中可不表示,在立面大样图中可根据需要绘出
4)剖面图中,左为外,右为内
5)附加纱扇应以文字说明,在平、立、剖面图中均不表示
6)立面形式应按实际情况绘制</td></tr>
<tr><td>双面开启双扇门
(包括双面平开或
双面弹簧)</td><td>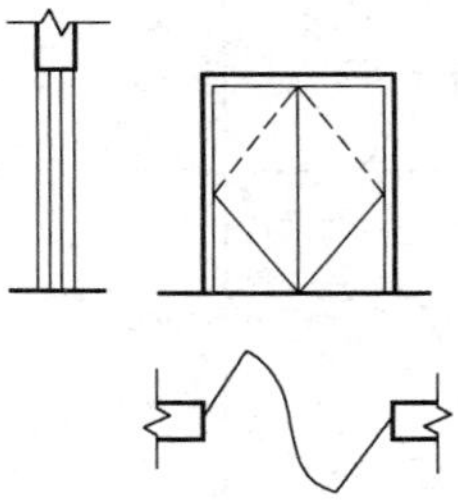</td></tr>
<tr><td>双层双扇平开门</td><td>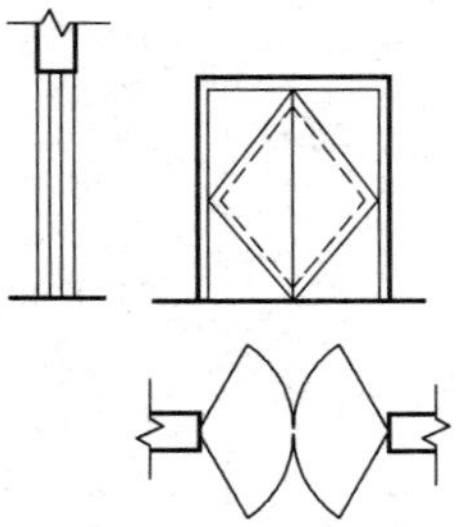</td></tr>
<tr><td>26</td><td>折叠门</td><td>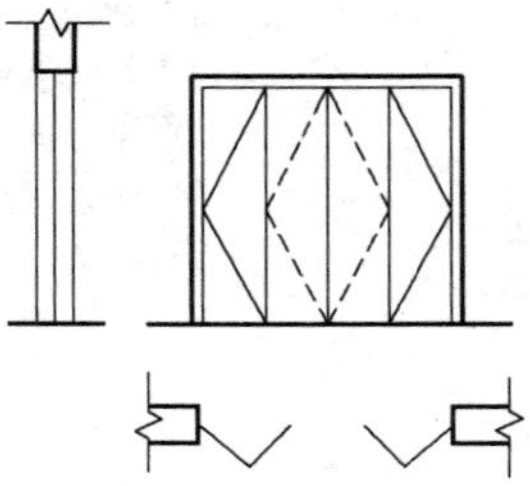</td><td>1)门的名称代号用 M 表示
2)平面图中,下为外,上为内
3)立面图中,开启线实线为外开,虚线为内开,开启线交角的一侧为安装合页一侧
4)剖面图中,左为外,右为内
5)立面形式应按实际情况绘制</td></tr>
</table>

续表

序号	名称	图例	备　注
26	推拉折叠门	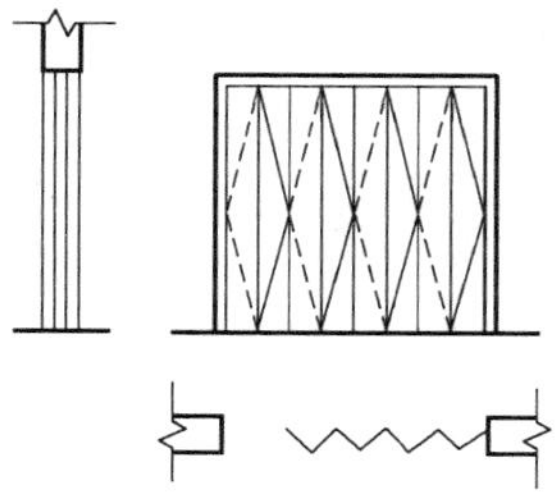	1)门的名称代号用M表示 2)平面图中,下为外,上为内 3)立面图中,开启线实线为外开,虚线为内开,开启线交角的一侧为安装合页一侧 4)剖面图中,左为外,右为内 5)立面形式应按实际情况绘制
27	墙洞外单扇推拉门	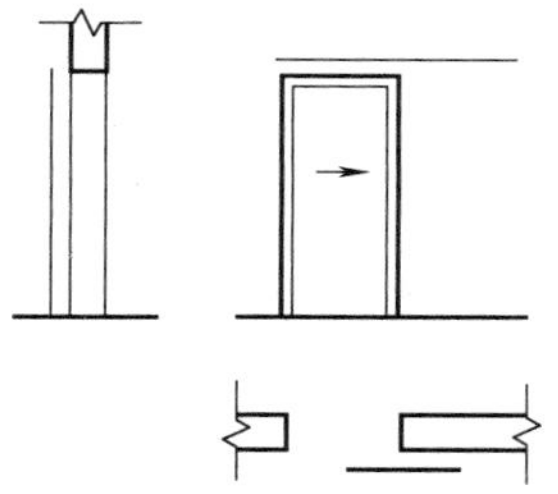	1)门的名称代号用M表示 2)平面图中,下为外,上为内 3)剖面图中,左为外,右为内 4)立面形式应按实际情况绘制
	墙洞外双扇推拉门	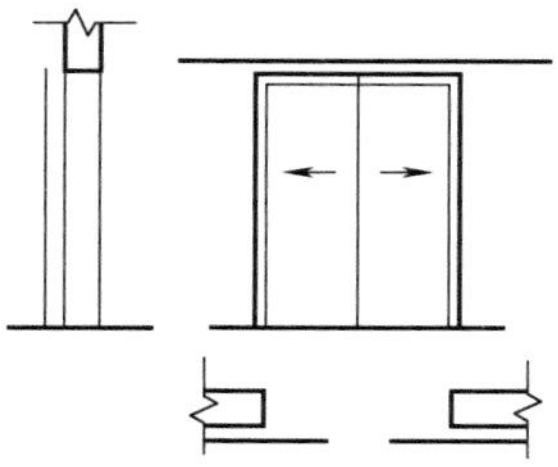	
	墙中单扇推拉门	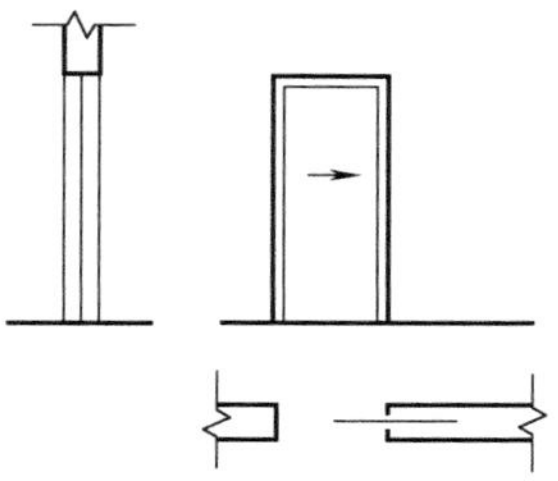	1)门的名称代号用M表示 2)立面形式应按实际情况绘制
	墙中双扇推拉门	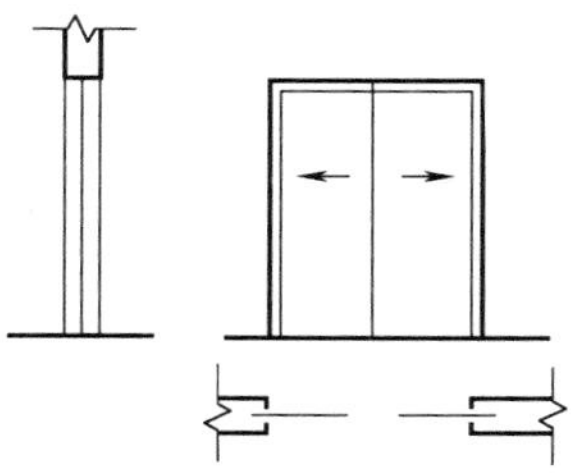	

续表

序号	名称	图例	备注
28	推杠门	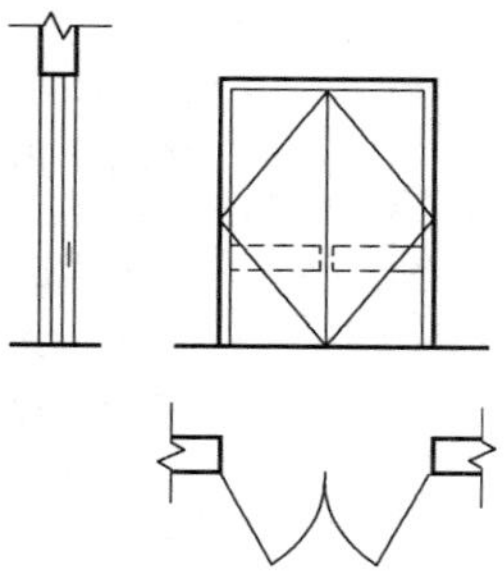	1)门的名称代号用M表示 2)平面图中,下为外,上为内 门开启线为90°、60°或45° 3)立面图中,开启线实线为外开,虚线为内开,开启线交角的一侧为安装合页一侧。开启线在建筑立面图中可不表示,在室内设计门窗立面大样图中需绘出 4)剖面图中,左为外,右为内 5)立面形式应按实际情况绘制
29	门连窗	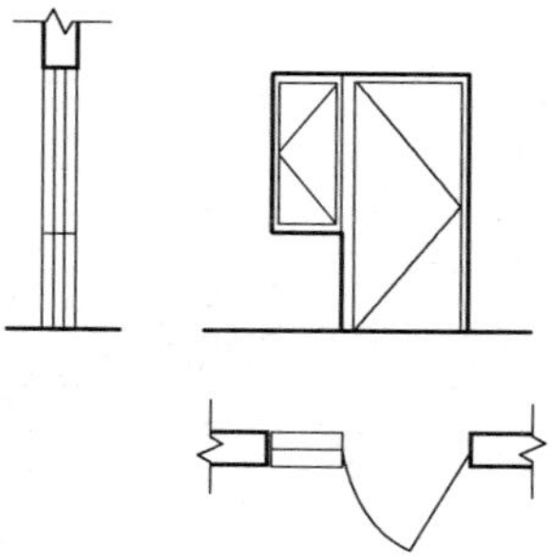	
30	旋转门	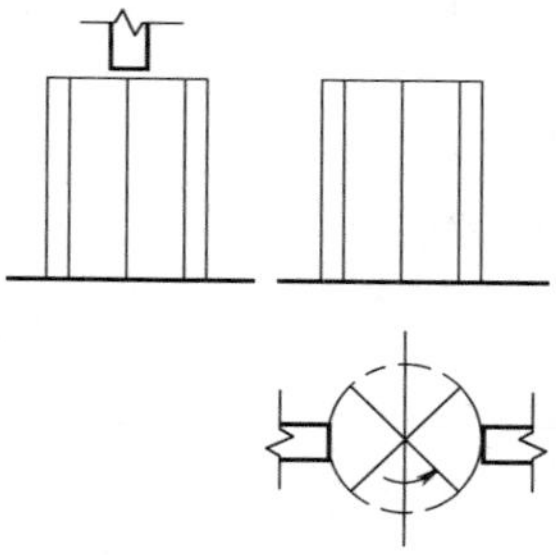	1)门的名称代号用M表示 2)立面形式应按实际情况绘制
	两翼智能旋转门	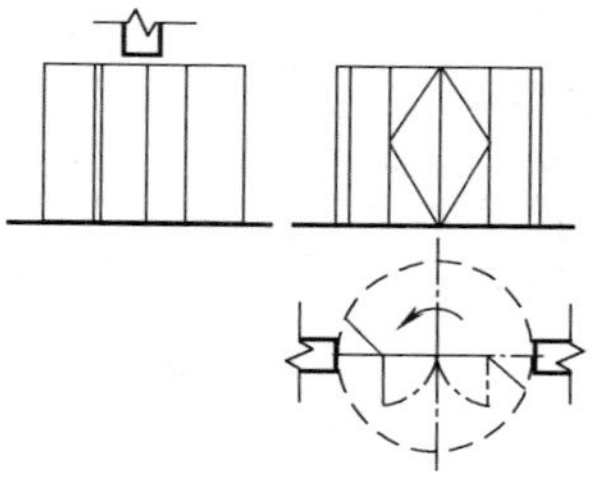	
31	自动门	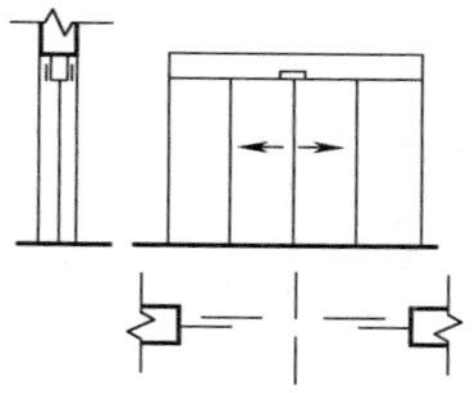	

续表

序号	名称	图例	备 注
32	折叠上翻门	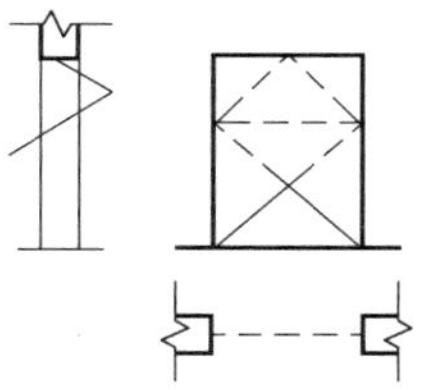	1)门的名称代号用 M 表示 2)平面图中,下为外,上为内 3)剖面图中,左为外,右为内 4)立面形式应按实际情况绘制
33	提升门	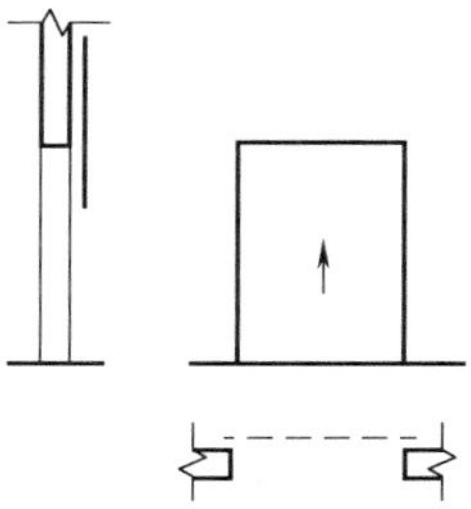	1)门的名称代号用 M 表示 2)立面形式应按实际情况绘制
34	分节提升门	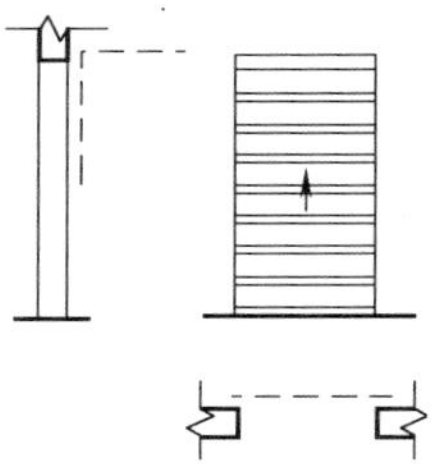	
35	人防单扇防护密闭门	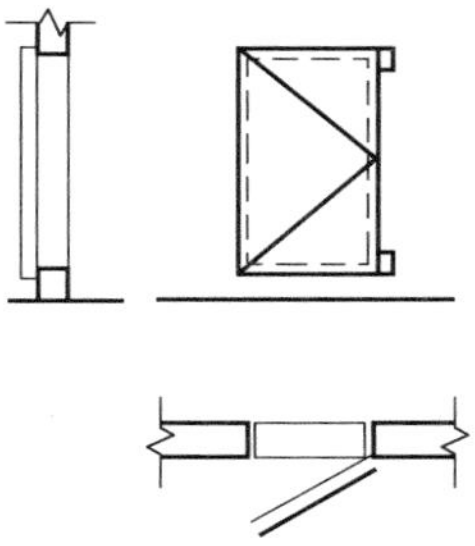	1)门的名称代号按人防要求表示 2)立面形式应按实际情况绘制
	人防单扇密闭门	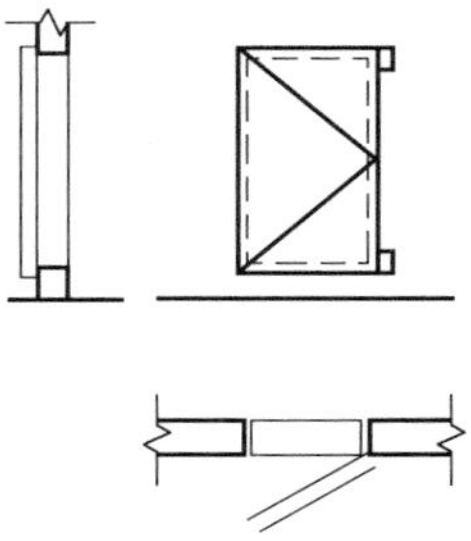	

续表

序号	名称	图例	备　注
36	人防双扇防护密闭门	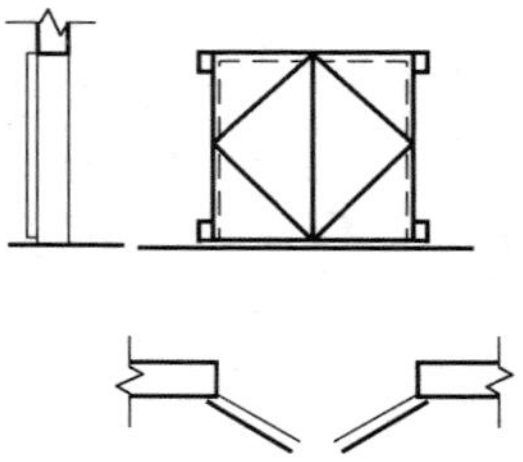	1)门的名称代号按人防要求表示 2)立面形式应按实际情况绘制
	人防双扇密闭门	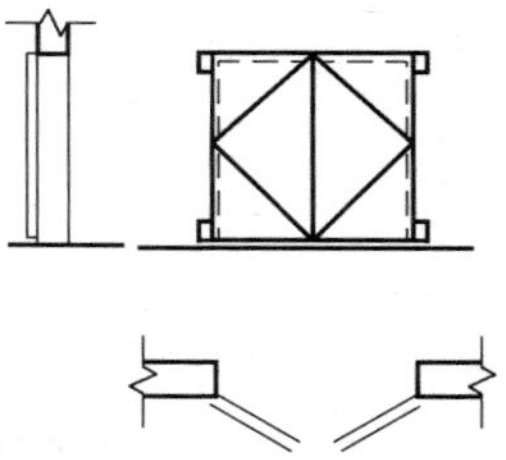	
37	横向卷帘门	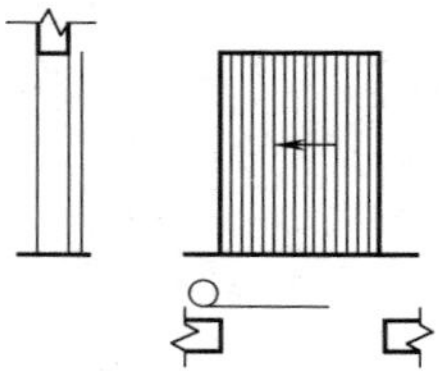	—
	竖向卷帘门	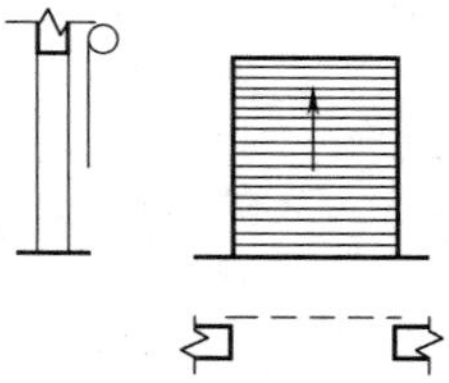	
	单侧双层卷帘门	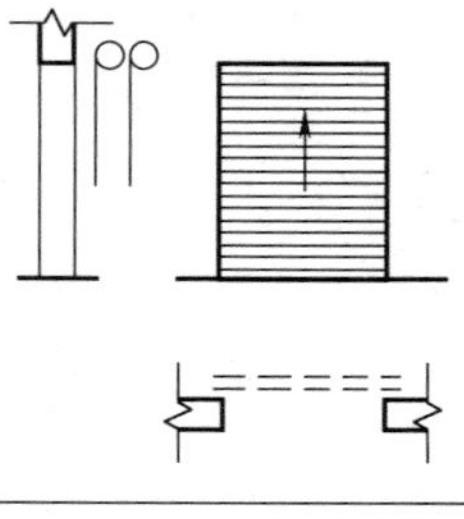	
	双侧单层卷帘门	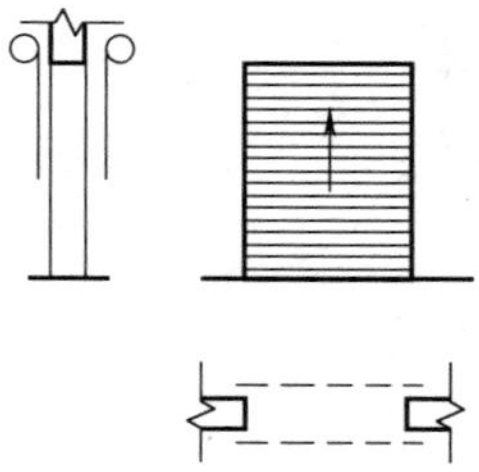	

续表

序号	名称	图例	备 注
38	固定窗	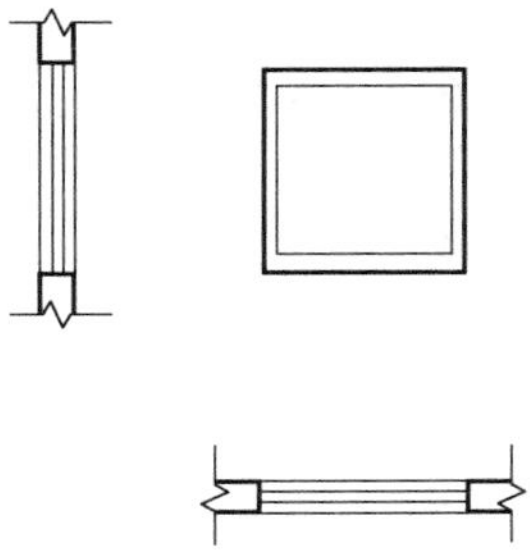	1)窗的名称代号用C表示 2)平面图中,下为外,上为内 3)立面图中,开启线实线为外开,虚线为内开,开启线交角的一侧为安装合页一侧。开启线在建筑立面图中可不表示,在门窗立面大样图中需绘出 4)剖面图中,左为外,右为内。虚线仅表示开启方向,项目设计不表示 5)附加纱窗应以文字说明,在平、立、剖面图中均不表示 6)立面形式应按实际情况绘制
39	上悬窗	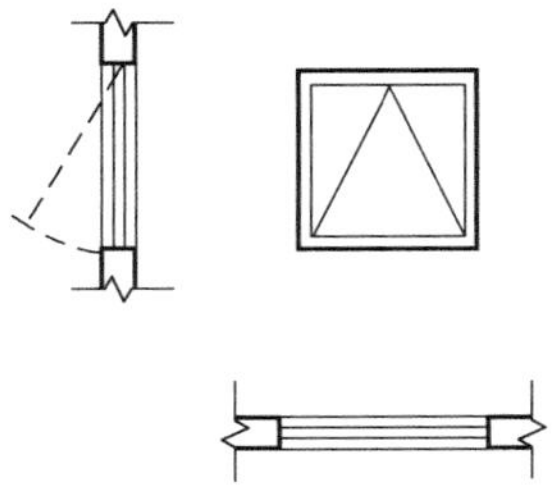	
	中悬窗	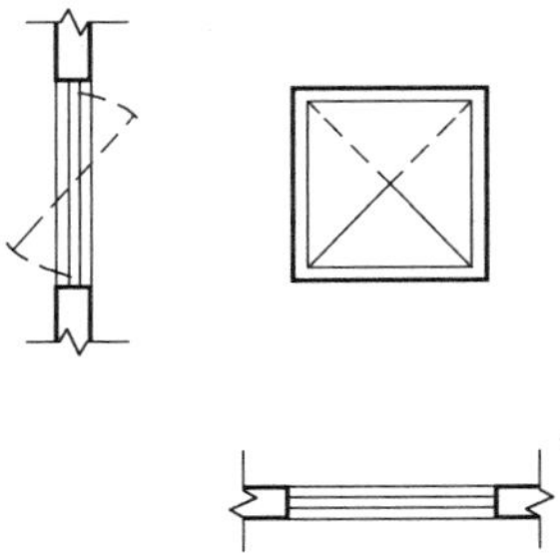	
40	下悬窗	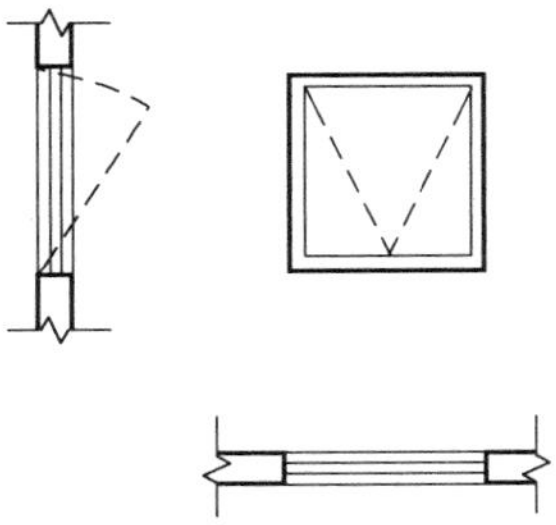	
41	立转窗	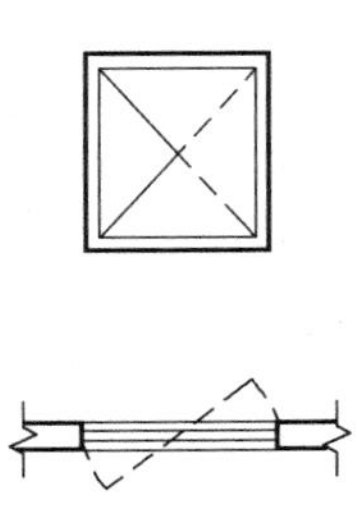	

续表

序号	名称	图例	备注
42	内开平开内倾窗	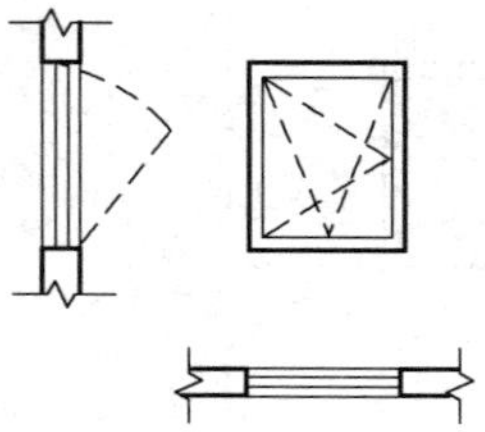	1)窗的名称代号用C表示 2)平面图中,下为外,上为内 3)立面图中,开启线实线为外开,虚线为内开,开启线交角的一侧为安装合页一侧。开启线在建筑立面图中可不表示,在门窗立面大样图中需绘出 4)剖面图中,左为外,右为内。虚线仅表示开启方向,项目设计不表示 5)附加纱窗应以文字说明,在平、立、剖面图中均不表示 6)立面形式应按实际情况绘制
43	单层外开平开窗	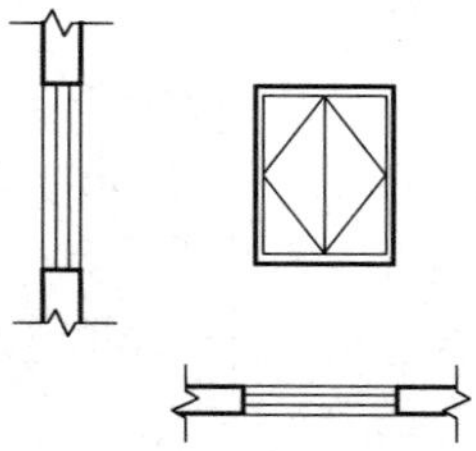	
	单层内开平开窗	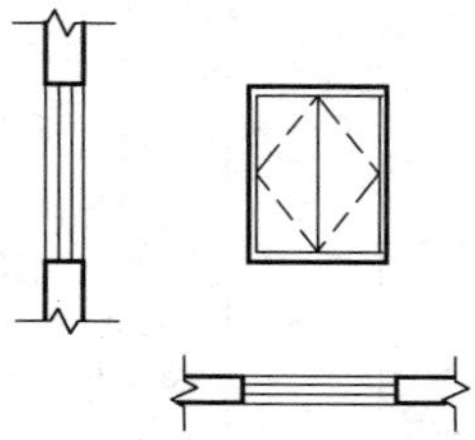	
	双层内外开平开窗	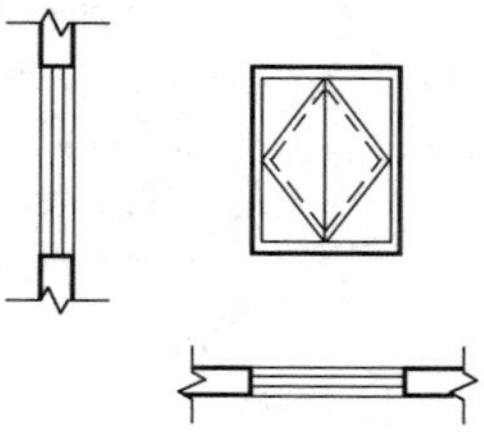	
44	单层推拉窗	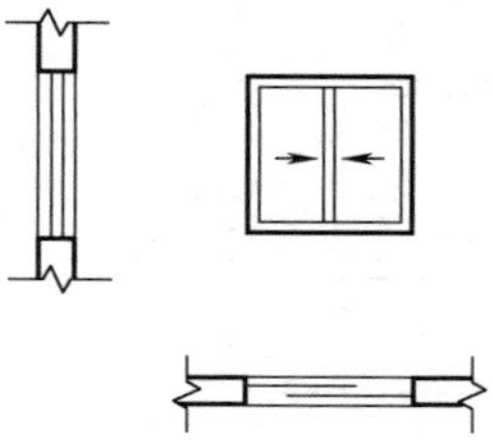	1)窗的名称代号用C表示 2)立面形式应按实际情况绘制
	双层推拉窗	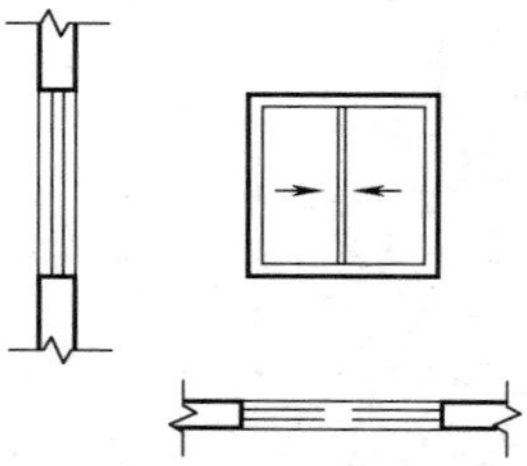	

续表

序号	名称	图例	备　　注
45	上推窗	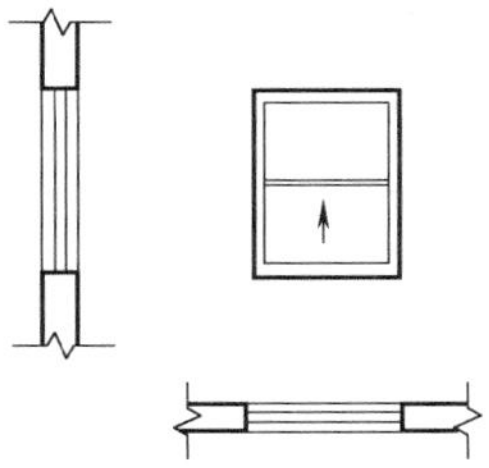	1)窗的名称代号用C表示 2)立面形式应按实际情况绘制
46	百叶窗	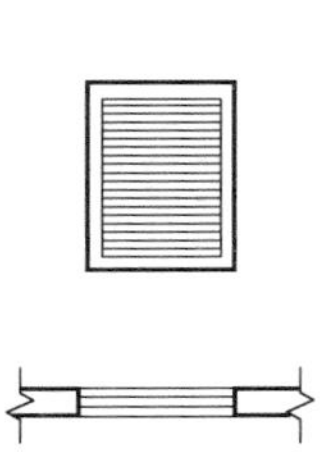	
47	高窗	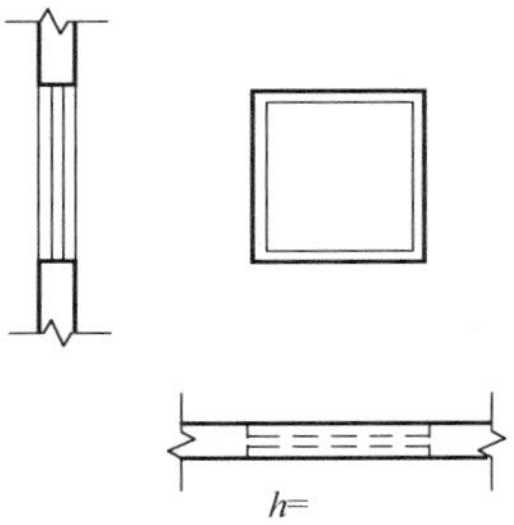 h=	1)窗的名称代号用C表示 2)立面图中,开启线实线为外开,虚线为内开,开启线交角的一侧为安装合页一侧。开启线在建筑立面图中可不表示,在门窗立面大样图中需绘出 3)剖面图中,左为外,右为内 4)立面形式应按实际情况绘制 5)h 表示高窗底距本层地面高度 6)高窗开启方式参考其他窗型
48	平推窗	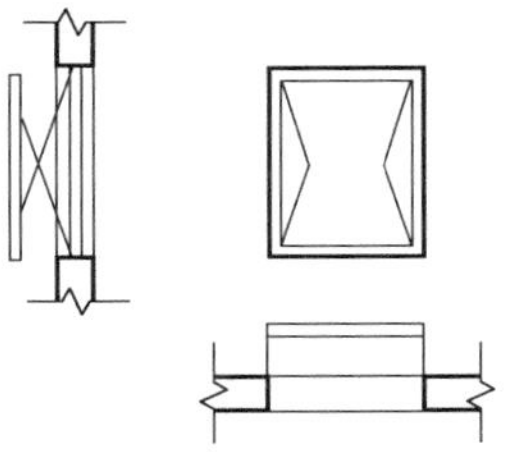	1)窗的名称代号用C表示 2)立面形式应按实际情况绘制

1.2.4 水平及垂直运输装置图例

水平及垂直运输装置图例见表1-8。

水平及垂直运输装置图例　　表1-8

序号	名称	图例	说　　明
1	铁路	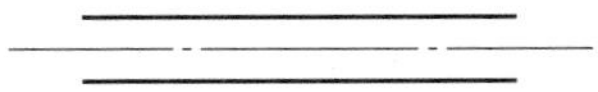	适用于标准轨及窄轨铁路,使用时应注明轨距
2	起重机轨道		—

续表

序号	名称	图例	说　　明
3	手、电动葫芦	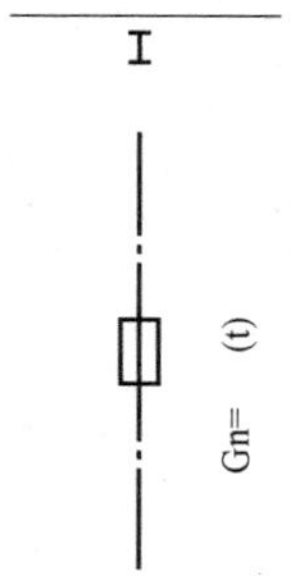 Gn=　(t)	(1)上图表示立面(或剖切面),下图表示平面 (2)手动或电动由设计注明 (3)需要时,可注明起重机的名称、行驶的范围及工作级别 (4)有无操纵室,应按实际情况绘制 (5)本图例的符号说明: Gn——起重机起重量,以吨(t)计算 S——起重机的跨度或臂长,以米(m)计算
4	梁式悬挂起重机	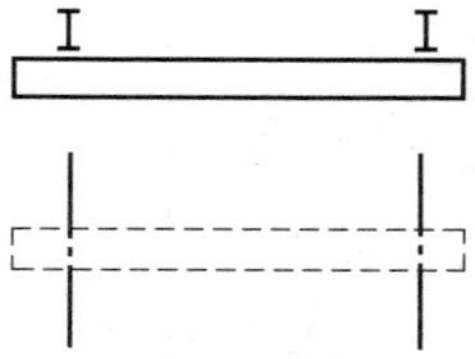 Gn=　(t) S =　(m)	
5	多支点悬挂起重机	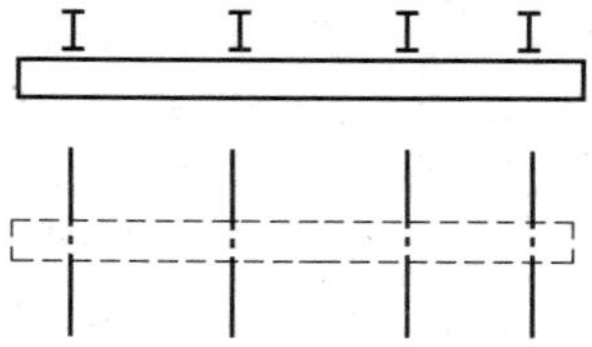 Gn=　(t) S =　(m)	
6	梁式起重机	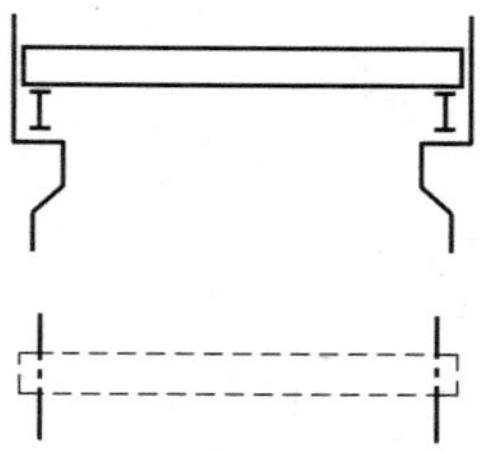 Gn=　(t) S =　(m)	
7	桥式起重机	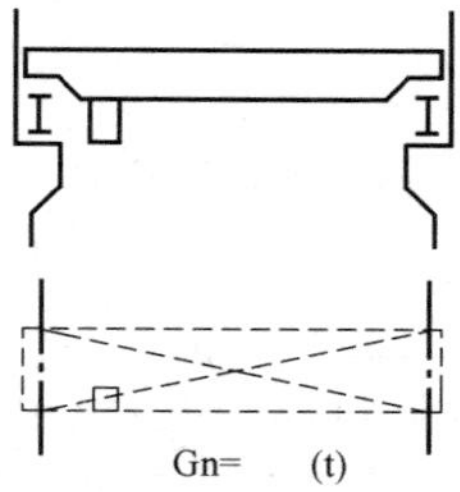 Gn=　(t) S =　(m)	(1)上图表示立面(或剖切面),下图表示平面 (2)有无操纵室,应按实际情况绘制 (3)需要时,可注明起重机的名称、行驶的范围及工作级别 (4)本图例的符号说明: Gn——起重机起重量,以吨(t)计算 S——起重机的跨度或臂长,以米(m)计算

续表

序号	名称	图例	说明
8	龙门式起重机	Gn= (t) S = (m)	(1)上图表示立面(或剖切面),下图表示平面 (2)有无操纵室,应按实际情况绘制 (3)需要时,可注明起重机的名称、行驶的范围及工作级别 (4)本图例的符号说明: Gn——起重机起重量,以吨(t)计算 S——起重机的跨度或臂长,以米(m)计算
9	壁柱式起重机	Gn= (t) S = (m)	
10	壁行起重机	Gn= (t) S = (m)	(1)上图表示立面(或剖切面),下图表示平面 (2)需要时,可注明起重机的名称、行驶的范围及工作级别 (3)本图例的符号说明: Gn——起重机起重量,以吨(t)计算 S——起重机的跨度或臂长,以米(m)计算
11	定柱式起重机	Gn= (t) S = (m)	
12	传送带		传送带的形式多种多样,项目设计图均按实际情况绘制,本图例仅为代表

续表

序号	名称	图例	说　　明
13	电梯	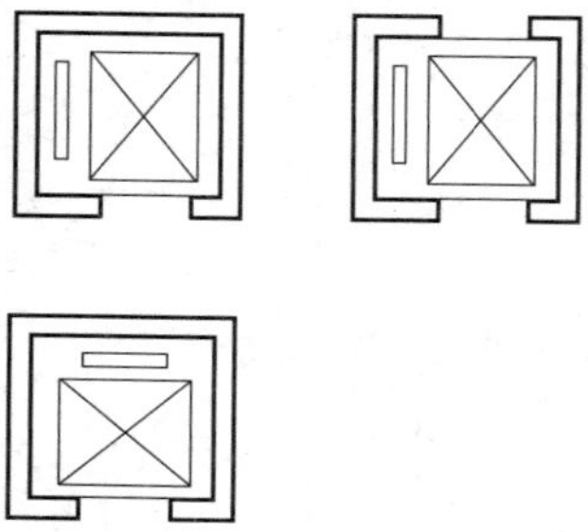	(1)电梯应注明类型，并按实际绘出门和平衡锤或导轨的位置 (2)其他类型电梯应参照本图例按实际情况绘制
14	杂物梯、食梯	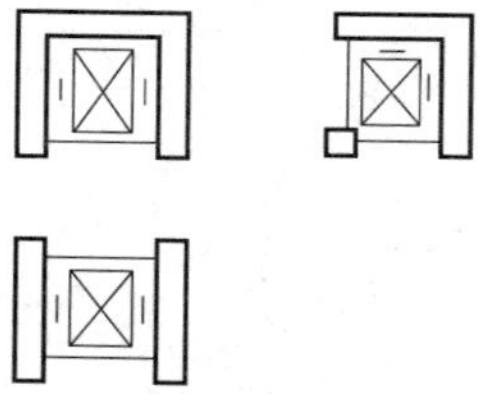	
15	自动扶梯	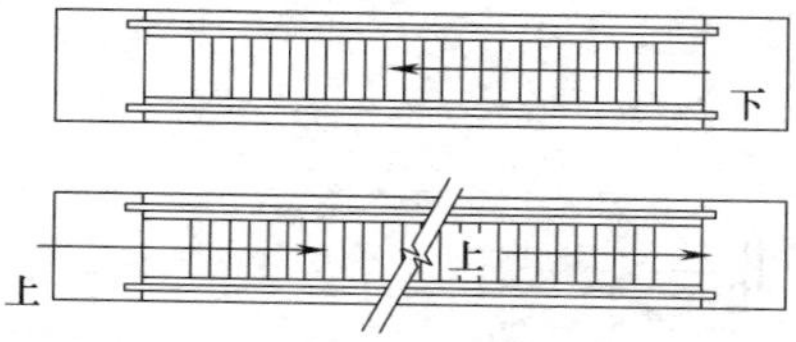 下 上　上	箭头方向为设计运行方向
16	自动人行道	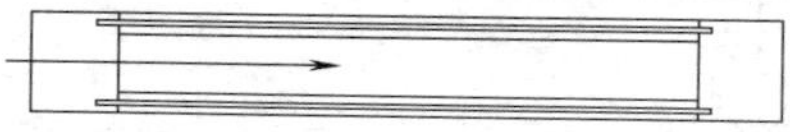	
17	自动人行坡道	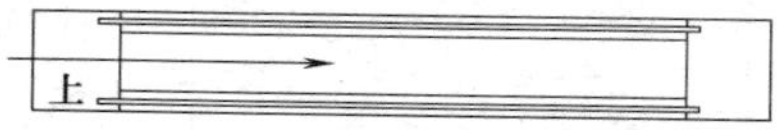 上	

建筑识图基础知识

2.1 投影的基本知识

2.1.1 投影的概念及投影法的分类

1. 投影的概念

在制图中，把光源称为投影中心，光线称为投射线，光线的射向称为投射方向，落影的平面（如地面、墙面等）称为投影面，影子的轮廓称为投影，用投影表示物体的形状和大小的方法称为投影法，用投影法画出的物体图形称为投影图，如图 2-1 所示。

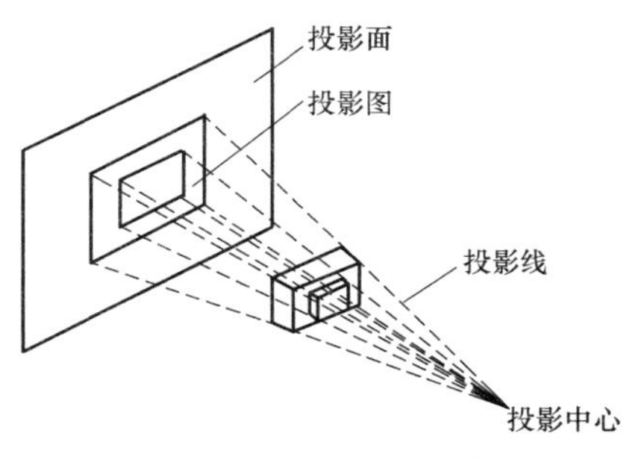

图 2-1 投影图的形成

2. 投影法的分类

根据投射方式的不同情况，投影法一般分为两类：中心投影法和平行投影法。

由一点放射的投射线所产生的投影称为中心投影，如图 2-2（*a*）所示；由相互平行的投射线所产生的投影称为平行投影。平行投射线倾斜于投影面的称为斜投影，如图 2-2（*b*）所示；平行投射线垂直于投影面的称为正投影，如图 2-2（*c*）所示。

中心投影法的投影线集中一点 S，投影的大小与形体离投影面的距离有关。在投影中心（S）与投影面距离不变的情况下，形体距 S 点越近，影子越大，反之则小。

平行投影法的投影线相互平行，投影的大小与形体离投影面的距离远近无关。

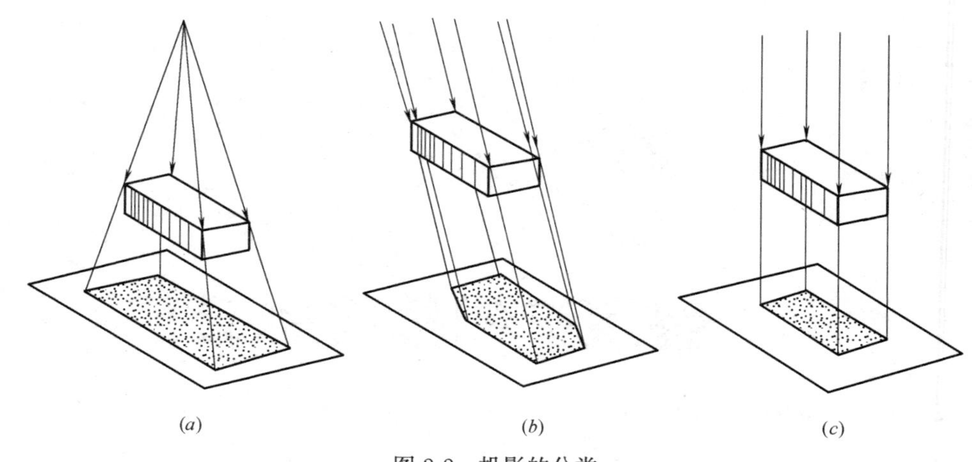

图 2-2 投影的分类
(a) 中心投影；(b) 斜投影；(c) 正投影

2.1.2 正投影的基本性质

在工程制图中绘制图样的主要方法是正投影法。正投影具有以下的特性：

1. 同素性

点的正投影仍然是点，直线的正投影一般仍为直线，平面图形的正投影一般仍为平面图形，投影的这种性质称为同素性。

图 2-3 自点 A 向投影面 H 引垂线（投射线），所得垂足 a 即为点 A 的正投影；过直线段 BC 向投影面 H 作投射面，所得交线 bc 即为线段 BC 的正投影；过三角形平面 DEF 向投影面 H 作投射柱，所得交线 de、ef 和 fd 即为三角形 DEF 的正投影。

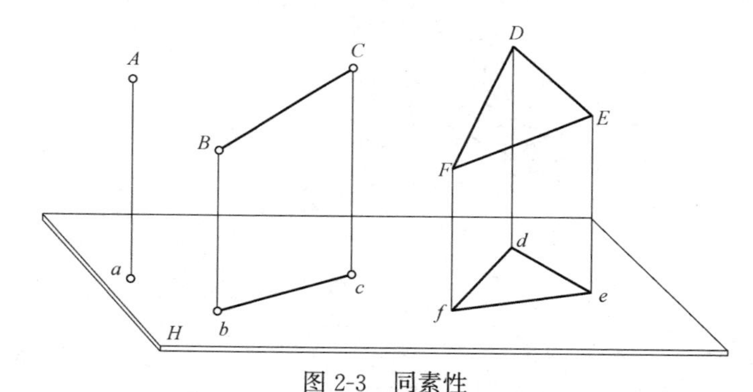

图 2-3 同素性

2. 从属性

若点在直线上，则点的正投影在直线的正投影上。投影的这种性质称为从属性。如图 2-4 所示，若 $K \in BC$，则 $k \in bc$。

3. 定比性

若点在直线上，则点分线段所成的比例等于该点的正投影分线段的正投影所成的比例。投影的这种性质称为定比性。如图 2-4 所示，若 $K \in BC$，则 $BK : KC = bk : kc$。

4. 真实性

若线段或平面图形平行于投影面，则它们的正投影反映线段实长或平面图形的实形，投影的这种性质称为真实性。

如图 2-5 所示，若 $AB/\!/H$，则 $ab=AB$；若 $\triangle CDE/\!/H$，则 $\triangle cde\cong\triangle CDE$。

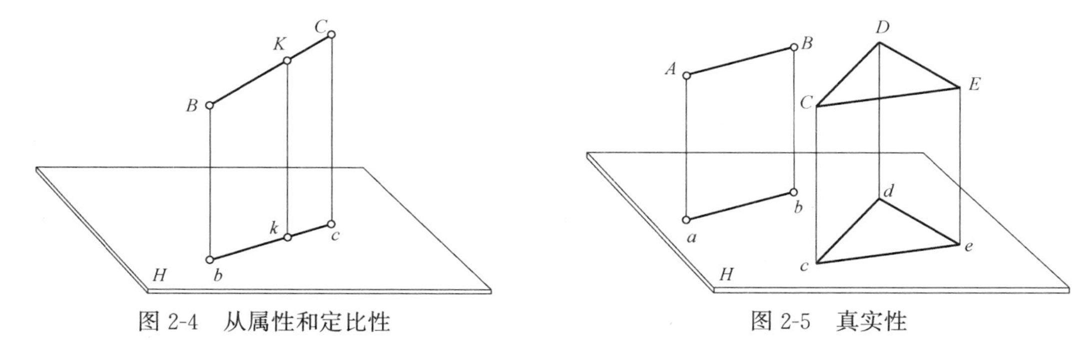

图 2-4 从属性和定比性　　图 2-5 真实性

5. 积聚性

若直线或平面垂直于投影面，则直线的正投影为一点，平面的正投影为一直线，这样的投影称为积聚投影。

此时，直线上点的投影必落在直线的积聚投影上，平面上的直线或点的投影必落在平面的积聚投影上。

如图 2-6 所示，若 $AB\perp H$，则 $a(b)$ 为点，若 $K\in AB$，则 k 与 $a(b)$ 重合。若平面 $Q\perp H$，则 Q 平面 H 投影为一直线 q，若点 L、线段 $MN\in Q$，则其投影 l、$mn\in q$。

6. 平行性

若两直线段平行，则它们的正投影也平行，且两线段的长度之比等于其正投影的长度之比，投影的这种性质称为平行性。

如图 2-7 所示，若 $AB/\!/CD$，则 $ab/\!/cd$，且 $AB:CD=ab:cd$。

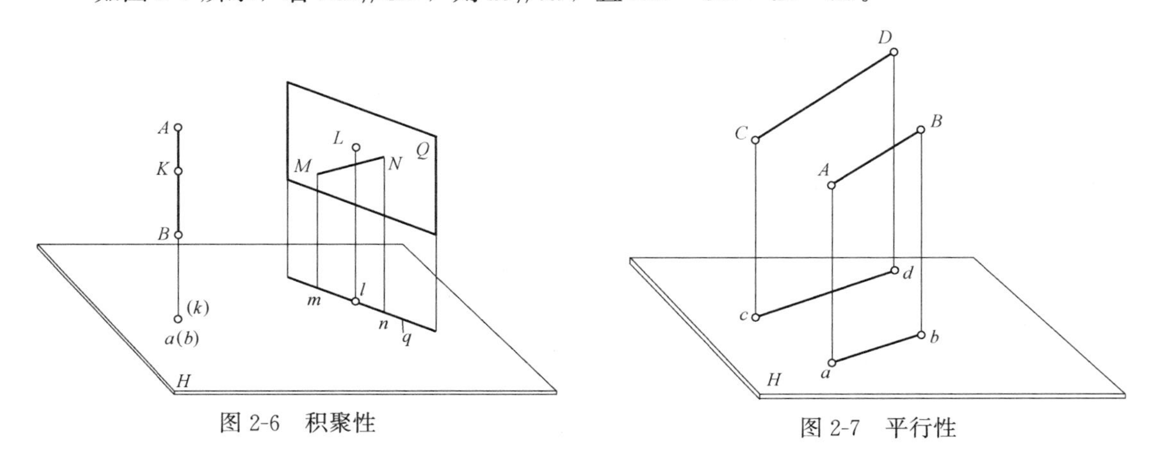

图 2-6 积聚性　　图 2-7 平行性

7. 类似性

若平面图形倾斜于投影面，则它的正投影不反映实形，而是原平面图形的类似形，即三角形仍投射成三角形，四边形投射成四边形。投影的这种性质称为类似性。

如图 2-3 中的$\triangle DEF$ 倾斜于投影面，则它的正投影不反映实形，但仍是$\triangle def$。

以上投影特性，可用初等几何的知识加以证明。

任何立体都是由表面围成的，作立体的投影就是作出各个表面的投影。图 2-8 表示一个立体的投影。该立体由六个平面围成，其中四个侧面与投影面垂直，一个底面与投影面平行，还有一个平面与投影面倾斜。

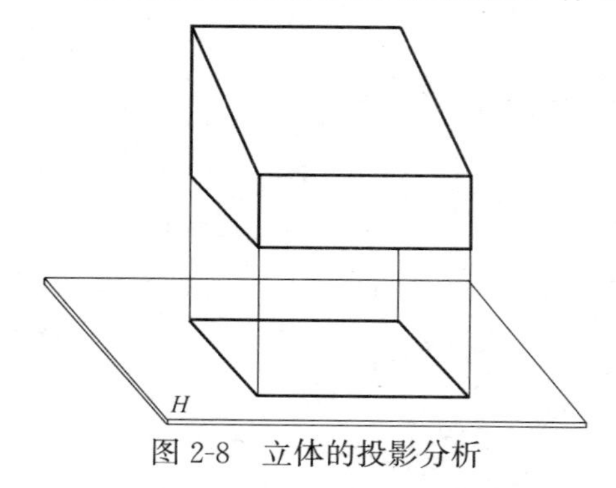

图 2-8 立体的投影分析

根据正投影特性可知，四个侧面在投影面上的正投影分别为四条直线段（积聚性）。四条直线段形成一个长方形，这个长方形也是底面在投影面上的正投影，它反映实形，具有真实性。斜面则投射成与底面相等的长方形，但不等于实形。上述六个平面的投影的集合，就是该立体的正投影图。

2.2 点、直线和平面的投影

2.2.1 点的投影

任何形体都是由若干表面所围成的，而表面都是由点、线等几何元素所组成的。所以，点是组成空间形体最基本的几何要素，要研究形体的投影问题，首先要研究点的投影。

1. 点的三面投影的形成

图 2-9（a）是空间点 A 的三面投影的直观图，过 A 点分别向 H、V、W 面的投影为 a、a'、a''。

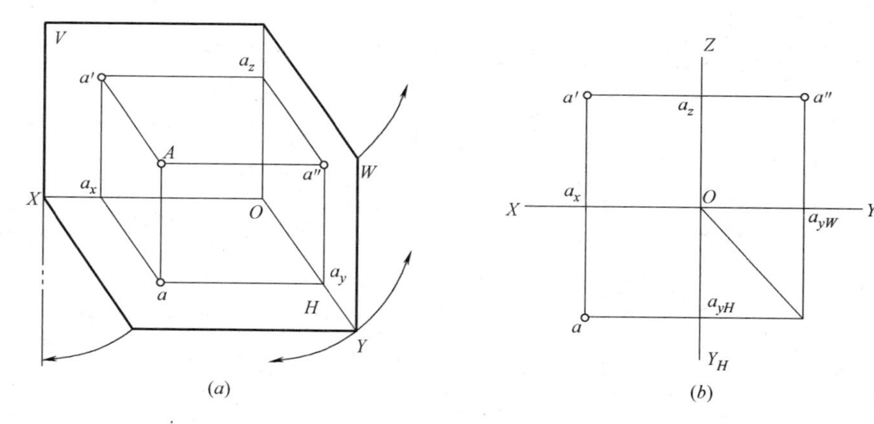

图 2-9 点的三面投影
（a）空间状况；（b）投影图

2. 点的三面投影规律

从图 2-9（a）可看出：$aa_x = Aa' = a''a_z$，即 A 点的水平投影 a 到 OX 轴的距离等于 A 点的侧面投影 a''到 OZ 轴的距离，都等于 A 点到 V 面的距离。由图 2-9（a）可看出，由 Aa'和 Aa 确定的平面 Aaa_xa'为一矩形，所以 $aa_x = Aa'$（A 点到 V 面的距离），$a'a_x =$

Aa（A 点到 H 面的距离）。

同时，还可以看出：因 $Aa \perp H$ 面，$Aa' \perp V$ 面，所以平面 $Aaa_x a' \perp H$ 面和 V 面，则 $OX \perp a'a_x$ 和 aa_x。当两投影面体系按展开规律展开后，aa_x 与 OX 轴的垂直关系不变，所以 $a'a_x a$ 为一垂直于 OX 轴的直线，即 $a'a \perp OX$。

同理可知：$a'a'' \perp OZ$，如图 2-9（b）所示。

综上所述，可得以下三条点的三面投影规律：

（1）一点的水平投影与正面投影的连线垂直于 OX 轴

（2）一点的正面投影与侧面投影的连线垂直于 OZ 轴

（3）一点的水平投影到 OX 轴的距离等于该点的侧面投影到 OZ 轴的距离，都反映该点到 V 面的距离

由上面所述规律知，由已知点的两个投影便可求出第三个投影。

【例 2-1】 已知点 A 的水平投影 a 和正面投影 a'，求其侧面投影 a''（图 2-10）。

【解】

（1）过 a' 作 OZ 轴的垂线。

（2）量取 $aa_X = a''a_Z$，a'' 即为所求，如图 2-11（a）所示。

用图 2-11（b）所示的方法也可求得同一结果。

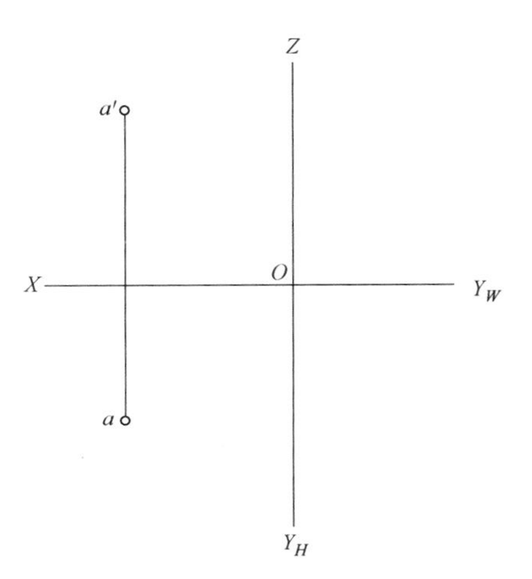

图 2-10 两点投影

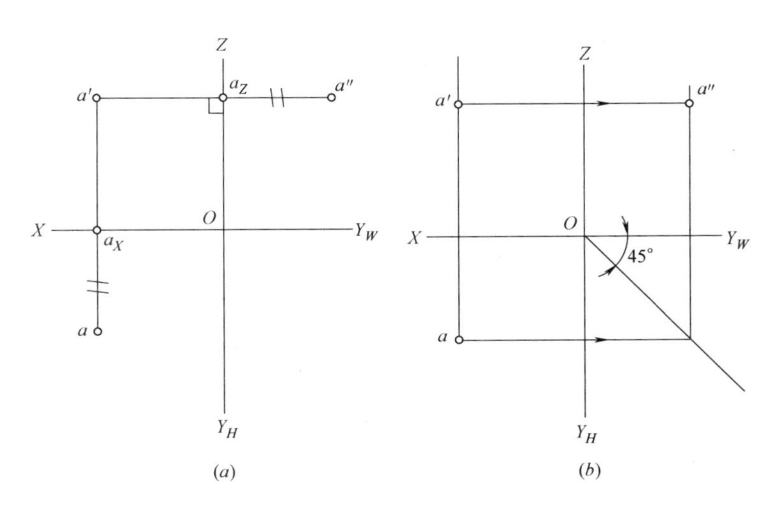

图 2-11 作图结果

（a）方法一；（b）方法二

3. 特殊位置点的投影

若空间点处于投影面上或投影轴上，即为特殊位置点，如图 2-12 所示。

（1）如果点在投影面上，则点在该投影面上的投影与空间点重合，另两个投影均在投

影轴上，如图 2-12（a）中的点 A 和点 B。

（2）如果点在投影轴上，则点的两个投影与空间点重合，另一个投影在投影轴原点，如图 2-12（b）中的点。

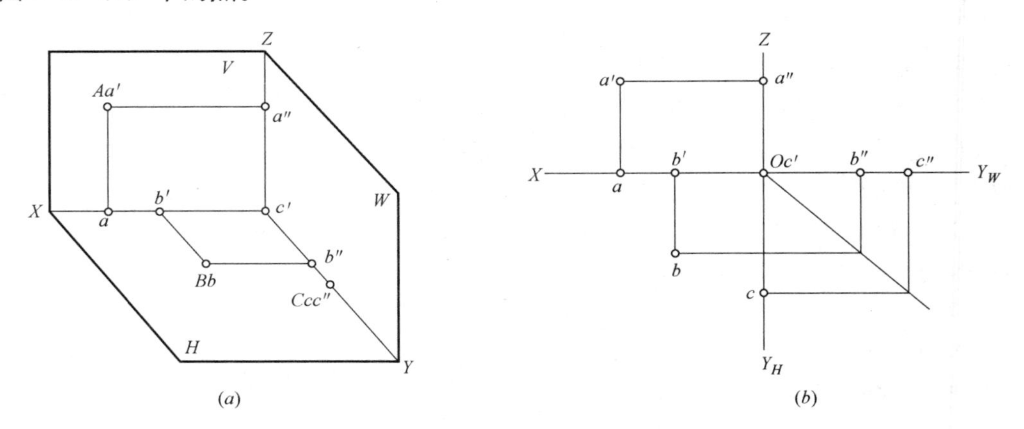

图 2-12　投影面、投影轴上的点的投影

（a）空间状况；（b）投影图

4. 点的投影与坐标的关系

空间点的位置除了用投影表示以外，还可用坐标来表示。我们把投影面当作坐标面，把投影轴当作坐标轴，把投影原点当是作坐标原点，则点到三个投影面的距离便可以用点的三个坐标来表示，如图 2-13 所示。

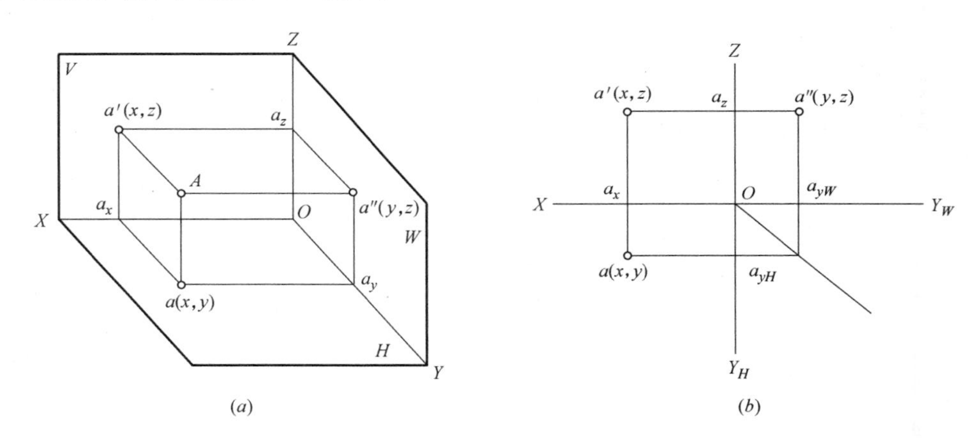

图 2-13　点的投影与坐标

（a）空间状况；（b）投影图

设 A 坐标为（x，y，z），则点的投影与坐标的关系如下：

（1）A 点到 H 面的距离 $Aa=Oa_z=a'a_x=a''a_y=z$ 坐标

（2）A 点到 V 面的距离 $Aa'=Oa_y=aa_x=a''a_z=y$ 坐标

（3）A 点到 W 面的距离 $Aa'=Oa_x=a'a_z=aa_y=x$ 坐标

由此可知，已知点的三面投影就能确定该点的三个坐标；反之，已知点的三个坐标，就能确定该点的三面投影或空间点的位置。

【例 2-2】 已知 B（4，6，5），求 B 点的三面投影。

【解】

作图步骤如图 2-14 所示。

1）画出三轴及原点后，在 x 轴自 O 点向左量取 4mm 得 b_x 点，如图 2-14（a）所示。

2）过 b_x 引 OX 轴的垂线，由 b_x 向上量取 $z=5$mm，得 V 面投影 b'，再向下量取 $y=6$mm，得 H 面投影 b，如图 2-14（b）所示。

3）过 b'，作水平线与 z 轴相交于 b_z 并延长，量取 $b_zb''=b_xb$，得 W 面投影 b''。此时，b、b'、b''，即为所求。在做出 b、b'以后，也可利用 45°斜线求出，如图 2-14（c）所示。

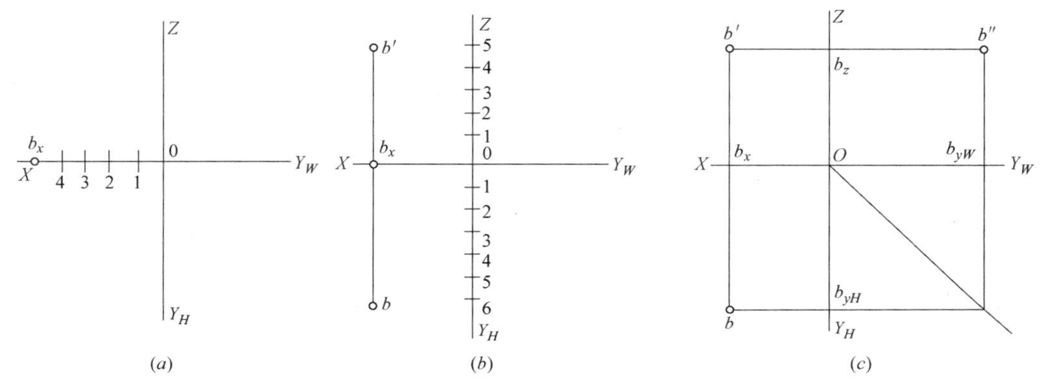

图 2-14　已知点的坐标，求点的三面投影

5. 两点的相对位置与重影点

（1）两点的相对位置

如图 2-15 所示，根据两点的投影，可以判断两点的相对位置。从图 2-15（a）表示的上下、左右、前后位置对应关系可以看出：可以由正面投影或侧面投影判断上下位置，由正面投影或水平投影判断左右位置，由水平投影或者侧面投影判断前后位置。根据图 2-15（b）中 A、B 两点的投影，可以判断出 A 点在 B 点的左、前、上方；反之，B 点在 A 点的右、后、下方。

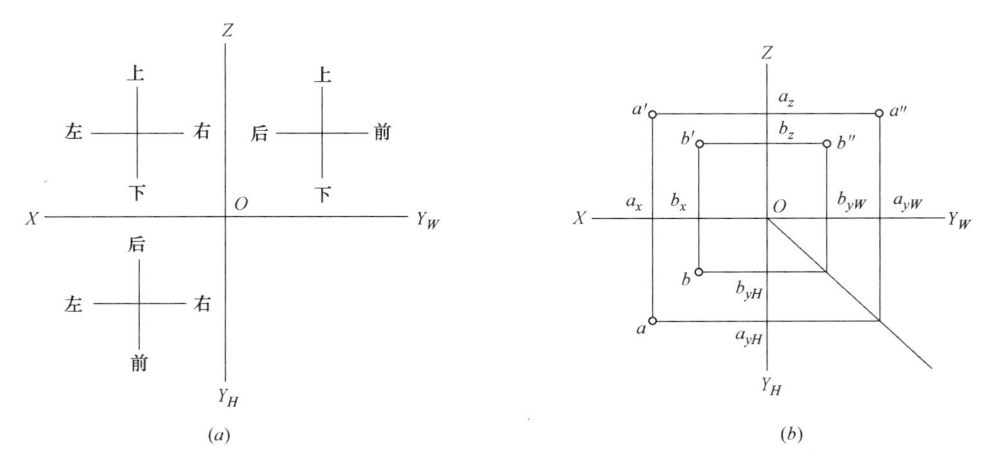

图 2-15　两点的相对位置

（a）空间状况；（b）作图

(2) 重影点及可见性的判断

当空间两点位于某一投影面的同一条投影线上时，则此两点在该投影面上的投影重合，这两点称为对该投影面的重影点。

图 2-16 (a) 中，A、C 两点处于对 V 面的同一条投影线上，它们的 V 面投影 a'、c' 重合，A、C 两点就称为对 V 面的重影点。同理，A、B 两点处于对 H 面的同一条投影线上，A、B 两点就称为对 H 面的重影点。

当空间两点为重影点，其中必有一点遮挡另一点，这就存在着可见性的问题。图 2-16 (b) 中，A 点和 C 点在 V 面上的投影重合为 a' (c')，A 点在前遮挡 C 点，其正面投影 a' 是可见的，而 C 点的正面投影 (c') 不可见，加括号表示（称前遮后，即前可见后不可见）。同时，A 点在上遮挡 B 点，a 为可见，(b) 为不可见（称上遮下，即上可见、下不可见）。同理，也有左遮右的重影状况（左可见、右不可见），如 A 点遮住 D 点。

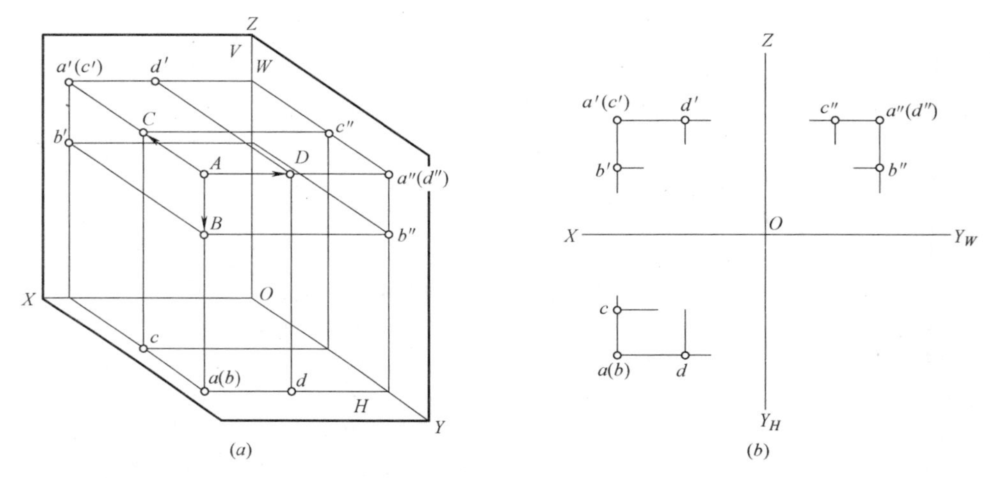

图 2-16 重影点的可见性

(a) 空间状况；(b) 投影图

【例 2-3】 求点 C 与点 D 的正面投影，说明它们的相对位置，并判别其可见性（图 2-17、图 2-18）。

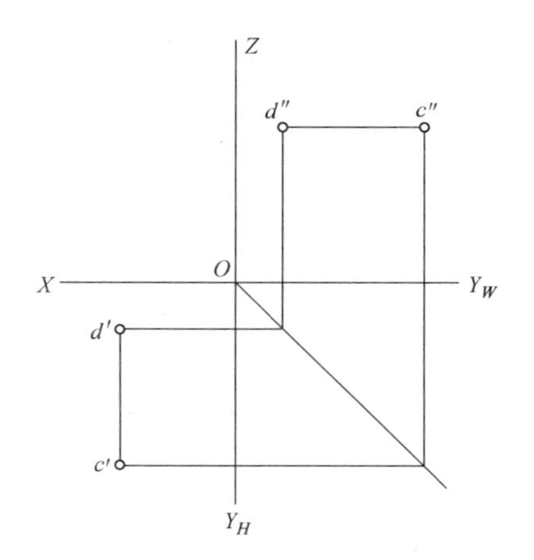

图 2-17 重影点的投影和可见性

【解】

作图如图 2-18（b）所示。

从图 2-17 可知，点 C 与点 D 的 X 坐标与 Z 坐标均相等，因此，这两点位于对 V 面的同一投射线上，它们是正面重影点，如图 2-18（a）所示。点 D 距 V 面近，所以点 D 不可见。

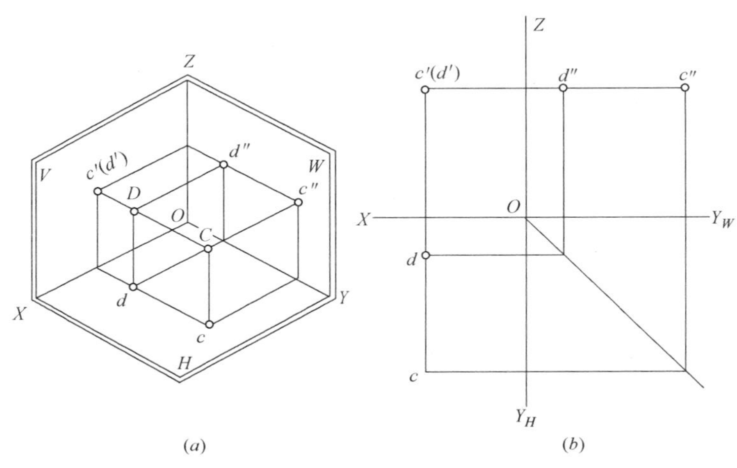

图 2-18 作图结果

（a）重影点；（b）作图结果

2.2.2 直线的投影

1. 直线与直线上点的投影

（1）直线的投影

根据平行投影的基本性质可知：直线的投影一般仍为直线，特殊情况下投影成一点。

根据初等几何，空间的任意两点确定一条直线。因此，只要做出直线上任意两点的投影，用直线段将两点的同面投影相连，即可得到直线的投影。为便于绘图，在投影图中通常用有限长的线段来表示直线。

图 2-19（a）中，做出直线 AB 上 A、B 两点的三面投影，结果如图 2-19（b）所示，然后将其 H、V、W 面上的同面投影分别用直线段相连，即得到直线 AB 的三面投影 ab、$a'b'$、$a''b''$，如图 2-19（c）所示。

（2）直线上点的投影

由平行投影的基本性质可知：如果点在直线上，则点的各个投影必在直线的同面投影上，点分割线段之比投影后不变。

图 2-20 中，点 K 在直线 AB 上，则点的投影属于直线的同面投影，即 k 在 ab 上，k' 在 $a'b'$ 上，k'' 在 $a''b''$ 上。此时，$AK : KB = ak : kb = a'k' : k'b' = a''k'' : k''b''$，可用文字表示为：点分线段成比例——定比关系。

反之，如果点的各个投影均在直线的同面投影上，则该点一定属于此直线（图 2-20 中点 K）。否则，点不属于直线。如图 2-20 所示，尽管 m 在 ab 上，但 m' 不在 $a'b'$ 上，故点 M 不在直线 AB 上。

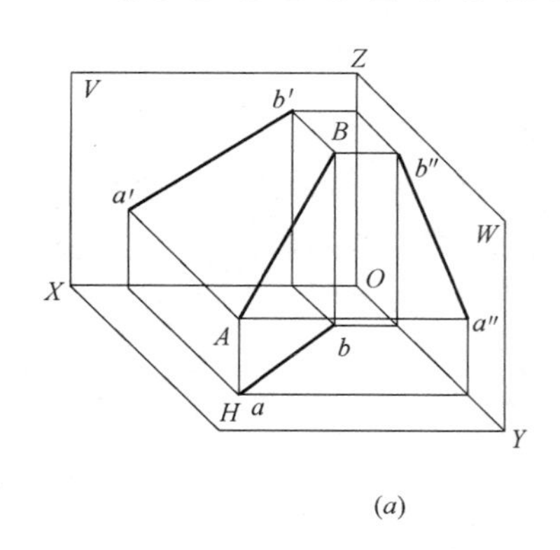

(a)

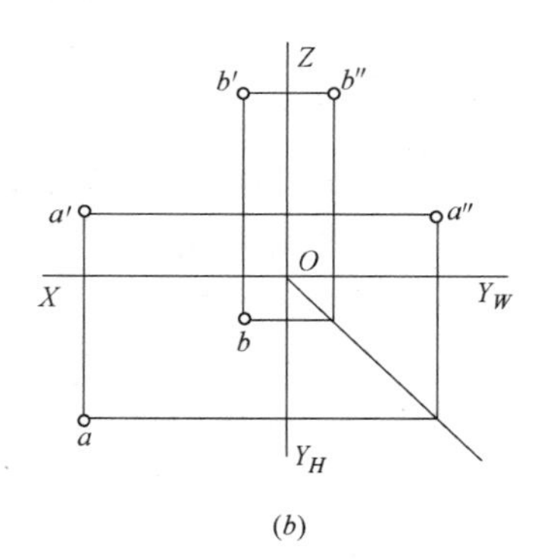

(b)

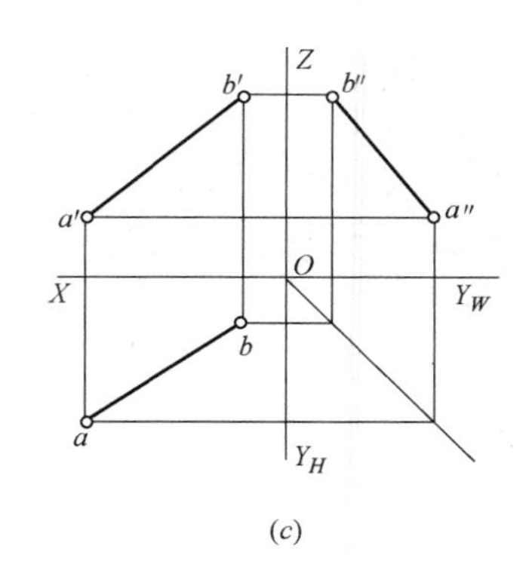

(c)

图 2-19 直线的投影

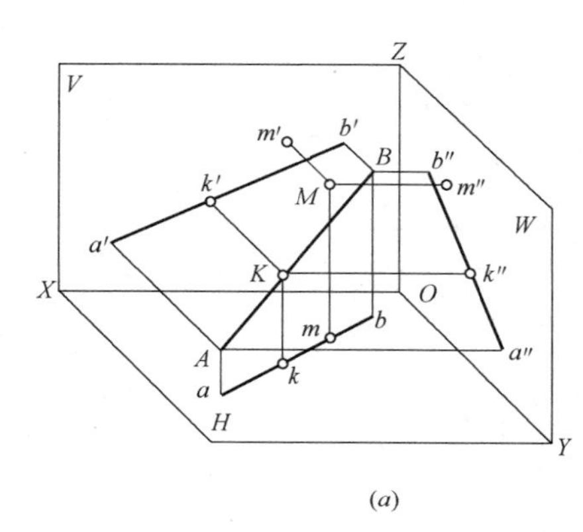

(a)

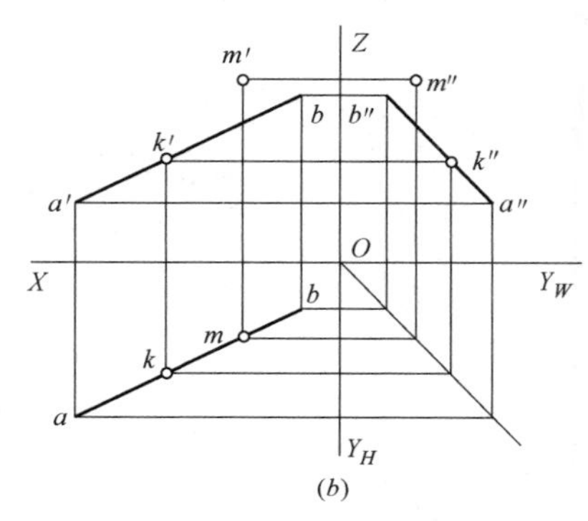

(b)

图 2-20 直线上的点的投影

(a) 立体图；(b) 投影图

由投影图判断点是否属于直线，一般分为两种情况。对于与 3 个投影面都倾斜的直线，只要根据点和直线的任意两个投影便可判断点是否在直线上，如图 2-20 所示中的点 K 和点 M。但对于与投影面平行的直线，往往需要求出第三投影或根据定比关系来判断。如图 2-21 所示，尽管 c 在 ab 上，c'在 $a'b'$上［图 2-21（a）］，但求出 W 投影后可知 c''不在 $a''b''$上［图 2-21（b）］，故点 C 不在直线 AB 上。该问题也可用定比关系来判断，因为

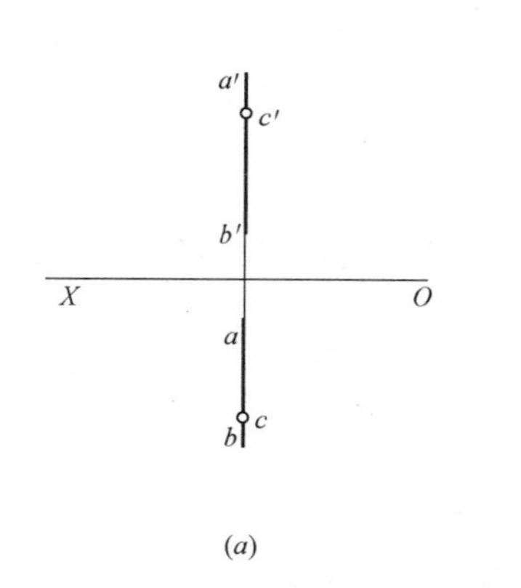

(a)

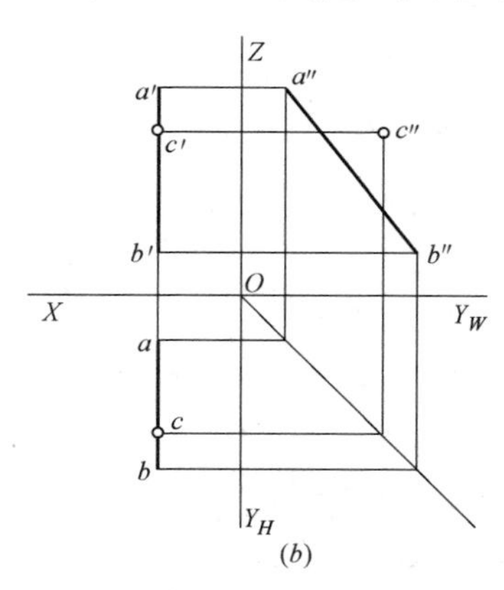

(b)

图 2-21 判断点是否属于直线

(a) 两面投影示意图；(b) 三面投影示意图

$ac : cb \neq a'c' : c'b'$，所以 C 不属于直线 AB。

2. 各种位置直线的投影

直线按其与投影面的位置不同，分为 3 种：投影面垂直线、投影面平行线和投影面倾斜线。其中，投影面垂直线和投影面平行线又统称为特殊位置直线。

（1）投影面垂直线

垂直于某一投影面的直线称为该投影面垂直线。投影面垂直线分为 3 种：铅垂线垂直于 H 面、正垂线垂直于 V 面和侧垂线垂直于 W 面。

图 2-22（a）中，AB 为一铅垂线。因为它垂直于 H 面，则必平行于另外两个投影面，所以 $AB /\!/ OZ$。由平行投影的平行性和积聚性可知：AB 的 V 投影 $a'b' /\!/ OZ$，W 投影 $a''b'' /\!/ OZ$，$ab = a''b'' = ab$（反映实长），水平投影 a（b）积聚为一点，如图 2-22（b）所示。

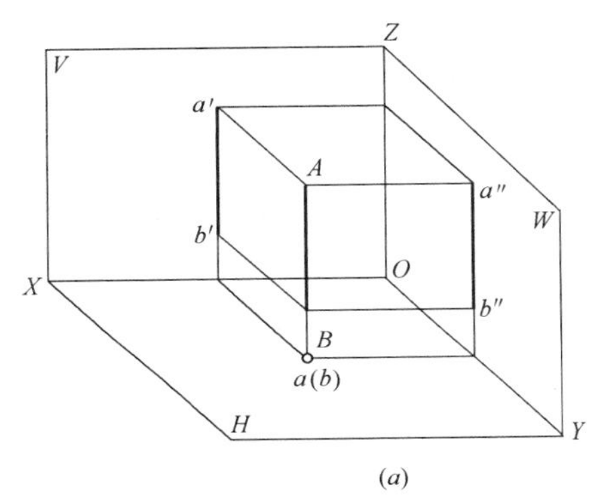

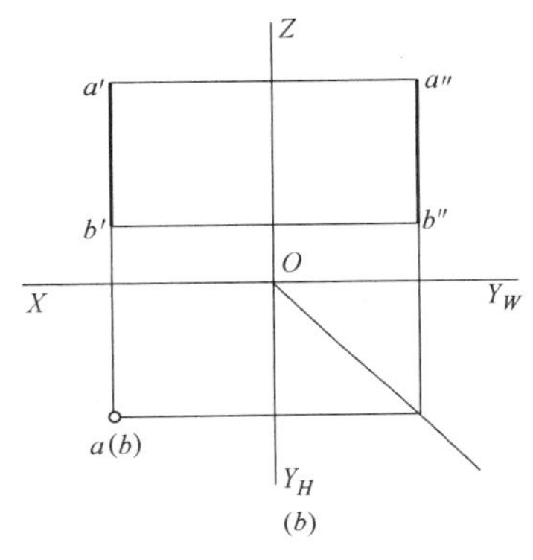

(a)　　(b)

图 2-22　铅垂线

（a）立体图；（b）投影图

正垂线和侧垂线也有类似的性质，见表 2-1。

投影面垂直线　　**表 2-1**

名称	立体图	投影图	投影特性
铅垂线（垂直于 H 面）			1）H 投影 $a(b)$ 积聚为一点 2）V 和 W 投影均平行于 OZ 轴且都反映实长，即 $a'b' /\!/ OZ$，$a''b'' /\!/ OZ$，$a'b' = a''b'' = AB$
正垂线（垂直于 V 面）			1）V 投影 $d'(c')$ 积聚为一点 2）V 和 W 投影均平行于 OY 轴且都反映实长，即 $c'd' /\!/ OY$，$c''d'' /\!/ OY$，$c'd' = c''d'' = CD$

续表

名称	立体图	投影图	投影特性
侧垂线 （垂直于 *W* 面）			1）*W* 投影 $e''(f'')$ 积聚为一点 2）*V* 和 *W* 投影均平行于 *OX* 轴且都反映实长，即 $e'f'/\!/OX$，$e''f''/\!/OX$，$e'f'=e''f''=AB$

投影面垂直线的投影特性如下：

1）在其所垂直的投影面上的投影积聚为一点；

2）另外两个投影面上的投影平行于同一条投影轴并且均反映线段的实长。

（2）投影面平行线

只平行于某一投影面的直线，称为该投影面平行线。投影面平行线也分为 3 种：正平线（只平行于 *V* 面）、水平线（只平行于 *H* 面）和侧平线（只平行于 *W* 面）。下面以图 2-23 正平线为例，讨论其投影性质。

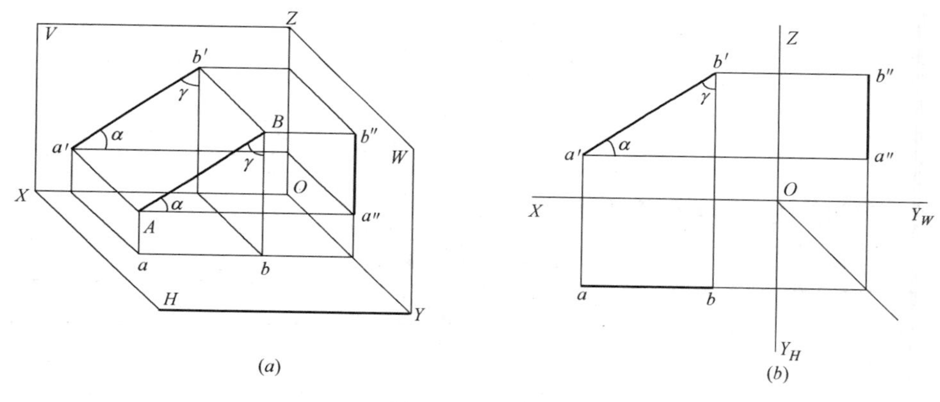

图 2-23 正平线

（*a*）立体图；（*b*）投影图

图 2-23 中，*AB* 为一正平线。由于它平行于 *V* 面，所以 $\beta=0°$（直线与 *H*、*V*、*W* 面的夹角分别用 α、β、γ 表示）。由 *AB* 向 *V* 面投影构成的投影面 $ABb'a'$ 为一矩形，因而 $a'b'=AB$，即正平线的 *V* 面投影反映线段的实长。*AB* 上各点的 *Y* 坐标相等，所以正平线的 *H* 面和 *W* 面投影分别平行于 *OX* 和 *OZ*，即 $ab/\!/OX$，$a''b''/\!/OZ$，如图 2-23（*b*）所示。

直线 *AB* 与 *H* 面的倾角 $\alpha=\angle BAa''$［图 2-23（*a*）］，由于 $Aa''\perp W$ 面，则 $Aa''/\!/OX$，所以正平线的 *V* 面投影与 *OX* 轴的夹角反映直线对 *H* 面的倾角 α［图 2-23（*b*）］。同理，正平线的 *V* 面投影与 *OZ* 轴的夹角反映直线与 *W* 面的倾角 γ。

水平线和侧平线也有类似的投影性质，见表 2-2。

投影面平行线　表 2-2

名称	立体图	投影图	投影特性
正平线（只平行于 H 面）	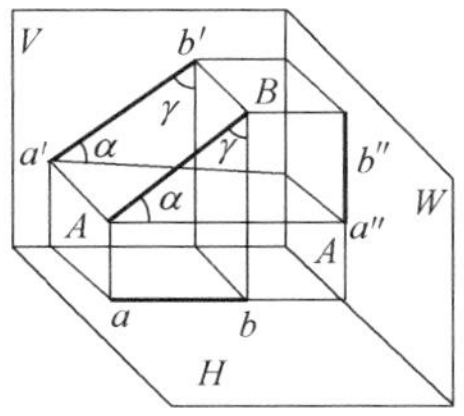	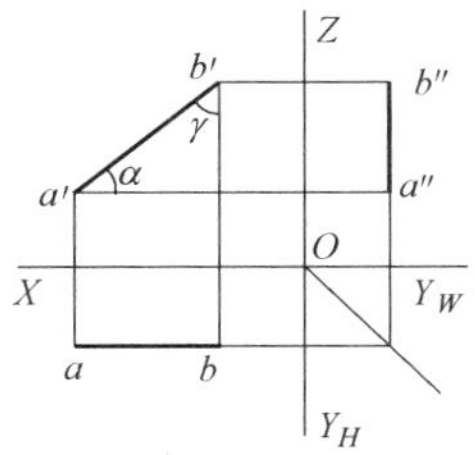	1) $a'b'//OX$，$a''b''//OZ$ 2) $a'b'$ 倾斜且反映实长 3) $a'b'$ 与 OX 轴夹角即为 α，$a'b'$ 与 OZ 轴夹角即为 γ
水平线（只平行于 V 面）	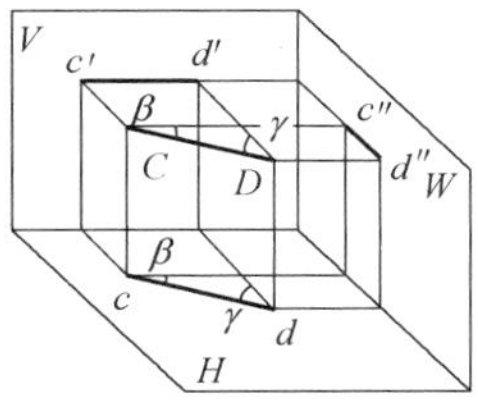	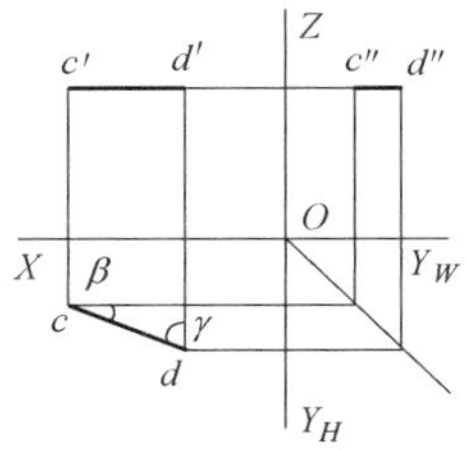	1) $c'd'//OX$，$c''d''//OZ$ 2) $c'd'$ 倾斜且反映实长 3) cd 与 OX 轴夹角即为 β，cd 与 OY_H 轴夹角即为 γ
侧平线（只平行于 W 面）	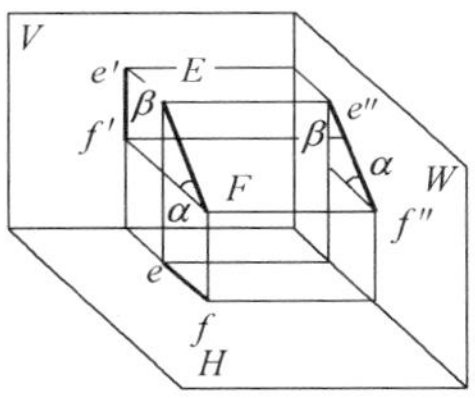	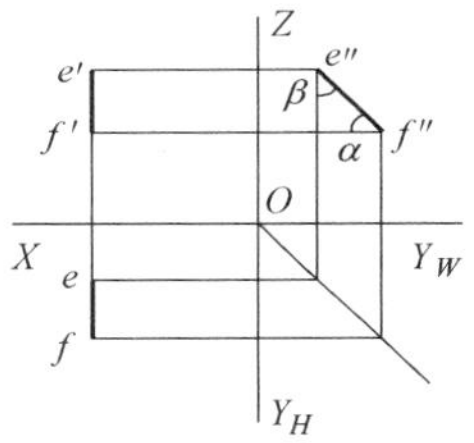	1) $e'f'//OZ$，$ef//OY_H$ 2) $e''f''$ 倾斜且反映实长 3) $e''f''$ 与 OY_W 轴夹角即为 α，$e''f''$ 与 OZ 轴夹角即为 β

投影面平行线的投影特性如下：

（1）在其所平行的投影面上的投影反映线段的实长

（2）在其所平行的投影面上的投影与相应投影轴的夹角反映直线与相应投影面的实际倾角

（3）另外两个投影平行于相应的投影轴

3. 投影面倾斜线的实长与倾角

（1）投影分析

投影面倾斜线的倾斜状态虽然千变万化，但归纳起来，只有图 2-24 中的 4 种。这些状态可用直线的一端到另一端的指向来表示。在其上随意定出两点，如图 2-24（a）所示的 a、b 两点，比较这两点的相对位置。从 V 投影可知，点 b 在点 a 之上和之右；从 H 投影可知，点 b 在点 a 之后。因此，直线 ab 的指向是从左前下，到右后上；反之，直线 ba 的指向是从右后上，到左前下。

图 2-24（b）、（c）、（d）中，直线 cd 的指向是从左后下到右前上，ef 是从左前上指向右后下，gh 是从左后上指向右前下。其中，ab 和 cd 又称上行线，ef 和 gh 又称下行线。

（2）线段的实长和倾角

从各种位置直线的投影特性可知，特殊位置直线（即投影面垂直线和投影面平行线）

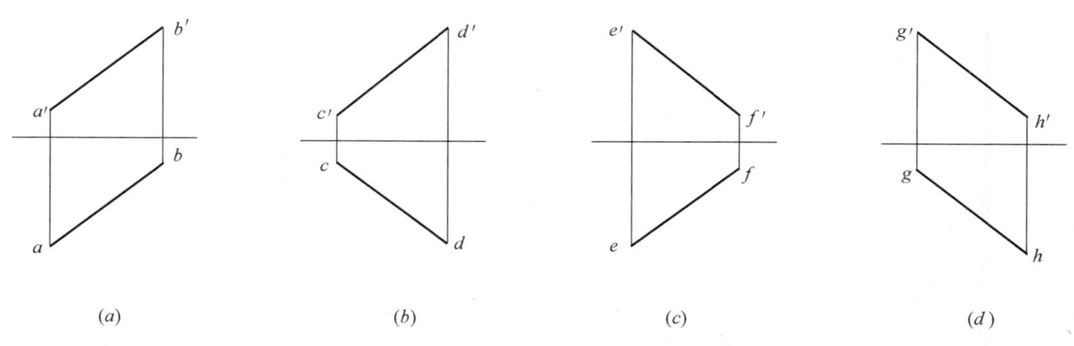

图 2-24 投影面倾斜线的指向

(a) 直线 ab 投影示意图；(b) 直线 cd 投影示意图；

(c) 直线 ef 投影示意图；(d) 直线 gh 投影示意图

的某些投影能直接反映出线段的实长和对某投影面的实际倾角，由于投影面倾斜线对 3 个投影面都倾斜，故 3 个投影均不能直接反映其实长和倾角。下面介绍用直角三角形法求其线段实长和倾角的原理及作图方法。

图 2-25（a）中，AB 为投影面倾斜线。过点 A 在垂直于 H 面的投射面 $Abba$ 上作 $AB_0//ab$ 交 Bb 于 B_0，则得到一个直角$\triangle ABB_0$。在此三角形中，斜边为空间线段本身（实长），线段 AB 对 H 面的倾角 $\alpha=\angle BAB_0$，两条直角边 $AB_0=ab$，$BB_0=|Z_B-Z_A|=\triangle Z_{AB}$。

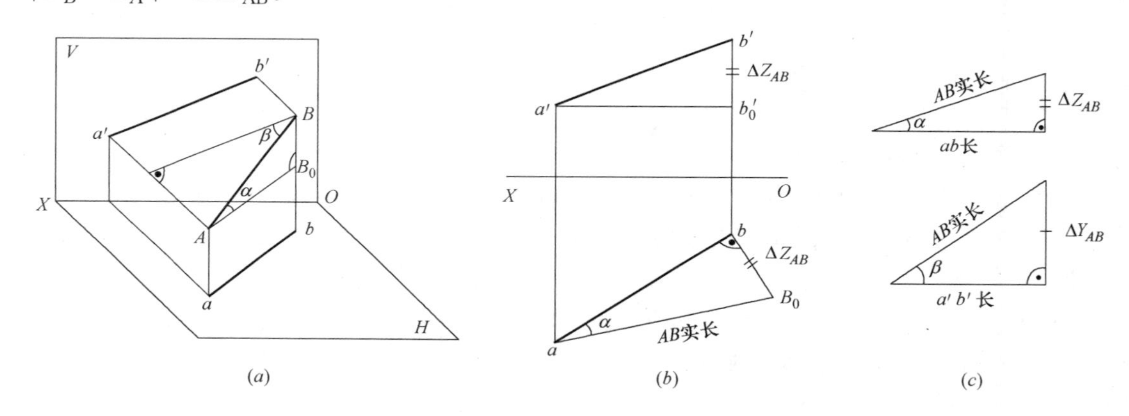

图 2-25 求线段的实长和倾角

在投影图中，若能做出与直角$\triangle ABB_0$ 全等的三角形，便可求得线段 AB 的实长及对 H 面的倾角 α。这种方法我们称为直角三角形法。

【例 2-4】 判别图 2-26 所示几何体三面投影图中直线 AB、CD、EF 的空间位置。

【解】

判别：图中直线 AB 的三个投影都呈倾斜，所以它为投影面的一般位置线；直线 CD 在 H 面和 W 面上的投影分别平行于 OX 轴和 OZ 轴，而在 V 面上的投影呈倾斜，所以它为 V 面的平行线（即正平线）；直线 EF 在 H 面上的投影积聚成一点，在 V 面 W 面上的投影分别垂直于 OX 轴和 OY_W 轴，所以它为 H 面的垂直线（即铅垂线）。

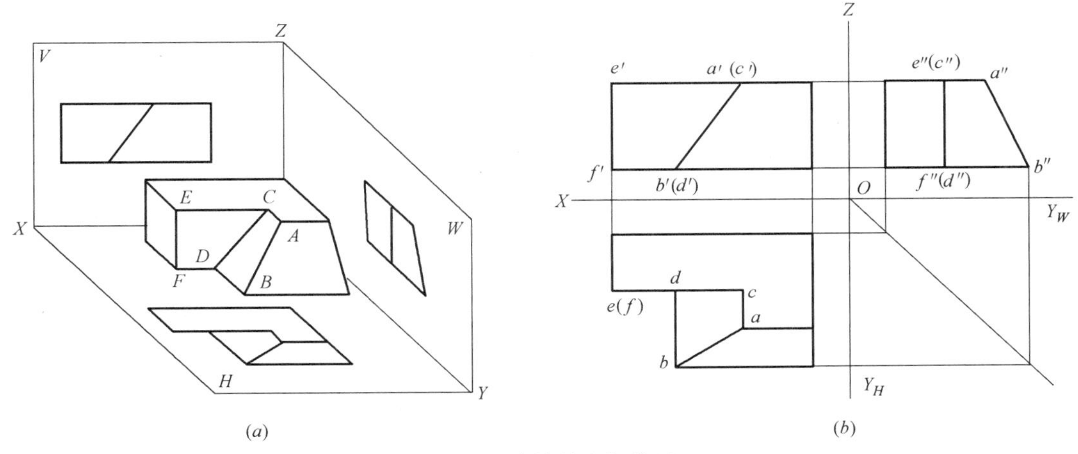

(a) (b)

图 2-26 直线的空间位置

2.2.3 平面的投影

1. 平面的表示法

平面的表示方法有以下几种，如图 2-27 所示。

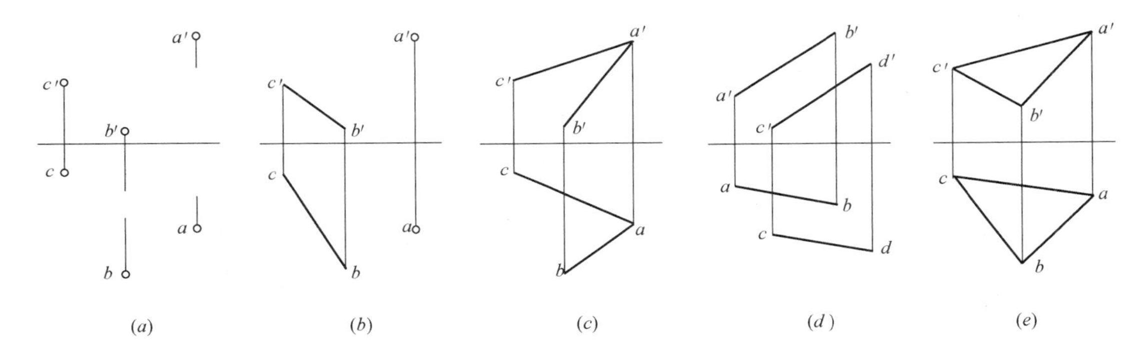

(a) (b) (c) (d) (e)

图 2-27 用几何元素表示平面

(a) 不在同一直线上的三个点；(b) 一直线及线外一点；(c) 相交二直线；
(d) 平行二直线；(e) 任意平面图形（如四边形、三角形、圆等）

平面与投影面之间按相对位置的不同，可分为：一般位置平面、投影面平行面和投影面垂直面，后两种统称为特殊位置平面。

2. 一般位置平面

与三个投影面均倾斜的平面称为一般位置平面，也称倾斜面。图 2-28 所示为一般位置平面的投影，从中可知，它的任何一个投影，既不反映平面的实形，也无积聚性。因此，一般位置平面的各个投影，为原平面图形的类似形。

3. 投影面平行面

平行于某一投影面，因而垂直于另两个投影面的平面，称为投影面平行面。投影面平行面分为三种：

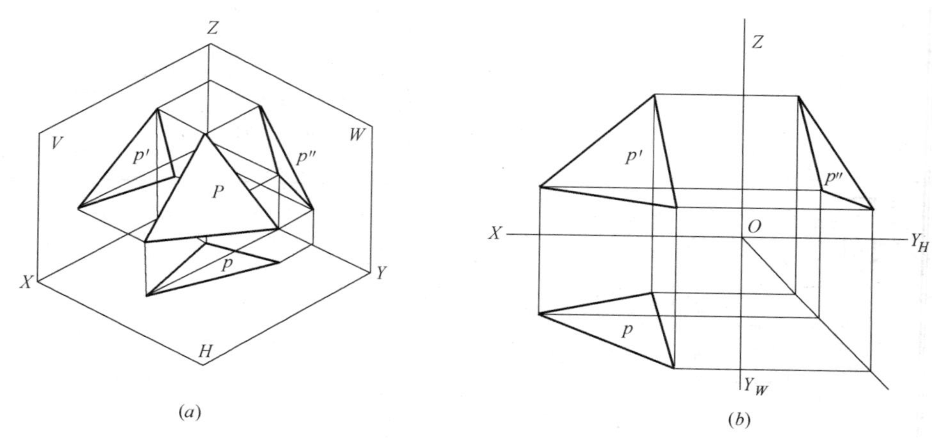

图 2-28 一般位置平面的投影
（a）直观图；（b）投影图

（1）水平面

与 H 面平行，同时垂直于 V、W 面的平面，见表 2-3 中 P 平面。

（2）正平面

平行于 V 面，同时垂直于 H、W 面的平面，见表 2-3 中 Q 平面。

投影面平行面 **表 2-3**

名称	立体图	投影图	投影特性
水平线 （只平行于 H 面）	V c′(a′) d′(b′) B a″(b″) A W a C b D c″(d″) c H d d′	c′(a′) d′(b′) Z a″(b″) c″(d″) O X a Y_W b c d Y_H	1)$a'b'//OX$，$a''b''//OZ$ 2)$a'b'$倾斜且反映实长 3)$a'b'$与 OX 轴夹角即为 α，$a'b'$与 OZ 轴夹角即为 γ
正平线 （只平行于 V 面）	V a′ b′ B A a″ (b″) c′ d W C D c″(d″) a(c) b(d) H	a′ b′ Z a″(b″) c′ c″(d″) d′ O X Y_W a(c) b(d) Y_H	1)$c'd'//OX$，$c''d''//OZ$ 2)$c'd'$倾斜且反映实长 3)cd 与 OX 轴夹角即为 β，cd 与 OY_H 轴夹角即为 γ
侧平线 （只平行于 W 面）	V a′(c′) C c″ A W b′(d′) a″ d″ D c(d) B b″ H a(b)	Z a′(c′) c″ a″ d″ b′(d′) b″ O X Y_W c(d) a(b) Y_H	1)$a'b'//OZ$，$ab//OY_H$ 2)$a''b''$倾斜且反映实长 3)$a''b''$与 OY_W 轴夹角即为 α，$a''b''$与 OZ 轴夹角即为 β

(3) 侧平面

平行于 W 面，同时垂直于 V、H 的平面。见表 2-3 中 R 平面。

综合表 2-3 中的投影特性，可知投影平行面的共同特性为：

投影面平行面在它所平行的投影面的投影反映实形，在其他两个投影面上投影积聚为直线，并且与相应的投影轴平行。

4. 投影面垂直面

垂直于一个投影面，同时倾斜于其他投影面的平面称为投影面垂直面。投影面垂直面也分为三种：

(1) 铅垂面

垂直于 H 面，倾斜于 V、W 面的平面，见表 2-4 中的 P 平面。

(2) 正垂面

垂直于 V 面，倾斜于 H、W 面的平面，见表 2-4 中的 Q 平面。

(3) 侧垂面

垂直于 W 面，倾斜于 H、V 面的平面，见表 2-4 中的 R 平面。

投影面垂直面 **表 2-4**

名称	立体图	投影图	投影特性
水平线（垂直于 H 面）	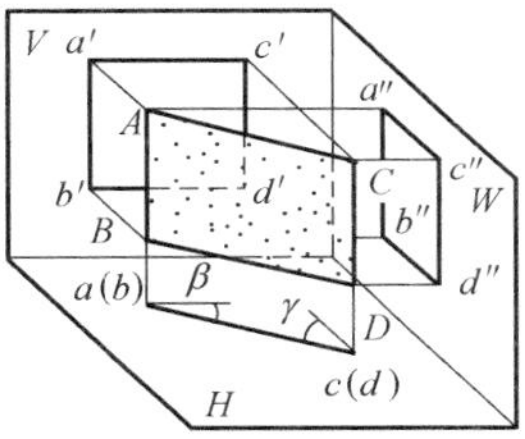 V a′ c′ a″ A C c″ W b′ d′ b″ B a(b) β γ d″ D H c(d)	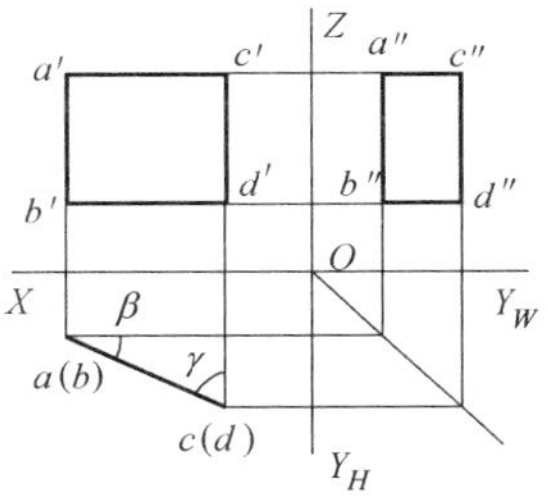 Z a′ c′ a″ c″ d′ b″ d″ b′ O X β Y_W a(b) γ c(d) Y_H	1) H 投影积聚为一斜线且反映 β 和 γ 角 2) V、W 投影为类似形
正平线（垂直于 V 面）	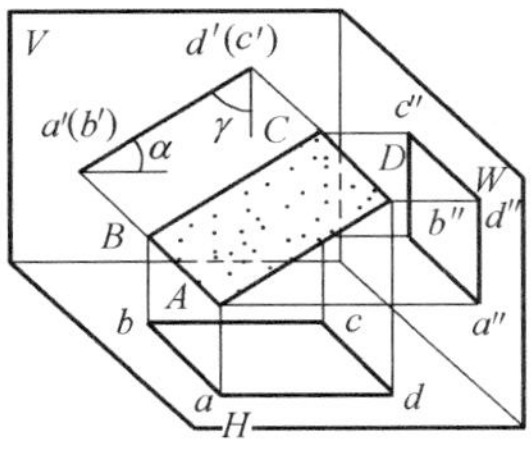 V d′(c′) a′(b′) α γ C c″ D W B b″ d″ A b c a″ a H d	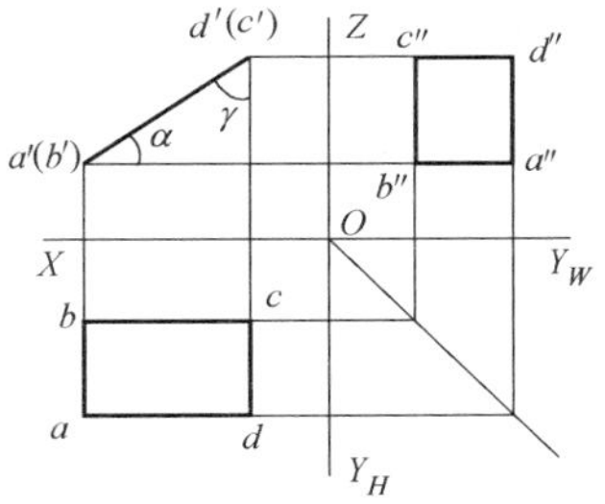 d′(c′) Z c″ d″ γ a′(b′) α a″ b″ O X Y_W b c a d Y_H	1) V 投影积聚为一斜线且反映 α 和 γ 角 2) H、W 投影为类似形
侧平线（垂直于 W 面）	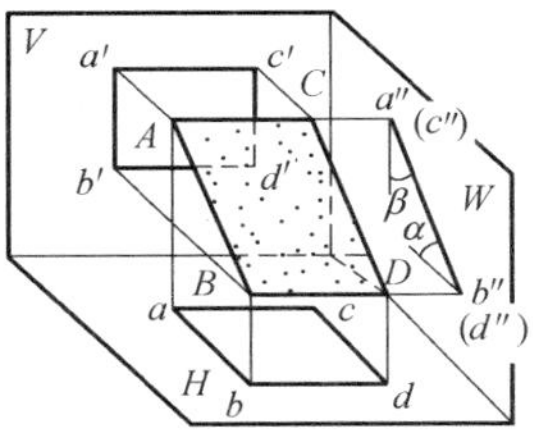 V a′ c′ C a″(c″) A b′ d′ β W α B D b″ a c (d″) H b d	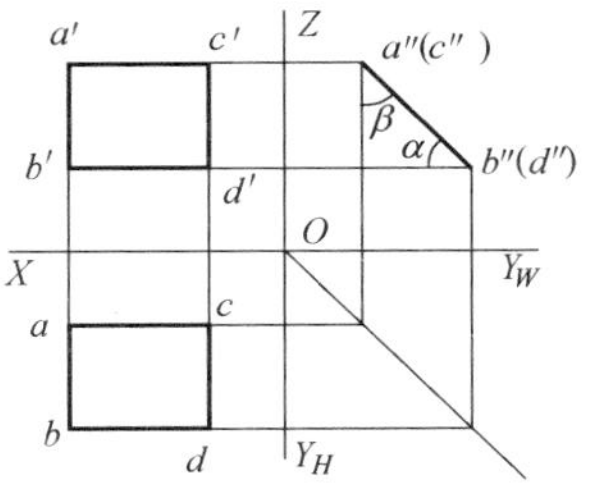 a′ c′ Z a″(c″) β α b″(d″) b′ d′ O X Y_W a c b d Y_H	1) W 投影积聚为一斜线且反映 α 和 β 角 2) H、V 投影为类似形

综合表 2-4 中的投影特性，可知投影面垂直面的共同特性为：

投影面垂直面在它所垂直的投影面上的投影积聚为一斜直线，它与相应投影轴的夹角，反映该平面对其他两个投影面的倾角；在另两个投影面上的投影反映该平面的类似形，且小于实形。

【例 2-5】 完成四边形 *ABCD* 的正面投影，如图 2-29（*a*）所示。

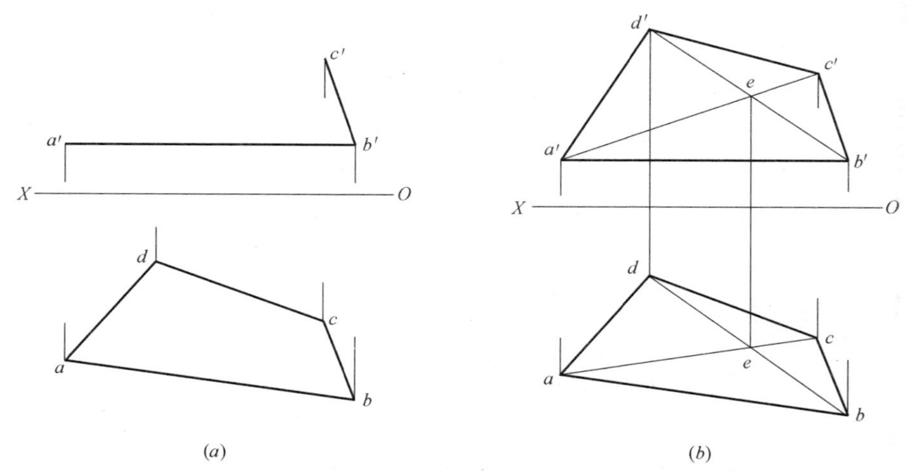

图 2-29 完成四边形的正面投影

【解】

（1）分析

四边 *ABCD* 是一平面图形，所以点 *D* 可以看作是三角形 *AB* 确定的平面上的点。根据点在平面内的几何条件知，则点 *D* 一定在 *ABC* 平面的某条直线上。为此，可先过点 *D* 在已知平面内作一条辅助线 *BD*，再根据点在直线上的从属性求得点 *D* 的正面投影 d'，最后连线即可。

（2）作图

如图 2-29（*b*）所示：

1）连接 *AC* 的同面投影 ac、$a'c'$，得到三角形 *ABC* 的两面投影；

2）连接 bd，bd 与 ac 相交于 e，*BD* 与 *AC* 是平面 *ABC* 的一对相交直线，e 为其交点；

3）由 e 在 $a'c'$ 上求得 e'；

4）连接 $b'e'$，延长后得 d'；

5）连接 $a'd'$、$c'd'$，完成四边形的正面投影。

【例 2-6】 已知等腰三角形 *ABC* 的顶点 *A*，该三角形为铅垂面，高为 25mm，$\beta=30°$，底边 *BC* 为水平线，长等于 20mm，如图 2-30 所示，试过点 *A* 作等腰三角形的投影。

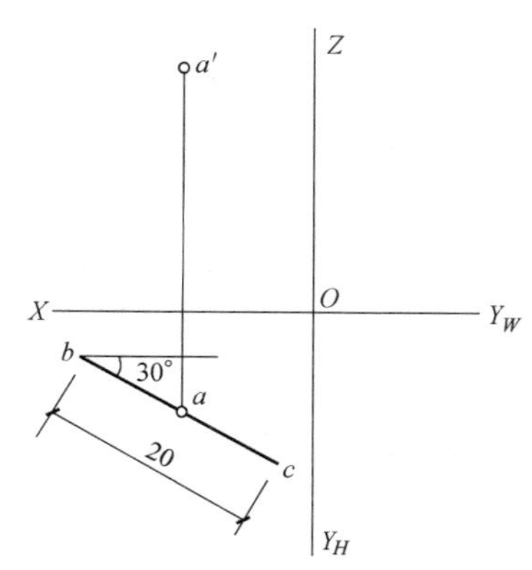

图 2-30 作等腰三角形的投影

【解】

1）过 a 作 bc，与 x 轴成 30°且使 $ba=ac=10$mm。

2）过 a' 向正下方截取 25mm，并作 *BC* 的正面投影 $b'c'$。

3）根据水平投影及正面投影，完成侧面投影，如图 2-31 所示。

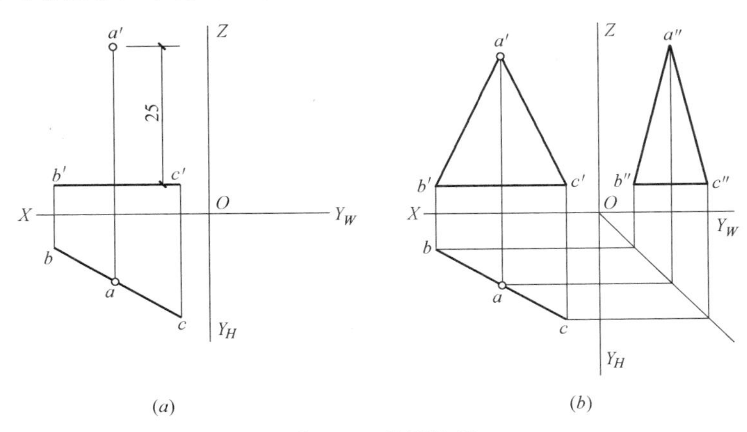

图 2-31 作图结果

（a）过 a' 向正下方截取 25mm，并作 BC 的正面投影 $b'c'$；（b）根据水平投影及正面投影，完成侧面投影

2.3 基本形体投影

任何复杂的立体都是由简单的基本几何体所组成。基本几何体可分为平面立体和曲面立体两大类。

2.3.1 平面立体的投影

平面立体的每个表面都是平面，例如棱柱、棱锥，由底平面和侧平面围成。立体的侧面称为棱面，棱面的交线称为棱线，棱线的交点称为顶点。平面立体的投影实际上，就是画出组成立体各表面的投影。看得见的棱线画成实线，看不见的棱线画成虚线。

1. 棱柱

棱柱由上、下底面和若干侧面围成。其上、下底面形状和大小完全相同且相互平行；每两个侧面的交线为棱线，有几个侧面就有几条棱线；各棱线相互平行且都垂直于上、下底面。常见的棱柱包括三棱柱、四棱柱、五棱柱和六棱柱。

现以五棱柱为例，说明棱柱的投影特征和作图方法。

（1）棱柱的投影

1）分析。如图 2-32（a）所示，正五棱柱的顶面和底面平行于水平面，后棱面平行于正平面，各棱面均垂直于水平面。在这种位置下，五棱柱的投影特征是：顶面和底面的水平投影重合，并反映实形——正五边形。五个棱面的水平投影分别积聚为五边形的五条边。正面和侧面投影上大、小不同的矩形分别是各棱面的投影，不可见的棱线画虚线。

2）作图。其步骤如下：

① 先画出对称中心线，如图 2-32（b）所示。

② 再画出两个底面的三面投影：其 H 面投影重合，反映正五边形实形，是五棱柱的特征投影。它们的 V 面投影和 W 面投影均积聚为直线。

③ 画出各棱线的三面投影：H 面投影积聚为正五边形的五个顶点，其 V 面投影和 W

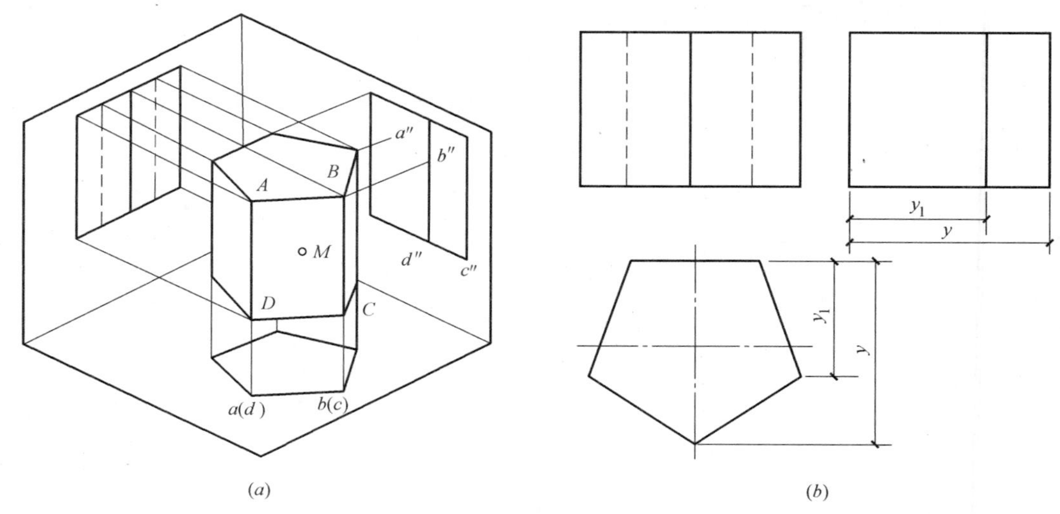

图 2-32 正五棱柱的投影

(a) 空间示意；(b) 投影图

面投影均反映实长，如图 2-32（b）所示。

（2）棱柱表面取点、取线

由于组成棱柱的各表面都是平面，所以，在平面立体表面上取点、取线的问题，实际上就是在平面上取点、取线的问题。

判别立体表面上点和线可见与否的原则是：若点、线所在表面的投影可见，那么点、线的同面投影可见，否则不可见。

【例 2-7】 如图 2-33（a）所示，已知五棱柱棱面上点 M 的正面投影 m'，求作另外两投影 m、m''。

【解】

（1）分析

从图中可知：M 点的正面投影 m'可见，由此判断 M 点在五棱柱的左前面 $ABCD$ 上，左前面为铅垂面，H 投影有积聚性，其 M 点 H 投影 m 必在该侧面的积聚投影上。

（2）作图

其过程如图 2-33（b）所示。

1）分别过 m'向下引垂线交积聚投影 $abcd$ 于 m 点；

2）根据已知点的两面投影求第三投影的方法，求得 m''；

3）判别可见性：因 M 点在左前侧面，则 m''可见。

2. 棱锥

棱锥由一个底面和若干个侧面围成，各个侧面由各条棱线交于顶点，顶点常用字母 S 来表示。常见的棱锥有三棱锥、四棱锥、五棱锥等。现以图 2-34 所示的三棱锥为例，说明棱锥的三面投影。

（1）棱锥的投影

1）分析。三棱锥是由一个底面和三个侧面所组成。底面及侧面均为三角形。三条棱线交于一个顶点，三棱锥的底面为水平面，侧面△SAC 为侧垂面。

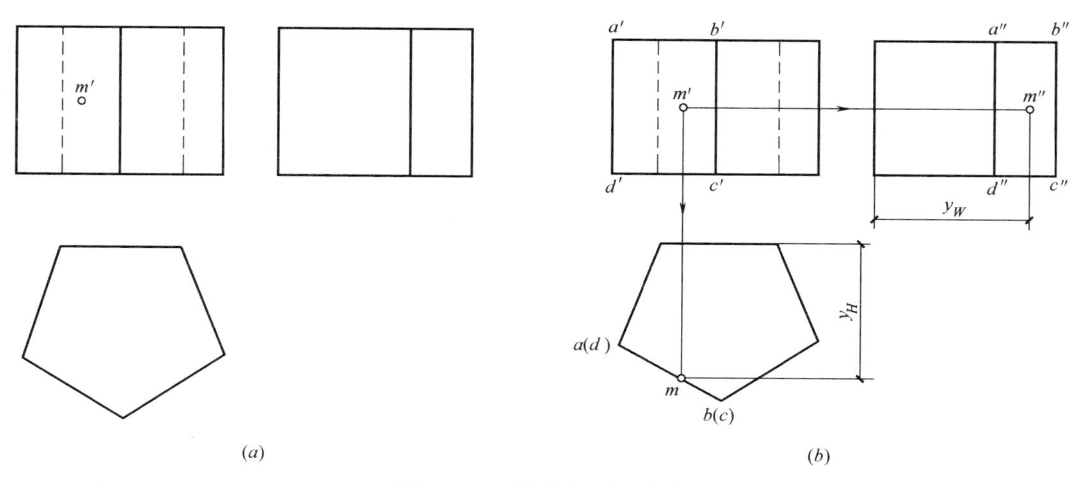

图 2-33 五棱柱表面上取点

（a）已知条件；（b）作图

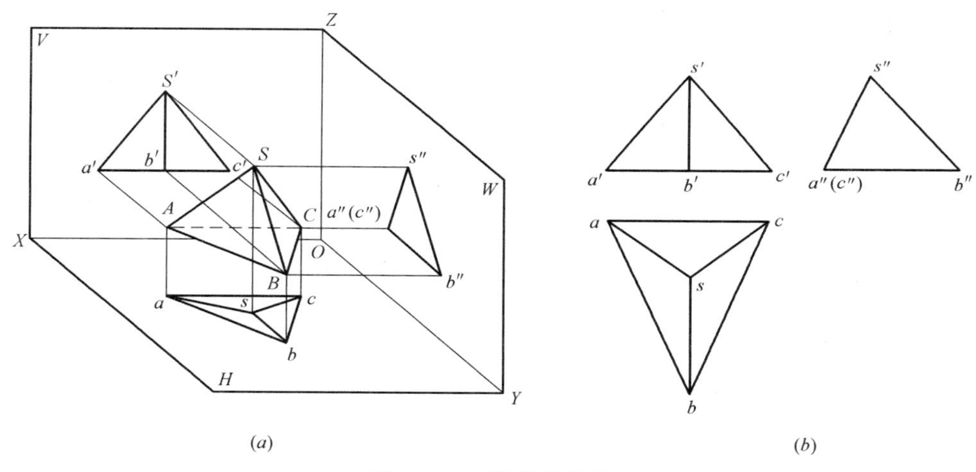

图 2-34 三棱锥的投影

（a）空间示意；（b）投影图

2）作图。其步骤如下：

① 画出底面△ABC 的三面投影：H 面投影反映实形，V、W 面投影均积聚为直线段。

② 画出顶点 S 的三面投影：将顶点 S 和底面△ABC 的三个顶点 A、B、C 的同面投影两两连线，即得三条棱线的投影，三条棱线围成三个侧面，完成三棱锥的投影。

（2）棱锥表面上取点、取线

在棱锥表面上取点、线时，应注意其在侧面的空间位置。由于组成棱锥的侧面有特殊位置平面，也有一般位置平面，在特殊位置平面上作点的投影，可利用投影积聚性作图，在一般位置平面上作点的投影，可选取适当的辅助线作图。

【例 2-8】 如图 2-35（a）所示，已知三棱锥棱面 OAB 上点 M 的正面投影 m'和棱面 OAC 上点 N 的水平投影 n，求作另外两个投影。

【解】

（1）分析

M 点所在棱面 OAB 是一般位置平面，其投影没有积聚性，必须借助在该平面上作辅助线的方法求作另外两个投影，如图 2-35（b）所示。也可以在棱面 OAB 上过 M 点作 AB 的平行线为辅助线作出其投影。N 点所在棱面 OAC 是侧垂面，可利用积聚性画出其投影。

（2）作图

其过程如图 2-35（b）、（c）所示。

1）过 m' 作 $m'd'//a'b'$ 交 $o'a'$ 于 d'，由 d' 作垂线得出 d，过 d 作 ab 的平行线，再由 m' 求得 m。

2）由 m' 高平齐、宽相等求得 m''，如图 2-35（b）所示。

3）N 点在三棱锥的后面侧垂面上，其侧面投影 n'' 在 $o''a''$ 上，因此不需要作辅助线，利用"高平齐"可直接作出 n'。

4）再由 n'、n''，根据"宽相等"直接作出 n，如图 2-35（c）所示。

5）判别可见性：m、n、m'' 可见。

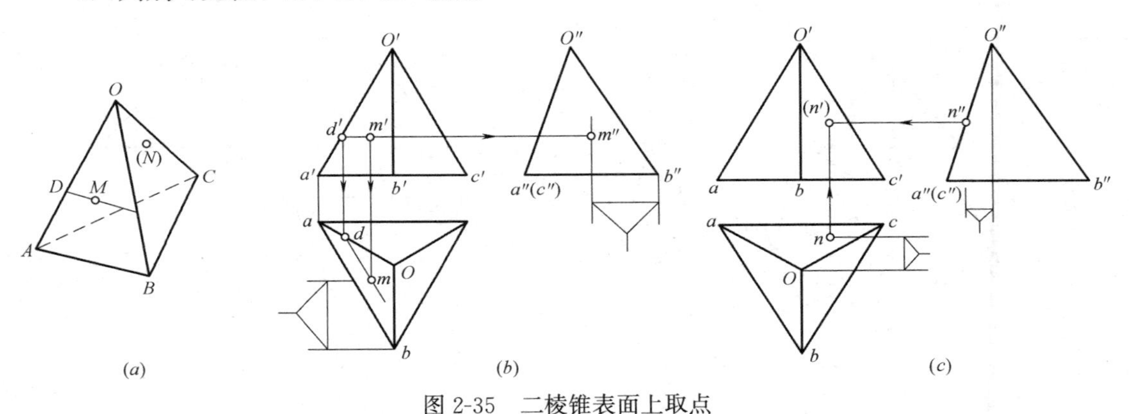

图 2-35　三棱锥表面上取点

2.3.2　曲面立体的投影

常见的曲面立体是回转体，主要包括圆柱体、圆锥体、圆球体等。曲面立体是由曲面或曲面与平面围成的。

曲面立体投影应判别其可见性。曲面上可见与不可见的分界线称为回转面对该投影面的转向轮廓线。由于转向轮廓线是对某一投影面而言，所以它们的其他投影不应画出。

1. 圆柱体

圆柱体由圆柱面和上下两底面围成。圆柱面可看作由一条母线绕平行于它的轴线回旋而成，圆柱面上任意一条平行于轴线的直母线称为圆柱面的素线。现以图 2-36（a）所示的圆柱为例，说明圆柱体的三面投影。

（1）圆柱体的投影

1）分析。圆柱体由圆柱面、顶面、底面围成。圆柱也可看成是由无数条相互平行且长度相等的素线所围成。当圆柱轴线垂直于 H 面，底面、顶面为水平面，底面、顶面的水平投影反映圆的实形，其他投影积聚为直线段。

2）作图。其过程如图 2-36（*b*）所示。

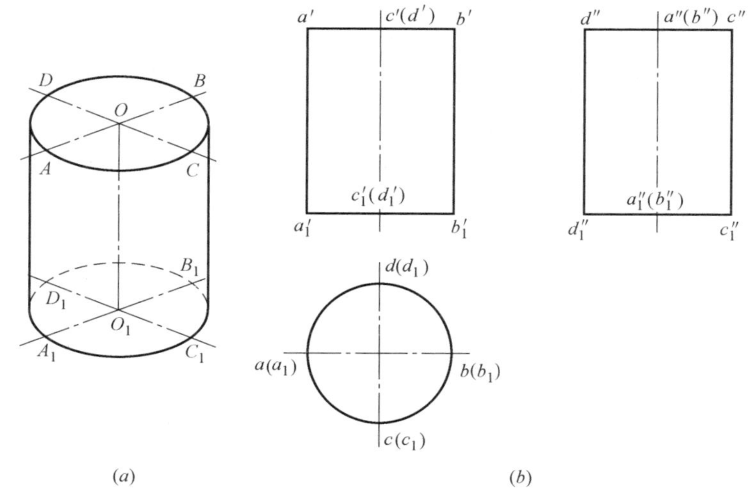

图 2-36 圆柱体的投影

（*a*）空间示意；（*b*）投影图

① 用点画线画出圆柱体的轴线、中心线。

② 画出顶面、底面圆的三面投影。

③ 画转向轮廓线的三面投影，该圆柱面对正面的转向轮廓线（正视转向轮廓线）为 AA_1 和 BB_1，其侧面投影与轴线重合，对侧面的转向轮廓线（侧视转向轮廓线）为 DD_1 和 CC_1，其正面投影与轴线重合。

④ 还应注意圆柱体的 H 面投影圆是整个圆柱面积聚成的圆周，圆柱面上所有的点和线的 H 面投影都重合在该圆周上。圆柱体的三面投影特征为一个圆对应两个矩形。

（2）圆柱表面上取点、取线

在圆柱体表面上取点，可直接利用圆柱投影的积聚性作图。

【例 2-9】 如图 2-37（*a*）所示，已知圆柱面上的点 M、N 的正面投影，求其另两个投影。

【解】

（1）分析

M 点的正面投影 m' 可见，又在点画线的左面，由此判断 M 点在左前半圆柱面上，侧面投影可见；N 点的正面投影（n'）不可见，又在点画线的右面，由此判断 N 点在右后半圆柱面上，侧面投影不可见。

（2）作图

其过程如图 2-37（*b*）所示。

1）求 m、m''。过 m' 向下作垂线交于圆周上一点为 m；根据 y 坐标求出 m''；

2）求 n、n''。作法与 M 点相同。

【例 2-10】 如图 2-38（*a*）所示，已知圆柱面上的三点 ABC 的一个投影 a'、b、c''，求其另两个投影，并把 ABC 顺序连接起来。

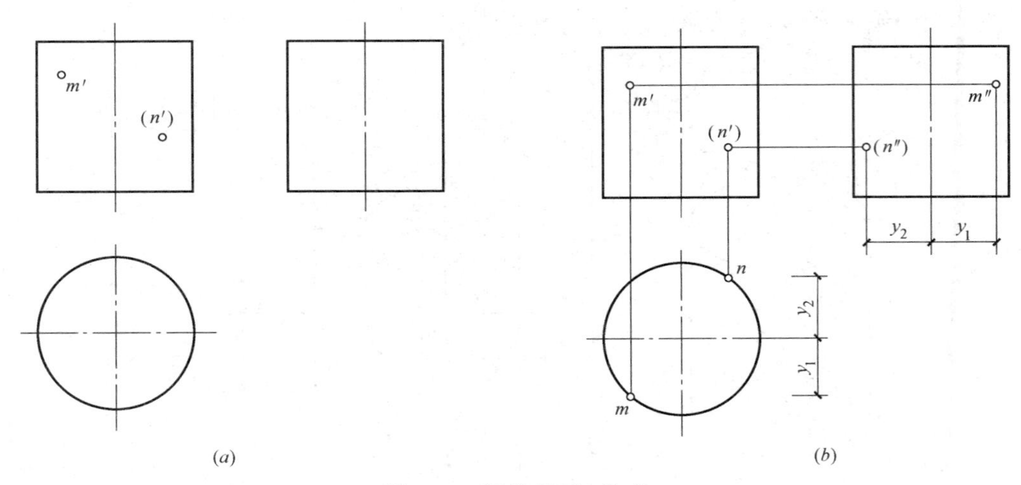

图 2-37　圆柱表面上取点

(*a*) 已知条件；(*b*) 作图

【解】

(1) 分析

圆柱面上的线除了素线外均为曲线，由此判断线段 ABC 是圆柱面上的一段曲线。AB 位于前半圆柱面上，C 位于最右的转向轮廓线上，因此 $a'b'c'$可见。为了准确地画出曲线 ABC 的投影，找出转向轮廓线上的点（如 D 点），把它们光滑连接即可。

(2) 作图

其过程如图 2-38（*b*）所示。

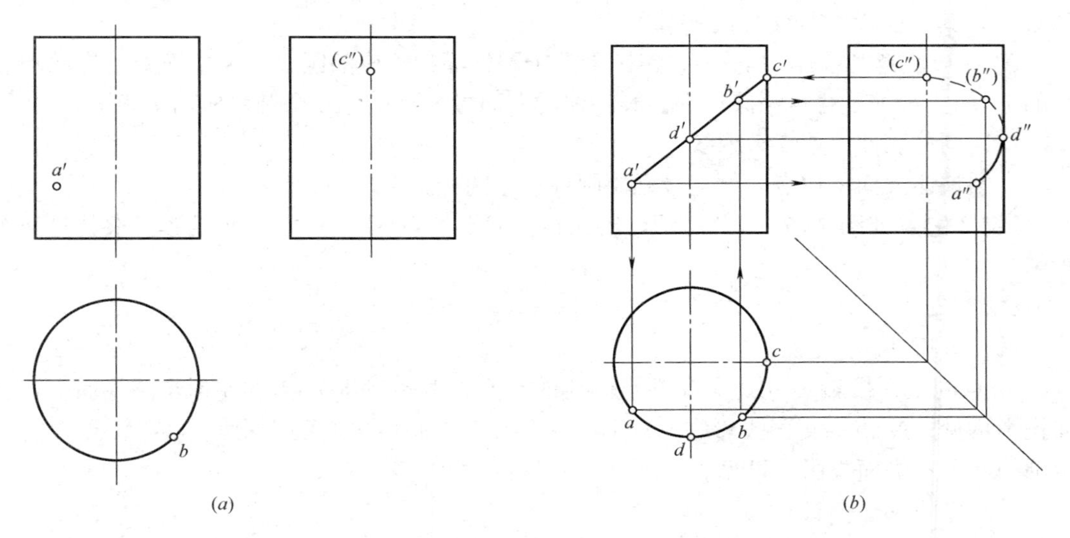

图 2-38　圆柱表面上取线

(*a*) 已知条件；(*b*) 作图

1) 求端点 A、C 的投影。利用积聚性求得 H 面投影 a、c，再根据 y 坐标求得 a''、c''；

2）求侧视转向轮廓线上的点 D 的投影 d、d''；

3）求中间点 B 的投影 b、b''；

4）判别可见性并连线。D 点为侧面投影可见与不可见分界点，曲线的侧面投影 $c''b''d''$为不可见，画成虚线。$a''d''$为可见，画成实线。

2. 圆锥体

圆锥体由圆锥面和底圆围成。圆锥面可看作由一条母线绕与它斜交的轴线回旋而成，圆锥面上任意一条与轴线斜交的直母线称为柱锥面的素线。现以图 2-39（a）为例，说明圆锥的三面投影。

（1）圆锥体的投影

1）分析。圆锥体可看作是由无数条交于顶点的素线所围成，也可看作是由无数个平行于底面的纬圆所组成。当圆锥轴线垂直于 H 面，底面为水平面，H 面投影反映底面圆的实形，其他两投影均积聚为直线段。

2）作图。其过程如图 2-39（b）所示。

① 用点画线画出圆锥体各投影轴线、中心线。

② 画出底面圆和锥顶 O 的三面投影。

③ 画出各转向轮廓线的投影。正视转向轮廓线的 V 面投影 $o'a'$、$o'b'$，侧视转向轮廓线的 W 面投影为 $o''c''$、$o''d''$。

④ 圆锥面的三个投影都没有积聚性。圆锥面三面投影的特征为一个圆对应两个三角形。

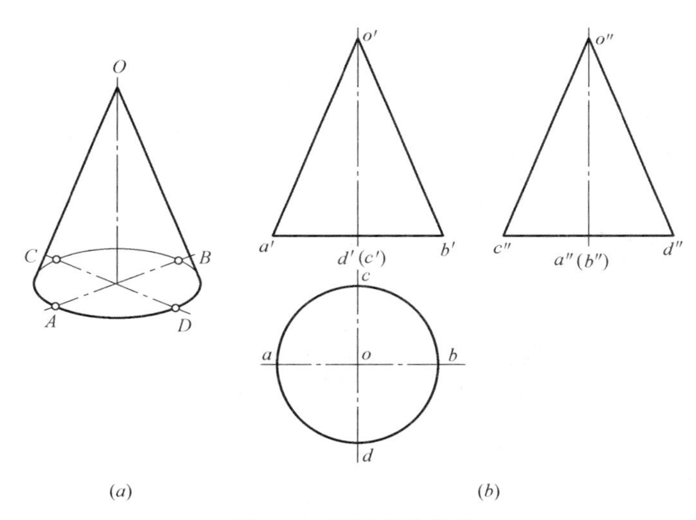

图 2-39 圆锥体的投影

（a）空间示意；（b）投影图

（2）圆锥体表面上取点、取线 由于圆锥面的三个投影都没有积聚性，求表面上的点时，需采用辅助线法。为了作图方便，在曲面上作的辅助线应尽量为直线（素线）或平行于投影面的圆（纬圆）。因此在圆锥面上取点的方法包括素线法和纬圆法两种。

【例 2-11】 如图 2-40 所示，已知圆锥面上点 M 的正面投影 m'，求 m、m''。

【解一】 素线法

（1）分析

如图 2-40（a）所示，M 点在圆锥面上，一定在圆锥面的一条素线上，所以过锥顶 S 和点 M 作一素线 ST，求出素线 ST 的各投影，根据点线的从属关系，即可求出 m、m''。

（2）作图

其过程如图 2-40（b）所示。

1）在图 2-40（b）中连接 $s'm'$延长交底圆于 t'，在 H 面投影上求出 t 点，根据 t、t' 求出 t''，连接 st、$s''t''$即为素线 ST 的 H 面投影和 W 面投影。

2）根据点线的从属关系求出 m、m''。

【解二】 纬圆法

（1）分析　过点 M 作一平行于圆锥底面的纬圆。该纬圆的水平投影为圆。正面投影、侧面投影为一直线。M 点的投影一定在该圆的投影上。

（2）作图。其过程如图 2-40（c）所示。

1）在图 2-40（c）中，过 m'作与圆锥轴线垂直的线 $e'f'$，它的 H 面投影为一直径等于 $e'f'$、圆心为 S 的圆，m 点必在此圆周上。

2）由 m'、m 求出 m''。

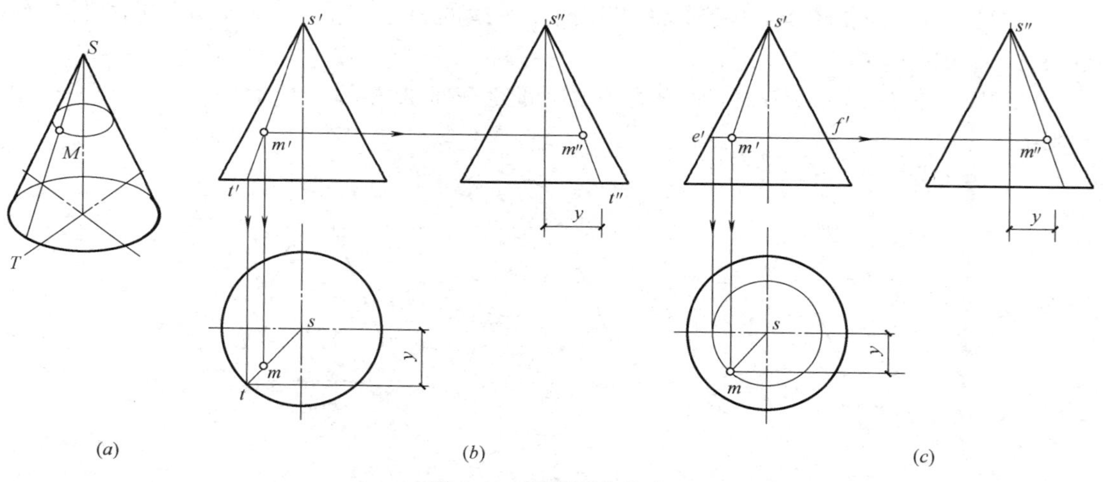

图 2-40　圆锥面上取点

（a）空间示意；（b）素线法；（c）纬圆法

2.4 轴测投影图

2.4.1 轴测投影的形成与分类

1. 轴测投影的形成

轴测投影属于平行投影的一种，是用一组平行投射线选择适当的投射方向，将空间形体向某一个投影面进行投射，这时得到的图形能同时反映形体长、宽、高三个方向的情况，有较强的立体感。此种将形体连同确定形体长、宽、高三个向度的直角坐标轴（OX、OY、OZ）用平行投影的方法一起投射到某一投影面（例如 P、R 面）上所得到的投影，称为轴测投影。该投影面，称为**轴测投影面**。用轴测投影方法绘制的图形，称为**轴测投影图**（简称轴测图）。如图 2-41 所示。

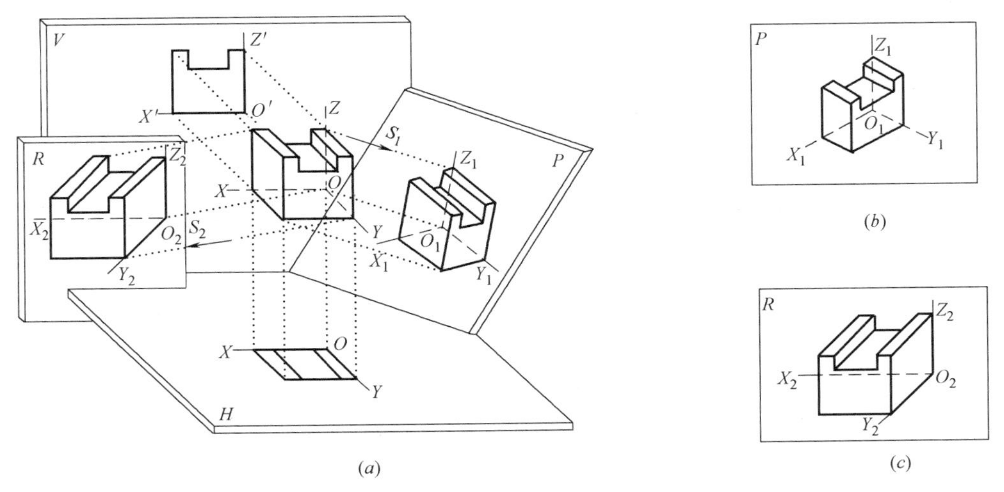

图 2-41　轴测图的形成

(*a*) 轴测投影形成；(*b*) 正轴测投影图；(*c*) 斜正轴测投影图

2. 轴测投影的分类

根据空间直角坐标系对投影面相对位置的变化以及投影线对投影面是否垂直，轴测投影可以分为正轴测投影和斜轴测投影两类。

(1) 正轴测投影　形体的长、宽、高三个方向的坐标轴与轴测投影面倾斜，投射线垂直于投影面所得到的投影，如图 2-41 (*a*)、(*b*) 所示。

(2) 斜轴测投影　形体两个方向的坐标轴与轴测投影面平行（即形体的一个面与投影面平行），投影线与轴测投影面倾斜所得到的投影，如图 2-41 (*a*)、(*c*) 所示。

2.4.2　平面体轴测投影的画法

《房屋建筑制图统一标准》GB/T 50001—2017 只讲述了正等测的画法，鉴于斜轴测在工作中仍有应用，因此进行讲述。

1. 正等轴测图的画法

正等轴测投影图（简称正等测图）的轴间角均为 120°角。一般将 O_1Z_1 轴铅直放置，O_1X_1 和 O_1Y_1 轴分别与水平线成 30°角，如图 2-42 所示。

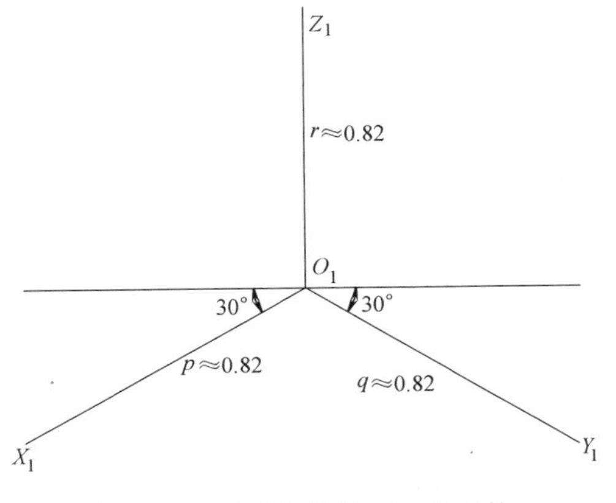

图 2-42　轴间角及轴向变形系数

正等测投影图中各轴向变形系数的平方和等于 2，由此可得 $p=q=r\approx0.82$，为了作图方便，常把轴向变形系数取为 1，这样画出的正等测图各轴向尺寸将比实际情况大 1.22 倍。

作形体的正等测投影图，最基本的画法

为坐标法，即根据形体上各特征点的 X、Y、Z 坐标，求出各点的轴测投影，然后连成形体表面的轮廓线。

【例 2-12】 作六棱柱的正等轴测图（图 2-43）。

【解】

（1）确定坐标轴，并在正投影图上表示出来，如图 2-43（*a*）所示。

（2）画轴测轴，并用坐标法画出六棱柱上底面六边形的轴测投影，如图 2-43（*b*）、（*c*）所示。

（3）过各顶点向下作可见棱线的轴测投影，取棱线高为 H，然后连线，如图 2-43（*d*）所示。

（4）擦去作图线，加深可见轮廓线，完成全图，如图 2-43（*e*）所示。

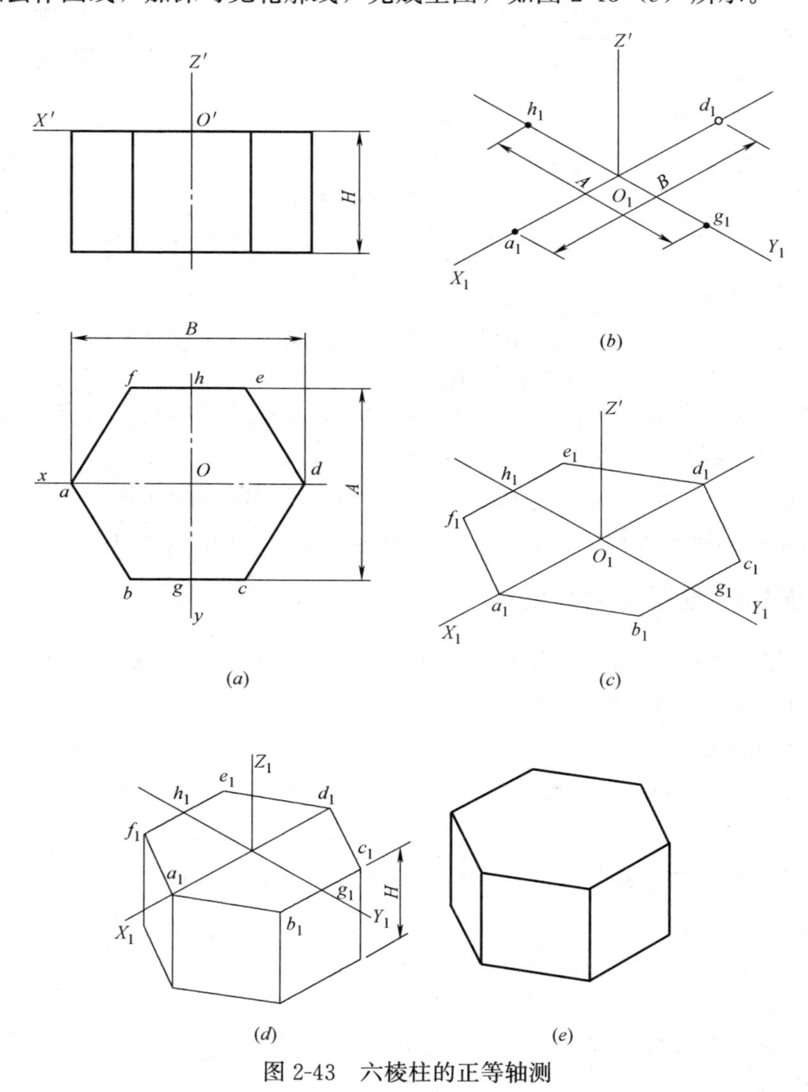

图 2-43　六棱柱的正等轴测

2. 斜轴测图的画法

当投影线互相平行且倾斜于轴测投影面时，得到的投影称为斜轴测投影，其图形简称

斜轴测图。斜轴测投影又可分为正面斜轴测和水平斜轴测两种。

(1) 正面斜轴测　当形体的 OX 轴和 OZ 轴决定的坐标面平行于轴测投影面，而投影线倾斜于轴测投影面时，得到的轴测投影称为正面斜轴测投影。如图 2-44 (a) 所示，由于 OX 轴与 OZ 轴平行于轴测投影面，所以 $p=r=1$，$\angle X_1O_1Z_1=90°$，而 $\angle X_1O_1Y_1$ 与 $\angle Y_1O_1Z_1$ 常取 135°，$q=0.5$，这样得到的投影图，形体的正立面不发生变形，只有宽度变为原宽度一半，这样轴测图也称为正面斜二测。

工程图中，表达管线空间分布时，常将正面斜轴测图中的 q 取 1，即 $p=q=r=1$，称为斜等测图。

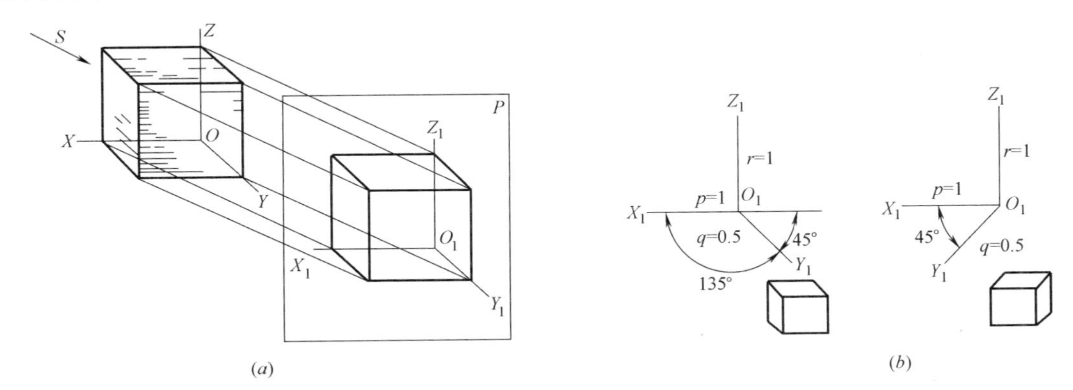

图 2-44　正面斜轴测投影的形成

(a) 形成；(b) 轴测轴、轴间角和轴向变形系数

(2) 水平斜轴测图　如图 2-45 (a) 所示，当形体的 OX 轴和 OY 轴所确定的坐标面（水平面）平行于轴测投影面，而投影线与轴测投影面倾斜一定角度时，所得到的轴测投影称为水平斜轴测。由于 OX 轴与 OY，轴平行于轴测投影面，所以 $p=q=1$，$\angle X_1O_1Y_1=90°$，而 $\angle Z_1O_1X_1$ 取 120°，$r=0.5$，画图时，习惯把 O_1Z_1 画成铅直方向，

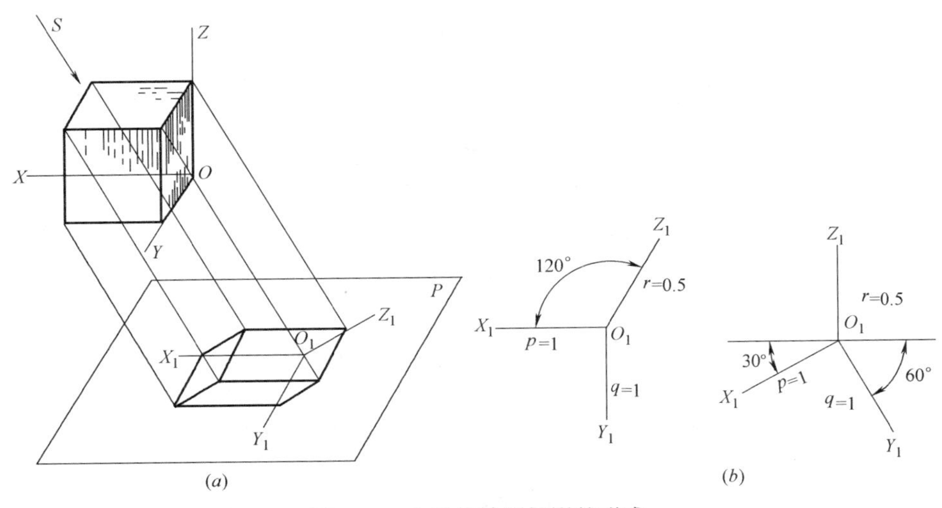

图 2-45　水平斜轴测投影的形成

(a) 形成；(b) 轴测轴、轴间角和轴向变形系数

则 O_1X_1 和 O_1Y_1 分别与水平线成 30°和 60°。当 $p=q=1$，而 $r=0.5$ 的轴测图也称为水平斜二测。水平斜二测常用于画建筑物的鸟瞰图。在水平斜轴测中，将 r 取为 1 时，即 $p=q=r=1$，叫作水平斜等测。

【例 2-13】 作图 2-46 所示台阶的正面斜二测。

【解】

（1）确定坐标轴，并在正投影图上表示出来，如图 2-46（a）所示。

（2）画轴测轴，并画出台阶前端面的轴测投影，如图 2-46（b）所示。

（3）从前端面的各顶点向后拉伸出 Y 方向的平行线，如图 2-46（c）所示。

（4）按 $q=0.5$ 确定台阶宽度的轴测投影，如图 2-46（d）所示。

（5）擦去作图线，加深可见轮廓线，完成全图，如图 2-46（e）所示。

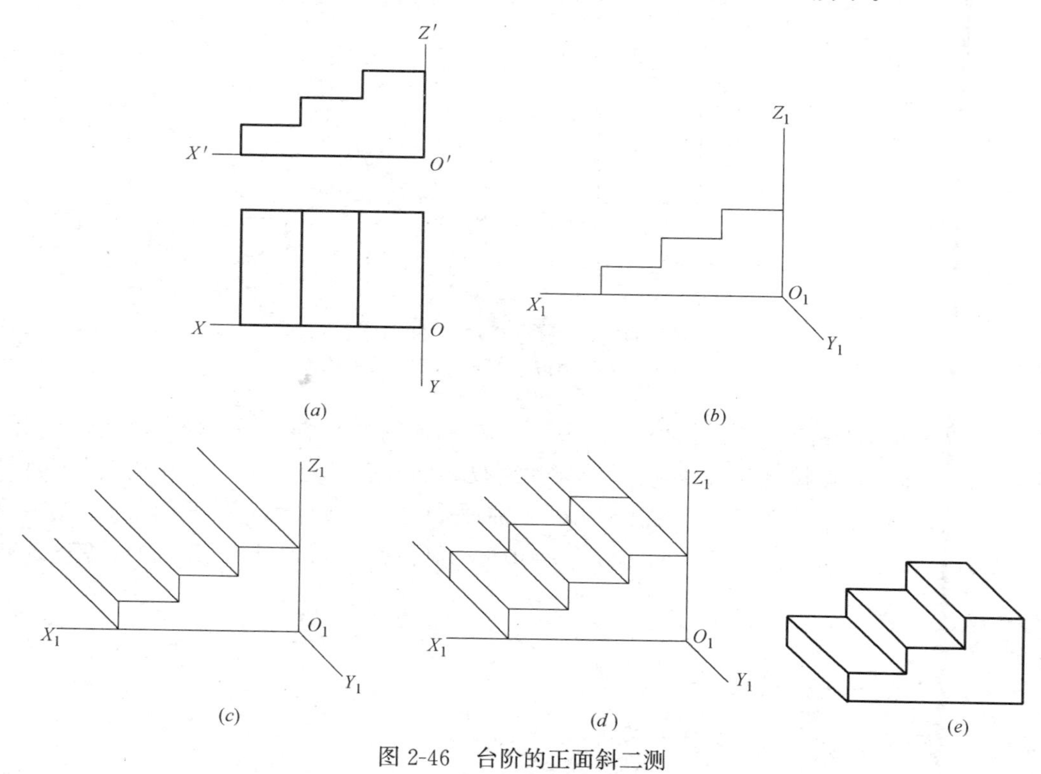

图 2-46 台阶的正面斜二测

2.4.3 曲面体轴测投影的画法

1. 圆的轴测图画法

在正投影中，当圆所在的平面平行于投影面时，其投影仍是圆。当圆所在的平面倾斜于投影面时，它的投影就变成了椭圆。在轴测投影中，除斜轴测投影有一个面不发生变形外，一般情况下正方形的轴测投影都成了平行四边形，平面上圆的轴测投影也都变成了椭圆（图 2-47）。

当圆的轴测投影是一个椭圆时，其作图方法通常是作出圆的外切正方形作为辅助图形，先作圆的外切正方形的轴测图，再用四心圆弧近似法作椭圆或用八点椭圆法作椭圆。

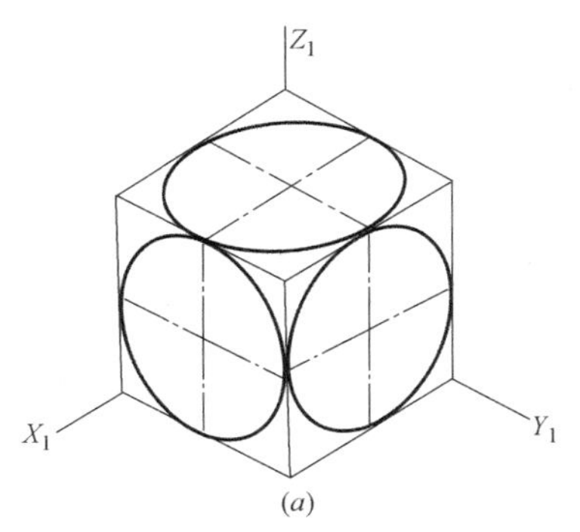

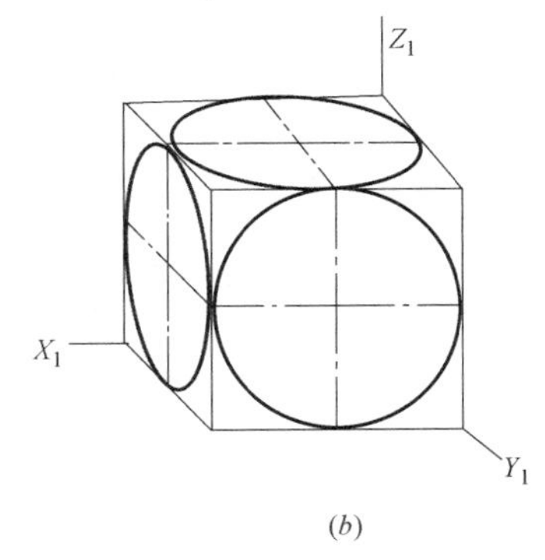

图 2-47 三个方向圆的轴测图

（a）正等测；（b）斜二测

（1）当圆的外切正方形在轴测投影中成为菱形时，可用四心圆弧近似法作出椭圆的正等测图（图 2-48）。

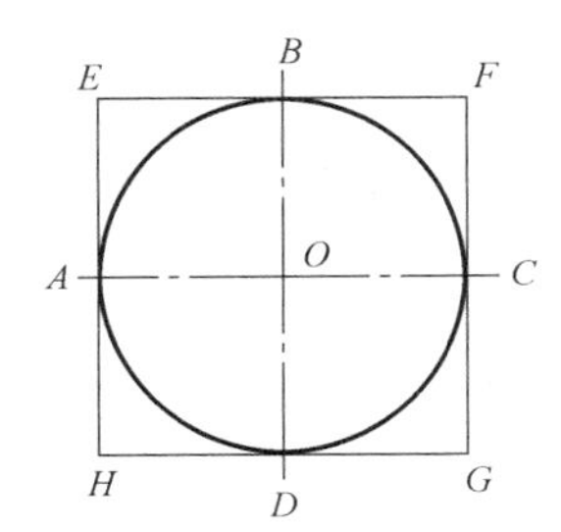

在正投影图上定出原点和坐标轴位置，并作圆的外切正方形 $EFGH$

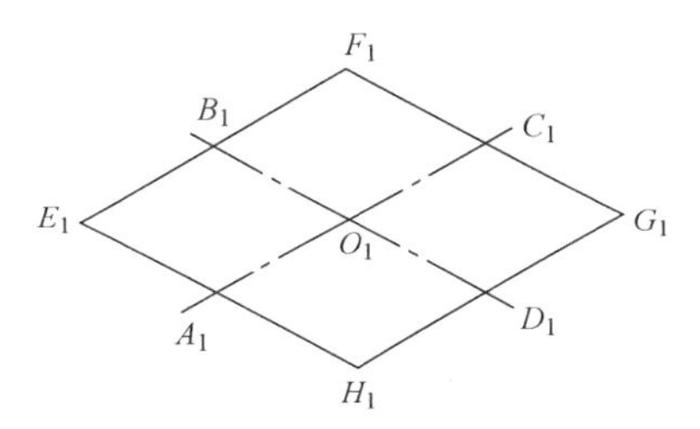

画轴测轴及圆的外切正方形的正等测图

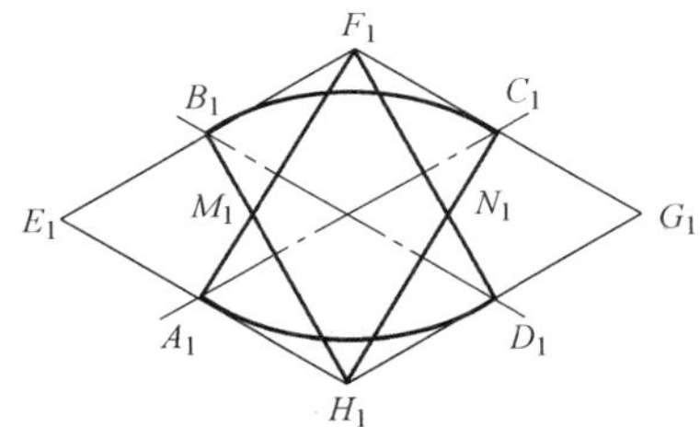

连接 F_1A_1、F_1D_1、H_1B_1、H_1C_1，分别交于 M_1、N_1，以 F_1 和 H_1 为圆心，F_1A_1 或 H_1C_1 为半径作大圆弧 $\overset{\frown}{B_1C_1}$ 和 $\overset{\frown}{A_1D_1}$

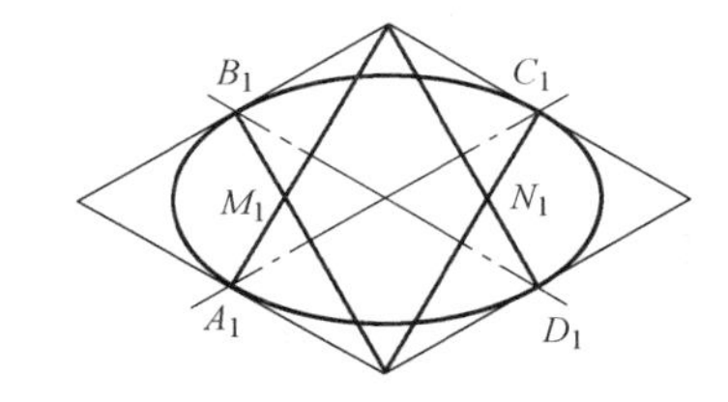

以 M_1 和 N_1 为圆心，M_1A_1 或 N_1C_1 为半径作小圆弧 $\overset{\frown}{A_1B_1}$ 和 $\overset{\frown}{C_1D_1}$，即得平行于水平面的圆的正等测图

图 2-48 用四心圆弧近似法作圆的正等测

（2）当圆的外切正方形在轴测投影中成为一般平行四边形时，可用八点椭圆法作出椭圆的斜二测图（图 2-49）。

2. 曲面体轴测投影的画法

学过平面上圆的轴测图画法，即可作简单曲面体的轴测图。

【例 2-14】 画圆台的正等轴测图，如图 2-50 所示。

【解】

（1）在正投影图中确定坐标系：为简化作图，可取右底面的圆心为轴测轴的原点，如图 2-50（*a*）所示。

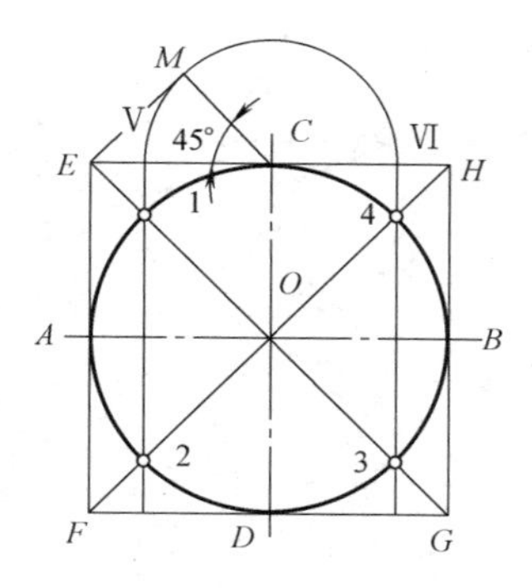

作圆的外切正方形$EFGH$，并连接对角线EG、FH交圆周于1、2、3、4点

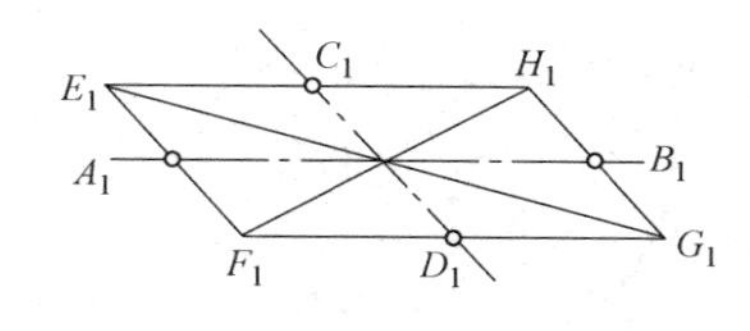

作圆外切正方形的斜二测图，切点A_1、B_1、C_1、D_1即为椭圆上的四个点

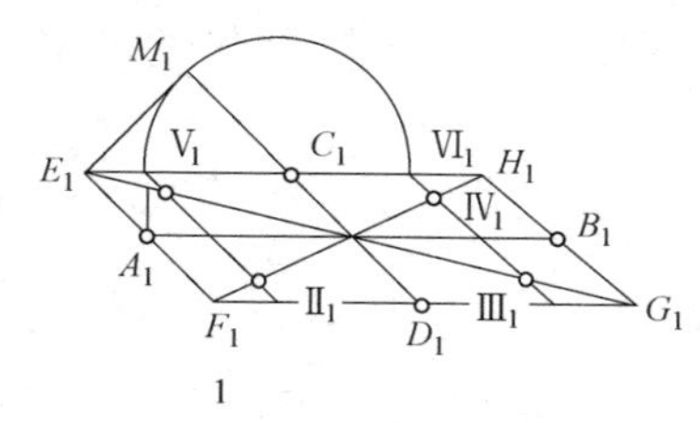

以E_1C_1为斜边作等腰直角三角形，以C_1为圆心，腰长C_1M_1为半径作弧，交E_1H_1于V_1、VI_1，过V_1、VI_1作C_1D_1的平行线与对角线交I_1、II_1、III_1、IV_1四点

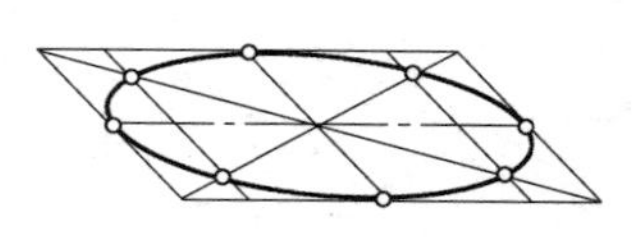

依次用曲线板连接A_1、I_1、C_1、IV_1、B_1、III_1、D_1、II_1、A_1各点即得平行于水平面的圆的斜二测图

图 2-49 用八点椭圆法作圆的斜二测

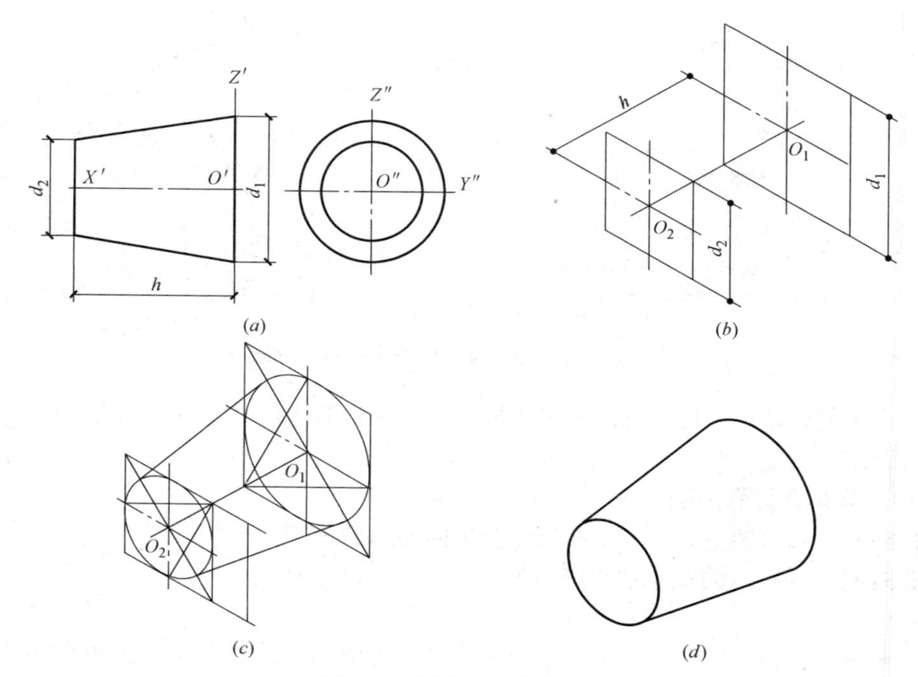

图 2-50 圆台的正等轴测图

（2）画左、右底面的椭圆，可用四心扁圆法画出，也可将左（右）底椭圆中的各圆弧连接点和各圆心沿 OX 轴向右（左）移动 h，求得另一底椭圆的相应点，画出，如图 2-50（*b*）所示。

（3）画左右椭圆的公切线，擦去不可见部分，加深，完成正等轴测图，如图 2-50（*d*）所示。

【例 2-15】 作图 2-51 所示形体的正面斜二测。

【解】

（1）确定坐标轴，并在正投影图上表示出来，如图 2-51（*a*）所示。

（2）作小圆柱的轴测投影，如图 2-51（*b*）所示。

（3）作大圆柱的轴测投影，如图 2-51（*c*）所示。

（4）擦去作图线，加深可见轮廓线，完成全图，如图 2-51（*d*）所示。

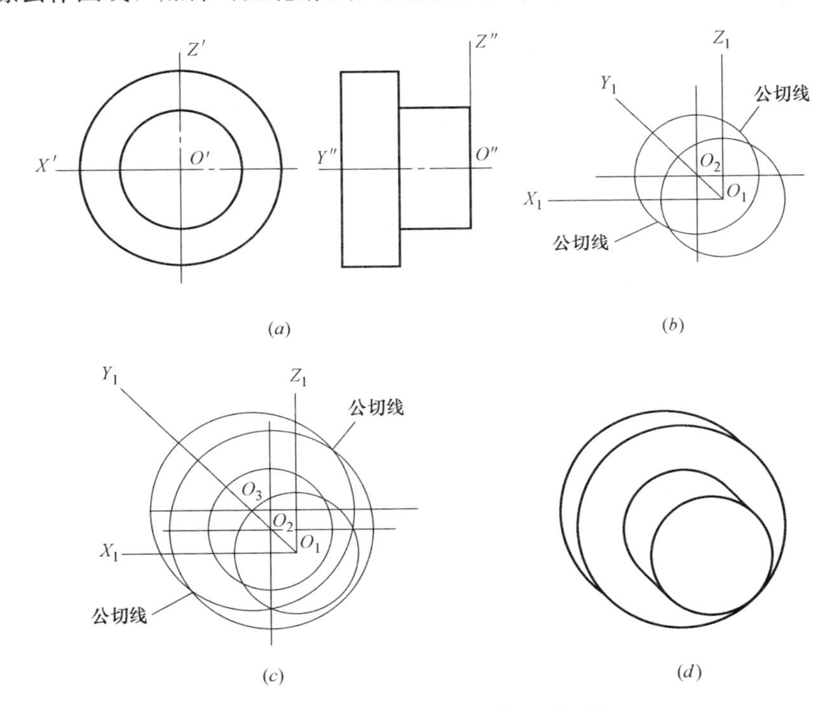

图 2-51 曲面体的正面斜二测画法

2.5 组合体投影

由基本形体组合而成的形体称为组合体。组合体从空间形态上看，要比基本形体复杂。

2.5.1 组合体的画法

画组合体投影图也是有规律可循的，通常先将组合体进行形体分析，然后按照分析，从其基本体的作图出发，逐步完成组合体的投影。

1. 形体分析

一个组合体，可以看作由若干基本形体按照一定组合方式、位置关系组合而成。对组合体中基本形体的组合方式、位置关系以及投影特性等进行分析，弄清各部分的形状特征及投影表达，这种分析过程称为形体分析。

如图 2-52 所示为房屋的模型，从形体分析的角度看，它是叠加式的组合体：屋顶是三棱柱，屋身和烟囱则是长方体，而烟囱一侧小屋则是由带斜面的长方体组成。位置关系中烟囱、小屋均位于大屋形体的左侧，它们的底面都位于同一水平面上。由图 2-52（*b*）可见其选定的正面方向，因此在正立投影上反映该形体的主要特征和位置关系，侧立投影反映形体左侧及屋顶三棱柱的特征，而水平投影则反映各组成部分前后左右的位置关系，如图 2-52（*c*）所示。

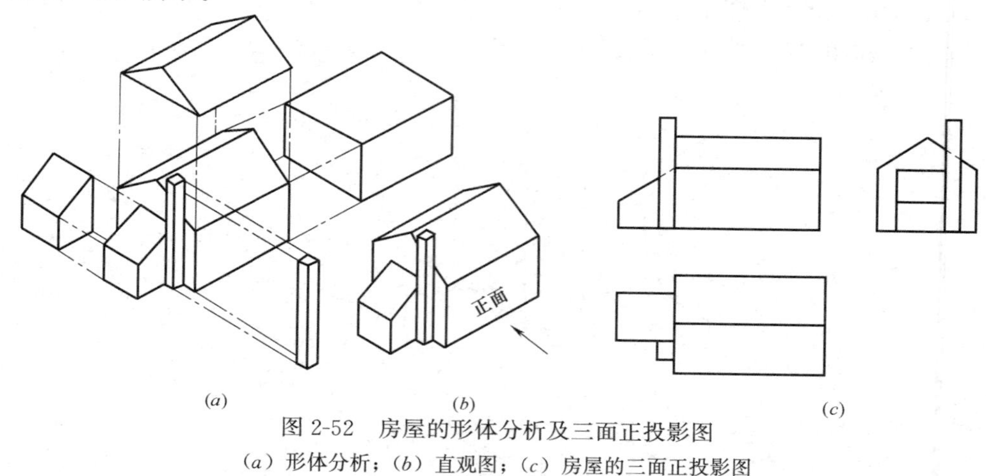

图 2-52 房屋的形体分析及三面正投影图

（*a*）形体分析；（*b*）直观图；（*c*）房屋的三面正投影图

另外，有些组合体在形体分析中位置关系为相切或平齐时，其分界处是不应画线的，如图 2-53 所示，否则与真实的表面情况不符。

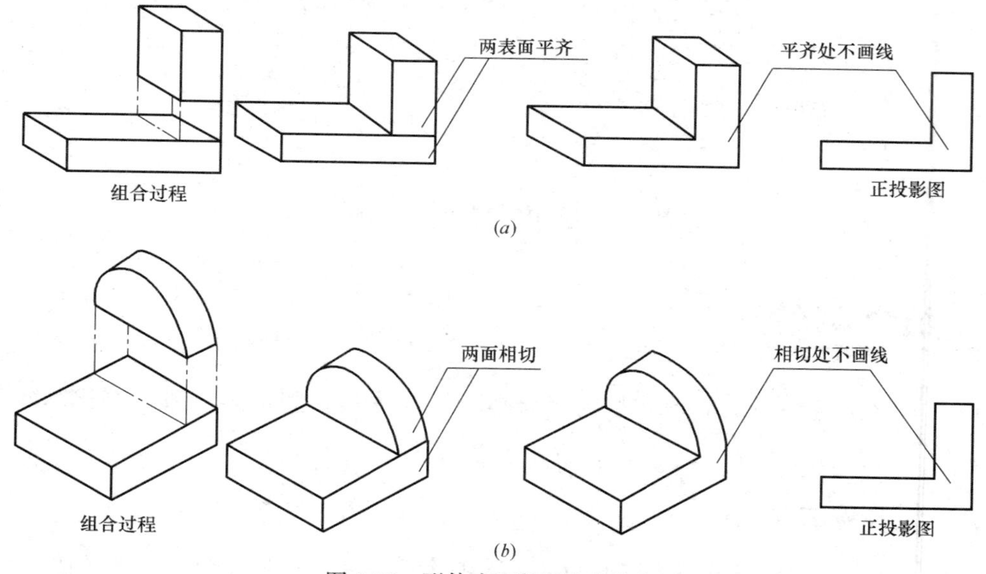

图 2-53 形体表面的平齐与相切

（*a*）表面平齐；（*b*）表面相切

2. 确定组合体在投影体系中的安放位置

在作图前，需对组合体在投影体系中的安放位置进行选择、确定，便于清晰、完整地反映形体。

（1）符合平稳原则　形体在投影体系中的位置，应当重心平稳，使其在各投影面上的投影图形尽量反映实形，符合日常的视觉习惯及构图的平稳原则。如图 2-54 所示的房屋模型，体位平稳，其墙面均与 V、W 面平行，反映实形。

（2）符合工作位置　有些组合体类似于工程形体，例如像建筑物、水塔等，在画这些形体投影图时，应当使其符合正常的工作位置，以便理解，如图 2-54 所示为水塔的两面投影，不能躺倒画出。

（3）摆放的位置要显示尽可能多的特征轮廓。形体在投影体系中的摆放位置很多，但是最好使其主要的特征面平行于基本投影面，使其反映实形。通常我们把组合体上特征最明显（或特征最多）的那个面，平行正立投影面摆放，使正立投影反映特征轮廓。例如建筑物的正立面图，通常都用于反映建筑物主要出入口所在墙面的情况，用以表达建筑物的主要造型及风格。对于较抽象的形体，则是将最能区别于其他形体的那个面作为特征来确定，例如三棱柱的三角形侧面，圆柱的圆形底面等。

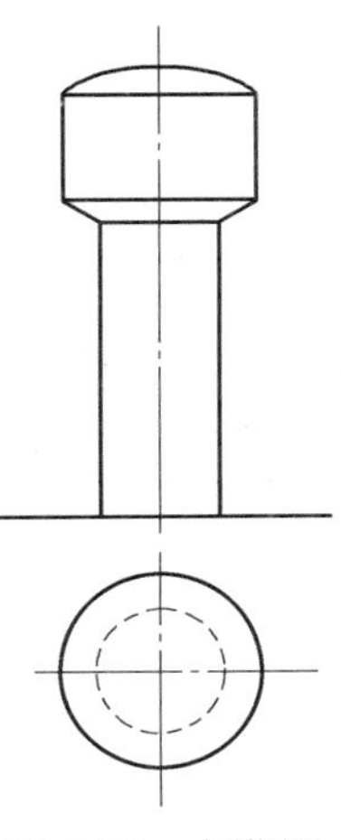

图 2-54　水塔的两面投影

3. 确定投影图的数量

确定的原则是：以最少的投影图，反映尽可能多的内容。如特征投影选择合理，同时又符合组合体中基本形的表达要求，有的投影即可省略。如图 2-55 所示为混合式的组合体，其底板是半圆柱圆孔和长方体组成，上部为长方体挖去半圆槽而成。对圆柱、圆孔形体通常只需两个投影即可表达清楚，但对长方体，则需三个投影。而对于该组合体来说，上部为长方体上挖去半圆槽，所以具有区别一般长方体的特征，因此该组合体只需两个投影图即可表达。

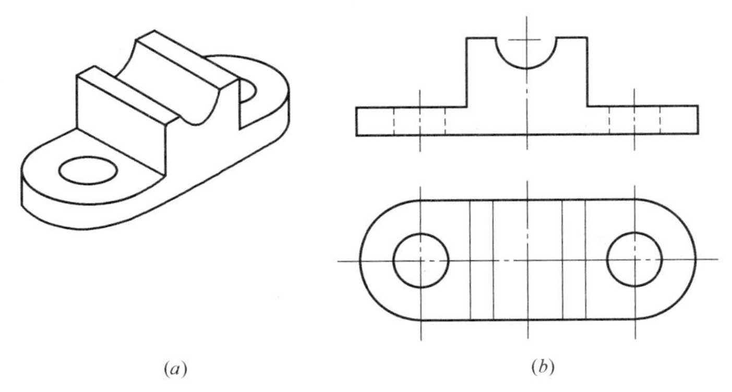

图 2-55　混合式组合体投影图

（a）直观图；（b）投影图

4. 选择比例和图幅

为了作图和读图的方便，最好采用 1∶1 的比例。但是工程物体有大有小，无法按实际大小作图，所以必须选择适当的比例作图。当比例选定以后，再按照投影图所需面积大小，选用合理的图幅。

5. 作投影图

画组合体投影的已知条件有两种：一是给出组合体的实物或模型；二是给出组合体的直观图。不论哪一种已知条件，在作组合体投影时，一般应按下列步骤进行：

（1）对组合体进行形体分析。

（2）选择摆放位置，确定投影图数量。

（3）选择比例与图幅。

（4）作投影图。其作图步骤如下：

1）布置投影图的位置、根据组合体选定的比例、计算每个投影图的大小，均衡匀称地布置图位，并画出各投影图的基准线。

2）按形体分析分别画出各基本形体的投影图。

3）检查图样底稿，校核无误后，按规定的线型、线宽描深图线。

【例 2-16】 画出如图 2-56（*a*）所示组合体的三面投影图。

【解】

作图方法如下：

（1）形体分析　该组合体是由下方叠加两个高度较小的长方体，左方叠加一个三棱柱体，以及后方叠加长方体，同时在其略靠中的位置挖去一个半圆柱体及长方体后组合而成的组合体，属于既有叠加又有切割的混合式组合体。

（2）选择摆放位置及正立投影方向

摆放位置及正立投影方向如图 2-56（*a*）所示，使孔洞的特征反映在正立投影上。

（3）作投影图

1）按形体分析先画下方两长方体的三投影，如图 2-56（*b*）所示。先从 *V* 面投影开始作图。

2）画出后方长方体及挖去孔洞的三投影，如图 2-56（*c*）所示。先作反映实形的 *V* 面投影，再作其他投影。

3）作出叠加左方三棱柱的三面投影，如图 2-56（*d*）。先作反映实形的 *W* 面投影，再作 *H*、*V* 面投影，因 *W* 面投影方向孔洞、台阶形轮廓均不可见，所以用虚线表示。

4）检查并加深加粗图线，完成作图。

2.5.2 组合体的尺寸标注

建筑形体的投影图应当注上足够的尺寸，才能明确形体的实际大小和各部分的相对位置。组合体标注尺寸的方法仍然采用形体分析法，先标注每一基本立体的尺寸，然后标注建筑形体的总体尺寸。

1. 尺寸标注的基本要求

（1）在图上所注的尺寸要完整，不能有遗漏，但是也不应有重复多余的尺寸。

（2）要准确无误且符合制图标准的规定。

（3）尺寸布置要清晰，便于读图。

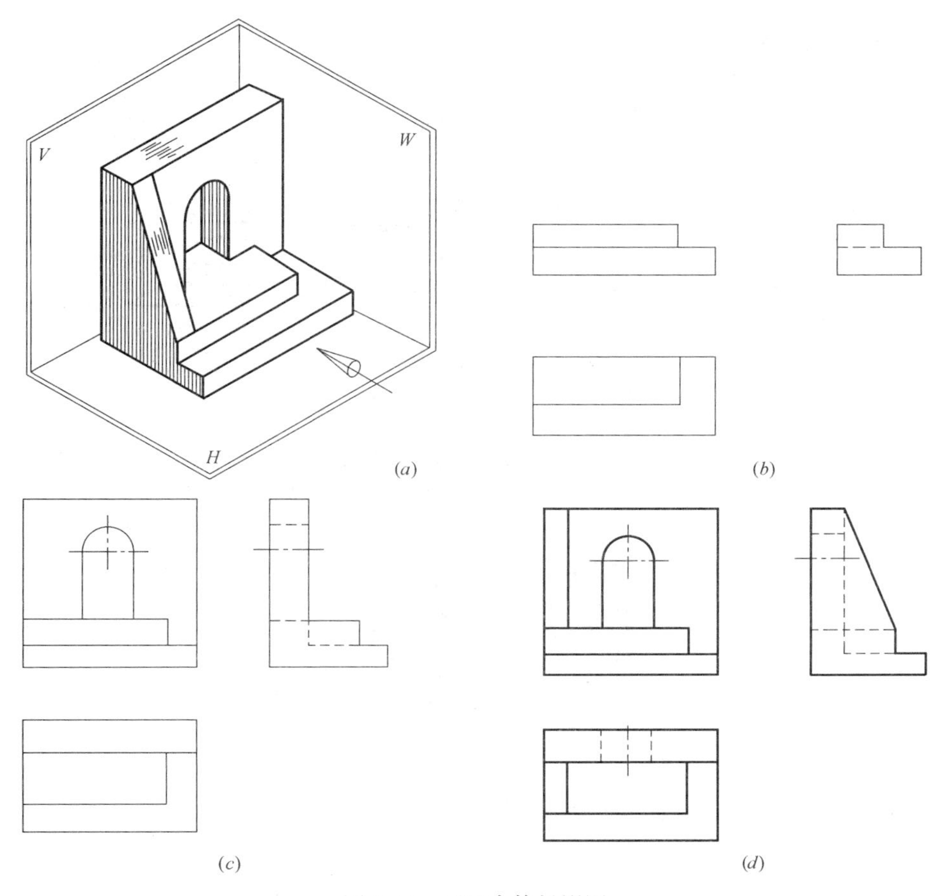

图 2-56　画组合体投影图

(*a*) 摆放位置；(*b*) 画下方长方体；(*c*) 叠加后方长方体并挖孔；
(*d*) 叠加左侧三棱柱，完成作图

2. 尺寸标注的种类

(1) 定形尺寸是确定组合体中各基本形体大小的尺寸。基本形体形状简单，只要标注出它的长、宽、高或直径，即可确定它的大小。尺寸一般标注在反映该形体特征的实形投影上，对于带切口基本体，在反映出各种形状尺寸的同时，还应标出切口处截平面的位置尺寸，如图 2-57 所示。

(2) 定位尺寸是确定各基本形体在建筑形体中相对位置的尺寸。

(3) 总体尺寸是确定组合体总长、总宽、总高的尺寸。

3. 尺寸基准

尺寸基准是指标注尺寸的起点。一般将形体大的底面、端面、对称平面、回转体的轴线和圆的中心线定为尺寸基准。组合体的长、宽、高三个方向都必须有一个以上的尺寸基准。长度方向通常可选择左侧面或右侧面为起点，宽度方向可选择前侧面或后侧面为起点，高度方向通常以底面或顶面为起点。若物体是对称形，还可以选择对称中心线作为标注长度和宽度尺寸的起点。

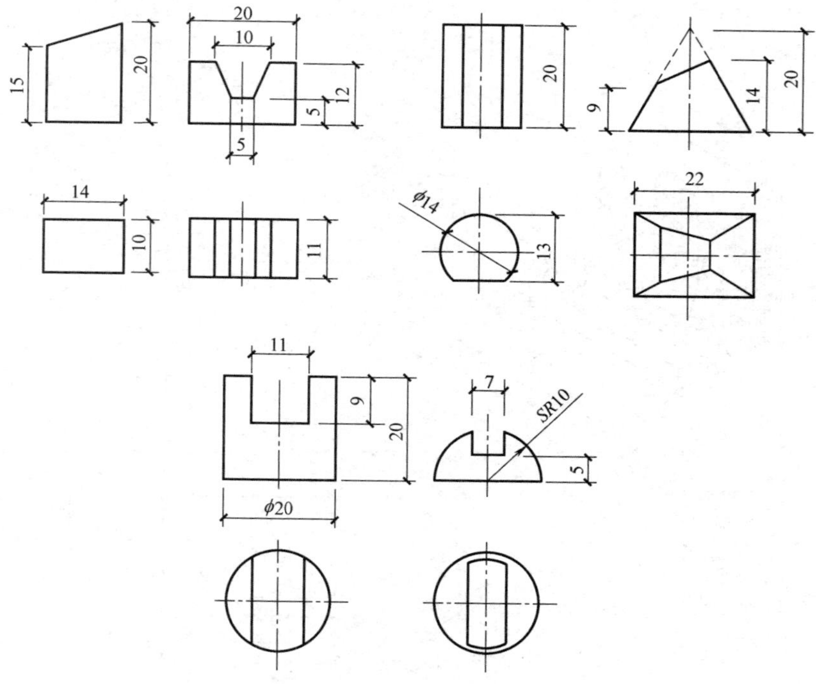

图 2-57 带切口基本体的尺寸标注

4. 组合体的尺寸标注举例

现以图 2-58 所示的肋式杯形基础为例来介绍标注尺寸的步骤：

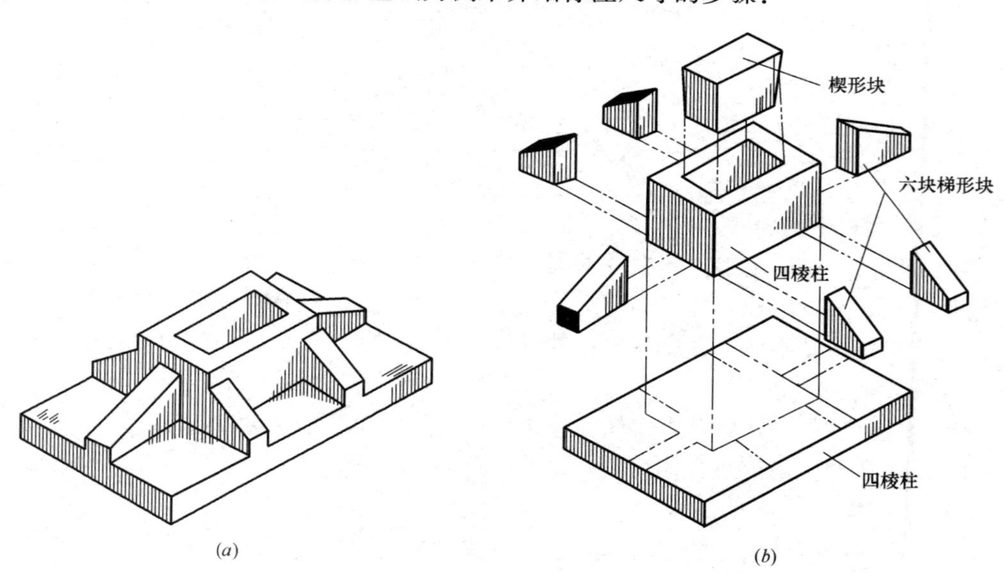

图 2-58 肋式杯形基础形体分析

（a）肋式杯形基础；（b）形体分析

（1）确定尺寸基准并标注定形尺寸 肋式杯形基础是一个对称形物体，其长度方向的尺寸基准即是两条中心对称线；高度方向的尺寸基准一般选为底面。各基本形体的定形尺寸有四棱柱底板长、宽和高；中间四棱柱长、宽和高；前后肋板长、宽、高；左右肋板长、宽、高；楔形杯口上底和下底、高和杯口厚度等，如图 2-59 所示。

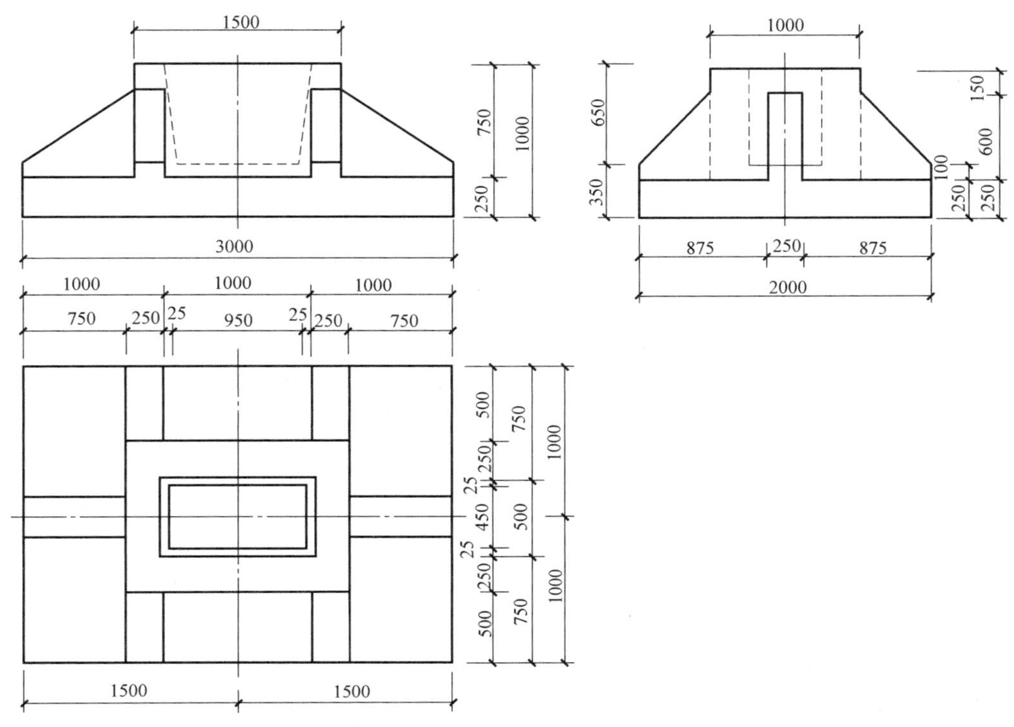

图 2-59　肋式杯形基础的尺寸标注

（2）标注定位尺寸　图 2-58 所示基础的中间四棱柱的长、宽、高定位尺寸是 750mm、500mm、250mm，杯口距离四棱柱的左右侧面 250mm，距离四棱柱的前后侧面 250mm。杯口底面距离四棱柱顶面 650mm，左右肋板的定位尺寸是宽度方向的 875mm，高度方向的 250mm，长度方向因肋板的左右端面与底板的左右端面对齐，不用标注。同理，前后肋板的定位尺寸是 750mm、250mm。

（3）标注总尺寸　基础的总长和总宽，即底板的长度 3000mm 与宽度 2000mm 不用另加标注，总高尺寸为 1000mm。

2.5.3　组合体投影图的识读

1. 识读前的准备工作

1）掌握三面投影关系，即“长对正、高平齐、宽相等”的关系，熟悉建筑形体的长、宽、高三个方向尺度和上、下、左、右、前、后六个方向在形体投影图上的对应位置。

2）熟练掌握基本形体的投影特点及其识读方法，并且能进行形体分析。

3）掌握各种位置的线、平面、曲面，以及截交线、相贯线的投影特点，并能进行线面分析。

4）掌握形体的各种表达方法，也就是掌握单面、两面、三面、多面投影图，辅助投影图，剖面图，断面图等的特性和画法。

5）掌握尺寸标注法，并且能用尺寸配合图形，来确定形体的形状和大小。

2. 识读的基本方法和步骤

（1）形体分析法读图

形体分析法是根据基本形体的投影特点，用适当的分析方法，在投影图上分析形体各个组成部分的形状和相对位置，然后综合起来确定形体的总的形状。

现以图 2-60 中的形体为例，说明用形体分析法读图的步骤和方法。

1）识投影，抓特征。纵观三个投影图，正面投影图特征最为明显，可以清楚地抓住形体的特征。并在整个投影图的浏览过程中，可看出此形体具有左右对称的特点。

2）分线框对投影。从正面投影图入手，结合侧面投影图分线框。即把形体的几个基本部分确定下来。通常一个线框对应空间的一个基本形体。在此图中可以分为三个线框：一个大矩形线框、一个梯形线框和一个小的虚线矩形框。下面，具体分析其各部分形体：

① 矩形线框（形体Ⅰ），如图 2-60（*b*）中，根据三等关系，将水平投影图和侧面投影图对应，由此可知：三个投影都为矩形，形体Ⅰ为四棱柱（长方体）。并且由侧面投影图可确定其在形体的中间位置。

② 梯形线框（形体Ⅱ），如图 2-60（*c*）中，根据三等关系，将水平投影图和侧面投影图对应，由此可知：正面投影图为其特征投影图，另两投影为矩形。形体Ⅱ应该是一个四棱柱。它的位置在形体的前部。

③ 矩形线框（形体Ⅲ）。如图 2-60（*d*）中，虚线线框的含义在从前往后的投影中，其不可见，所以这部分形体应该在后面的位置。根据三等关系在三个投影图中的对应，由此可知在侧面投影图上对应的是后部的矩形线框。三个投影图均为矩形线框，因此它是一四棱柱（长方体）。

3）定位置，想整体。此形体的位置在侧面投影图中表现得很明显。前面是形体Ⅰ，中间是形体Ⅱ，后面是形体Ⅲ。从上下位置来看，这三部分形体的上表面平齐，成为一个表面，在俯视图中没有分界线。另外，形体是左右对称的。综合这三部分的形状和位置，在头脑中把它们合成为一个整体。

总之，在整个读图过程中，是按先整体、后部分，然后从部分到整体的思路进行的。在这个过程中关键是要分得合理，中间步骤要想得正确，最后的整合要注意其表面的连接关系。

（2）线面分析法读图

线面分析法是从形体分析获得该形体的大致整体形象，若有局部投影仍弄不清楚时，可对该部分投影的线段和线框加以分析，运用线、面的投影规律，分析形体上线、面的空间关系和形状，从而把握形体的细部。

1）如图 2-61（*a*）所示为三视图，首先应仔细观察一下各个视图的特点，对整个形体有一个大概的判断，并分析出其特征视图。仔细观察上图，可判断出此为长方体切割得到的形体。而且，左视图最能反映其特征。

2）从特征投影图入手，可分析各个线框的空间含义。在侧面投影图中可以看到有两个线框。通过三等关系的对应，我们可以得到其在 *H*、*V* 面投影图中的投影，都为竖直的线。也就是说实际上有四个侧平面。通过 *H*、*V* 面投影图还可以分析出它们的位置关系。即可以看着 *W* 面投影图中的线框，想象从左往右依次拉出其长度尺寸，在脑海里呈现出立体的各个位置侧面的具体情况，如图 2-61（*b*）立体图中所示。

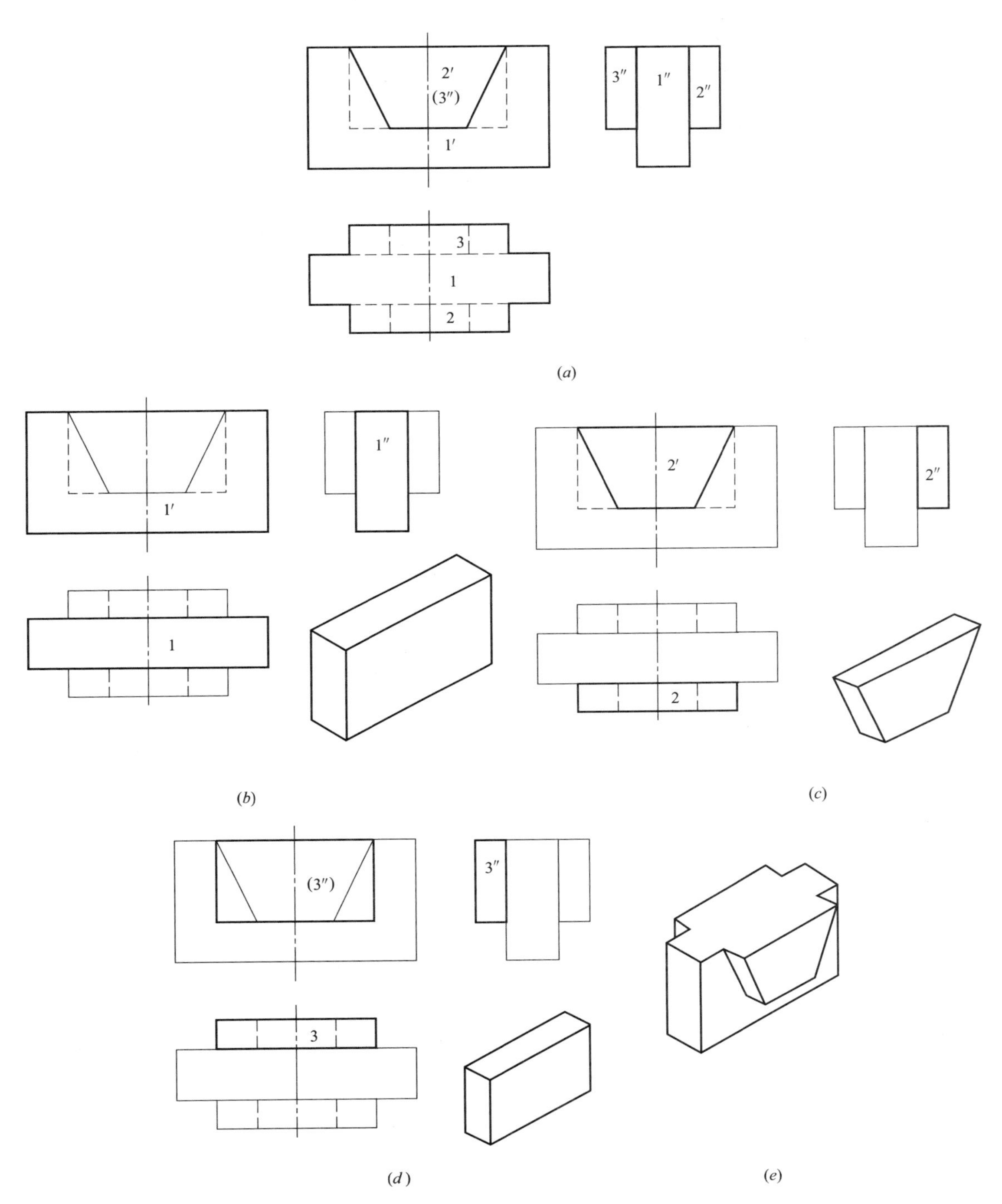

图 2-60 形体分析法读图

(*a*) 对已知的三面投影图分线框；(*b*) 对投影想出形体Ⅰ；(*c*) 对投影想出形体Ⅱ；
(*d*) 对投影想出形体Ⅲ；(*e*) 根据各部分相对位置，想出整体形状

3）接下来，分析俯视图的各个线框的空间含义，如图 2-61（*c*）所示。俯视图中有三个线框，包含最外围的一个矩形线框。根据其三等关系对应的左视图各个位置的线段，

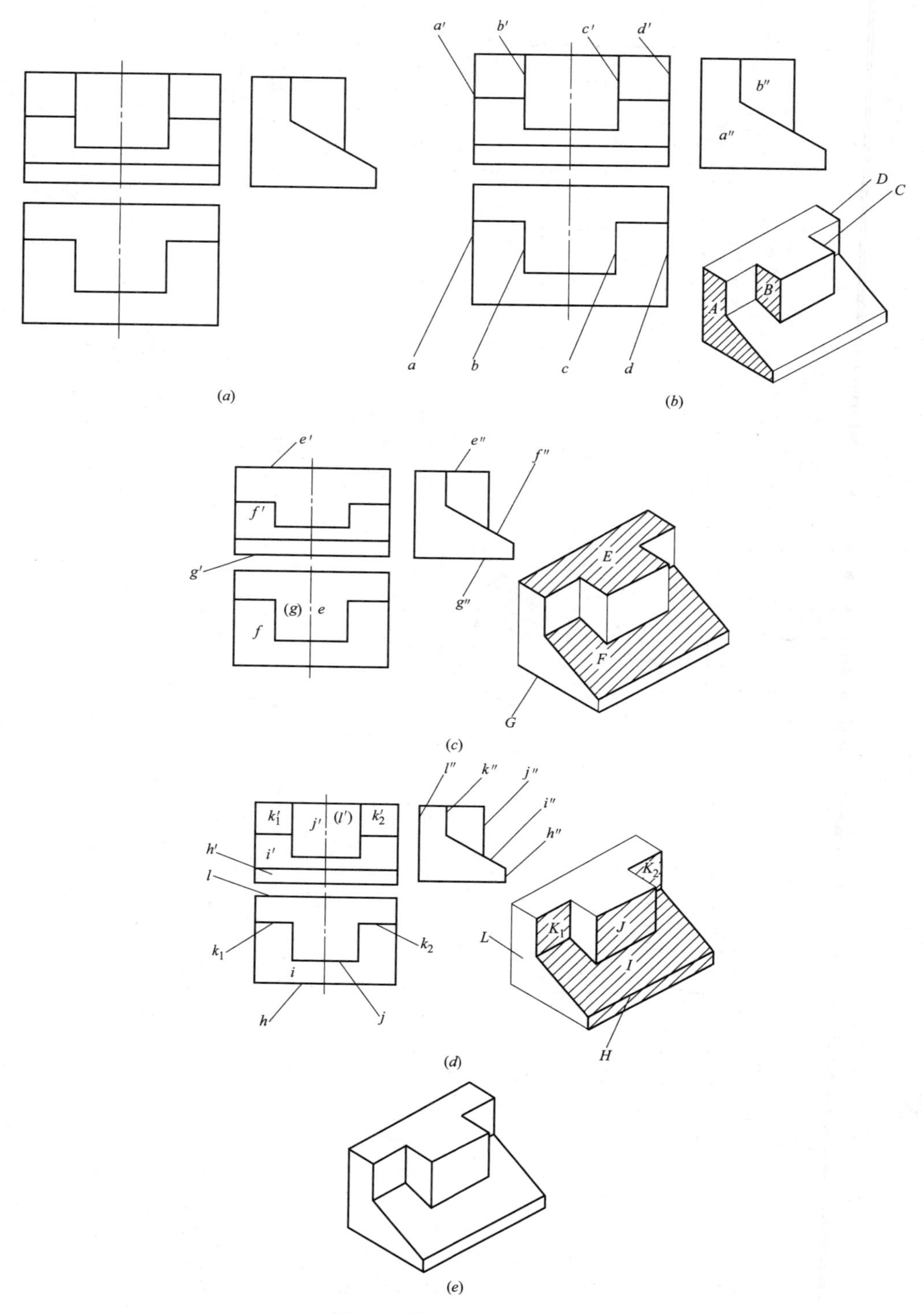

图 2-61 线面分析法读图

（*a*）形体三视面投影图；（*b*）特征视图的线框分析；（*c*）俯视图的线框分析；（*d*）主视图的线框分析；（*e*）空间形体

可很容易判断出这三个面的情况。其中，E、G 面是水平面，而 F 则是一个侧垂面。可看着附视图的线框的形状，在头脑里想象出分别在不同高度位置拉出各个面的情况：首先，把 E 面拉到最高；接着，把 F 面斜拉到中间的位置；最后，是 F 面在最底面。

4）再来分析一下主视图线框的情况，方法和以上两个视图的步骤一样，如图 2-61（d）所示。通过分析可以得出，在正面的方向上共有六个面，分别为 H 面、I 面、J 面、K_1 面、K_2 面、L 面。在左视图中，可看到它们的前后不同的位置，进而可以想象着在前后的宽度方向来把各个面依次拉出。

5）在分析各个方向上的各个不同位置面的形状之后，可把这些面在头脑中组合起来，进行三个方向的综合，最后想象出最终形体的结构，如图 2-61（e）所示。

建筑施工图识图诀窍

3.1 建筑施工图的组成

大体上来说，建筑施工图主要包括以下几部分：图纸目录，建筑设计总说明，门窗表，建筑总平面图，一层至屋顶平面图、正立面图、背立面图、左侧立面图、右侧立面图剖面图（依据工程需要，可能有几个剖面图），节点大样图及门窗大样图以及楼梯大样图（依据功能需要，可能有多个楼梯和电梯）。

1. 图纸目录及门窗表

图纸目录是用来了解整个建筑设计的整体情况的目录，在其中可以明确图纸数量及出图大小及工程号，还有建筑单位及整个建筑物的主要功能。若图纸目录与实际图纸有不符，则必须与建筑设计部门核对相关情况。门窗表包括门窗编号、门窗尺寸及其做法。这些在计算结构荷载时是必不可少的。

2. 建筑设计总说明

建筑设计总说明主要用来说明图样的设计依据及施工要求，这对结构设计是十分重要的，由于建筑设计总说明中会提到很多做法及许多结构设计中要使用的数据，例如建筑物所处位置（结构中用以确定抗震设防烈度及风载、雪载）、黄海标高（用以计算基础大小及埋深桩顶标高等，没有黄海标高，施工中根本无法施工）及楼面做法、地面做法、墙体做法等（用以确定各部分荷载）。总之，在看建筑设计总说明时绝对不能草率，这是检验结构设计正确与否十分重要的一个环节。

3. 建筑总平面图

总平面图表明新建工程在基底范围内的总体布置。它主要表示原有及新建房屋的位置、标高、道路布置、构筑物、地形以及地貌等，是新建房屋定位、施工放线、土方施工以及水、电、暖、煤气等管线施工总平面布置的依据。

4. 建筑平面图

建筑平面图是从门窗洞口处把房屋水平剖切后，俯视剖切平面以下部分，在水平投影面所得到的图形，比较直观，主要信息就是柱网布置、每层房间功能墙体布置、门窗布置以及楼梯位置等。一层平面图在进行上部结构建模中是不需要的（有架空层及地下室等除外），而是在做基础时使用。作为结构设计师，在看平面图的同时，需要考虑到建筑的柱网布置是否合理，在不当之处应讲出理由并说服建筑设计人员进行相应的修改。通过看建筑平面图，了解了各部分建筑功能，对结构上活荷载的取值心中也就有大致的值了，了解了柱网及墙体门窗的布置，柱截面大小、梁高以及梁的布置也差不多有数了。墙的下面一定有梁，除非是甲方自理的隔断，轻质墙也最好是立在梁上。值得一提的是，注意看屋面平面图，通常现代建筑为了外立面的效果，都会有层面构架，比较复杂，需要仔细地理解建筑的构思，必要的时候还要咨询建筑设计人员或索要效果图，力求使自己清楚地明白整个构架的三维形成是什么样子的，这样才不会出错。另外，也需要了解清楚层面是结构找坡，还是建筑找坡。

5. 建筑立面图

建筑立面图是建筑物在与外墙面平行的投影面上的投影，通常是从建筑物的四个方向所得到的投影图。依据具体情况可以增加或减少。对建筑立面的描述，主要是外观上的效果，提供给结构师的信息，主要包括门窗在立面上的标高布置、立面布置、立面装饰材料及其凹凸变化。屋顶的外形、详图索引符号中，通常情况下，有线的地方就有面的变化，再就是层高等信息，这也是对于结构荷载取定起作用的数据。

6. 建筑剖面图

建筑剖面图是建筑物沿垂直方向向下的剖面图。在画建筑剖面图时，常用一个剖切平面剖切；而在必要时，可用两个平行的剖切平面剖切。其剖切部位应选在能反映构造特征和房屋全貌以及有代表性的地方。剖切符号通常绘制在底层平面图中，常通过门窗洞及楼梯进行剖切。其作用是对无法在平面图或立面图中表述清楚的局部进行剖切，以将建筑设计师对建筑物内部的处理表述清楚，结构工程师能够在剖面图中得到更为准确的层高信息及局部地方的高低变化，剖面信息直接决定了剖切处梁相对于楼面标高的下沉或抬起，又或有错层梁、夹层梁、短柱等。同时，对于窗顶是用框架梁充当过梁还是需要另设过梁，要有一个清晰的概念。

建筑剖面图与建筑立面图、建筑平面图相互配合，表述着房屋的全局。建筑平面图、立面图和剖面图，是建筑施工中最基本的图样。

7. 节点大样图及门窗大样图

为表明细部的详细构造和尺寸，用较大比例画出的图样，称为详图及大样图或节点图。

建筑设计者为了能够更为清晰地表述建筑物的各部分做法，便于施工人员了解设计意图，需要对构造复杂的节点绘制大样图，以说明其详细的做法。不仅要利用节点图进一步了解建筑师的构思，更要分析节点画法是否合理，能否在结构上实现；然后，通过计算验算各构件尺寸是否符合要求，配出钢筋用量。当然，有的节点是不需要结构师配筋的，但结构师也需要确定该节点是否能够在整个结构中实现。门窗大样图对于结构师来说作用不是太大，但对于个别特别的门窗，结构师需绘制出立面上的过梁布置图，以便于施工人员对此种特殊的门窗过梁有一个确定的做法，防止产生施工人员理解上的错误。

8. 楼梯大样图

楼梯大样图表示楼梯的组成结构、各部位尺寸和装饰做法，通常包括楼梯间平面详图、剖视大样图及栏杆以及扶手大样图。这些大样图尽可能画在同一张图纸上。另外，楼梯大样图通常分为建筑详图和建筑结构图两种，分别绘制，并编入建施和结施中。

楼梯是每一个多层建筑中必不可少的一部分，多采用预制或现浇混凝土楼梯。楼梯大样图又分为楼梯各层平面图和楼梯剖面图，结构师需要对楼梯各部分是否能够构成一个整体进行仔细分析。进行楼梯计算时，楼梯大样图就是唯一的依据，所有的计算数据都将来自于楼梯大样图。因此，在看楼梯大样图时，必须考虑清楚梯梁、梯板厚度及楼梯结构。

9. 外墙节点大样图

外墙节点大样图是建筑墙身的局部放大图，十分详尽地表达了墙身从局部防潮层到屋顶的各个主要节点的构造和做法，一般使用标准图集。

3.2 建筑总平面图识图诀窍

3.2.1 建筑总平面图概述

在画有等高线或坐标方格网的地形图上，画上新建工程及其周围原有建筑物、构筑物及拆除房屋的外轮廓的水平投影，以及场地、道路、绿化等的平面布置图形，即为总平面图。

建筑总平面图是表达一个建筑工程的建筑群体总体布局的水平投影图，主要表示新建房屋基地范围内的地形、地貌、道路、原有及新建建筑物、构筑物等。它是拟建工程项目施工定位、放样、土方工程、施工现场规划布置的主要依据；也是给水排水、供电，以及暖通等专业管线总平面图规划布置和施工放样的依据。

3.2.2 建筑总平面图的阅读内容

（1）总平面图因包括的地方范围较大，图示内容多按《总图制图标准》（GB/T 50103—2010）中相应的图例要求进行简化绘制。总平面图一般采用 1∶500、1∶1000 或 1∶2000 的比例绘制。由于绘制时都用较小比例，各种有关物体不能按照投影关系如实表示出来，而只能用图例的形式绘制。总平面图上的尺寸，是以 m 为单位。

（2）了解新建工程的性质与总体布置，了解各建筑物及构筑物的位置、道路、场地和绿化等布置情况以及各建筑物的层数等。

（3）明确新建工程或扩建工程的具体位置，新建工程或扩建工程通常根据原有房屋或道路来定位，并以 m 为单位标注出定位尺寸。当新建成片的建筑物和构筑物或较大的建筑物时，往往用坐标来确定每一建筑物及道路转折点等的位置。地形起伏较大的地区，还应画出地形等高线。

（4）看新建房屋底层室内地面和室外整平地面的绝对标高，可知室内外地面的高差，土方填挖情况、地面的坡度和水流方向及正负零与绝对标高的关系。总平面图中，标高数字以 m 为单位，一般注至小数点后两位。

（5）看总平面图中的指北针或风向频率玫瑰图，可明确新建房屋、构筑物的朝向和该地区的常年风向频率和风速。有时，也可只来单独的指北针。

现以图 3-1 为例，说明阅读总平面图时应注意的几个问题。

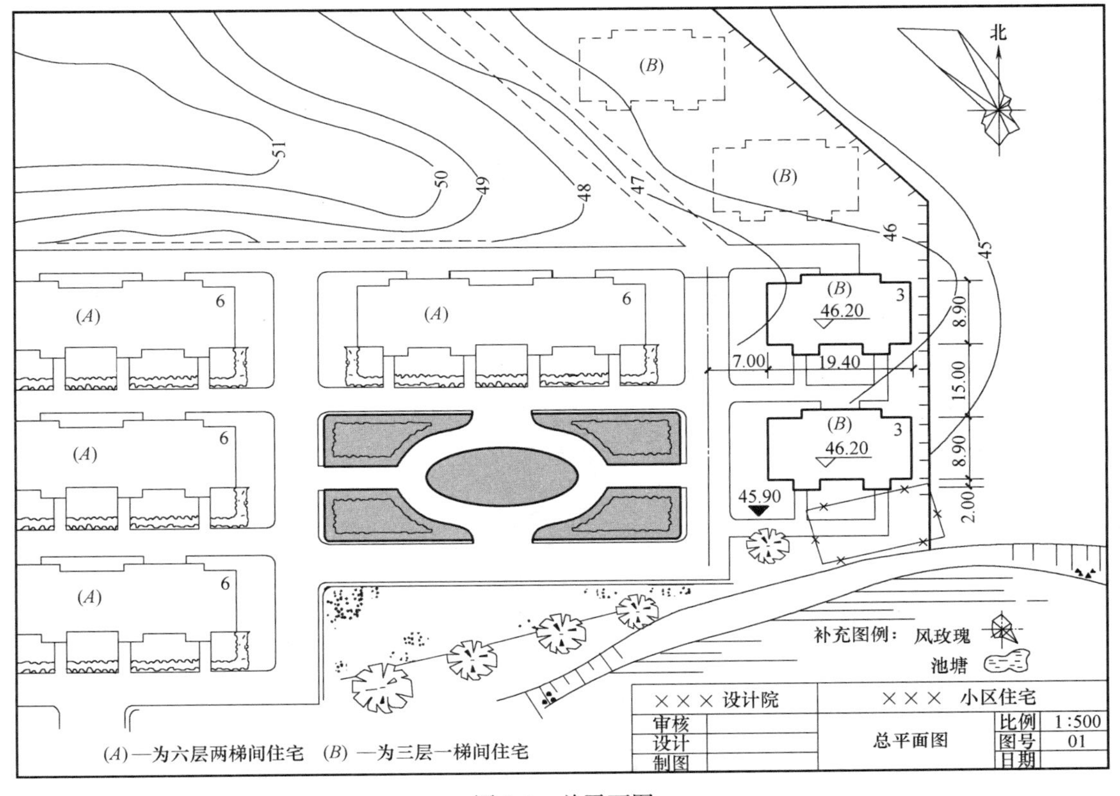

图 3-1 总平面图

（1）先看图样的比例、图例及有关的文字说明。总平面图由于图示的地方范围较大，所以绘制时都用较小的比例，如 1∶2000、1∶1000、1∶500 等。在总平面图上标注的坐标、标高以及距离等尺寸，一律采用 m 作为单位。并应取至小数点后两位，不足时以“0”补齐。在图中采用较多的图例符号，我们必须熟练掌握它们的意义。在国家标准中所规定的常用图例，见表 1-5。在较复杂的总平面图中，若用到一些国家标准中所没有规定的图例，则必须在图中另加说明。

（2）了解工程的性质、用地范围和地形地物等情况。从图 3-1 的图名及在图中各房屋所标注的名称，可以知道拟建工程是某小区内两幢相同的住宅。从图中等高线所标注的数值，可知该区地势是自西北向东南倾斜。

（3）从图 3-1 中所标注的室内（首层）地面和等高线的标高，可知该地的地势高低及雨水排泄方向，并可估算填挖土方的数量。在总平面图中标高的数值，均为绝对标高。所谓绝对标高，就是指以我国青岛市外的黄海海平面作为零点而测定的高度尺寸。房屋首层室内地面的标高（本例是 46.20），是按照拟建房屋所在位置的前后等高线的标高（图中是 45 和 47），并估算到填挖土方基本平衡而决定。若图上没有等高线，则可按照原有房屋或道路的标高来确定。并注意室内外地坪标高标注符号的不同（参看图 1-49～图 1-52）。

（4）明确新建房屋的位置和朝向。房屋的位置可利用定位尺寸或坐标确定。定位尺寸应注出与原建筑物或道路中心线的联系尺寸，如图中的 7.00、15.00 等。用坐标确定建筑物位置时，宜标注出房屋三个角的坐标。如房屋平行于坐标轴时，可只注出其对角坐标（本实例因较简单，没有注出坐标网）。通过图上所画的风向频率玫瑰图，可确定此房屋的朝向。风向频率玫瑰图通常会画出十六个方向的长短线来表示该地区常年的风向频率。图中所示该地区全年最大的风向频率为西北风。

（5）从图中，可了解到周围环境的情况。比如，新建筑的南边有一池塘，池塘的西边与北边有一护坡，建筑物东面有一围墙，西边是一条路，东南角有一座待拆的房屋，北面有两幢待建的房屋及一段道路，在周围还有写上名称的原有房屋及道路等。

3.2.3 新建建筑物的定位

1. 根据原有建筑物或道路定位

对于规模较小、工程项目也较小的建筑物，可以根据相邻的原有永久性建筑物或道路等设施的相对位置来定位，标出定位尺寸，还应在图中直接标出拟建房屋的平面外包总尺寸。

如图 3-2 所示，拟建的 A、B 号两栋新楼的位置是根据原有宿舍楼、道路和围墙来定位的。B 号楼北墙外边线距楼北道路的中心 7.31m，距楼北原有的建筑宿舍楼 17.11m（7.31＋9.80），东面距道路中心 12.92m，距围墙 21.41m（12.92＋8.49），A 号楼距 B 号楼 17.09m。

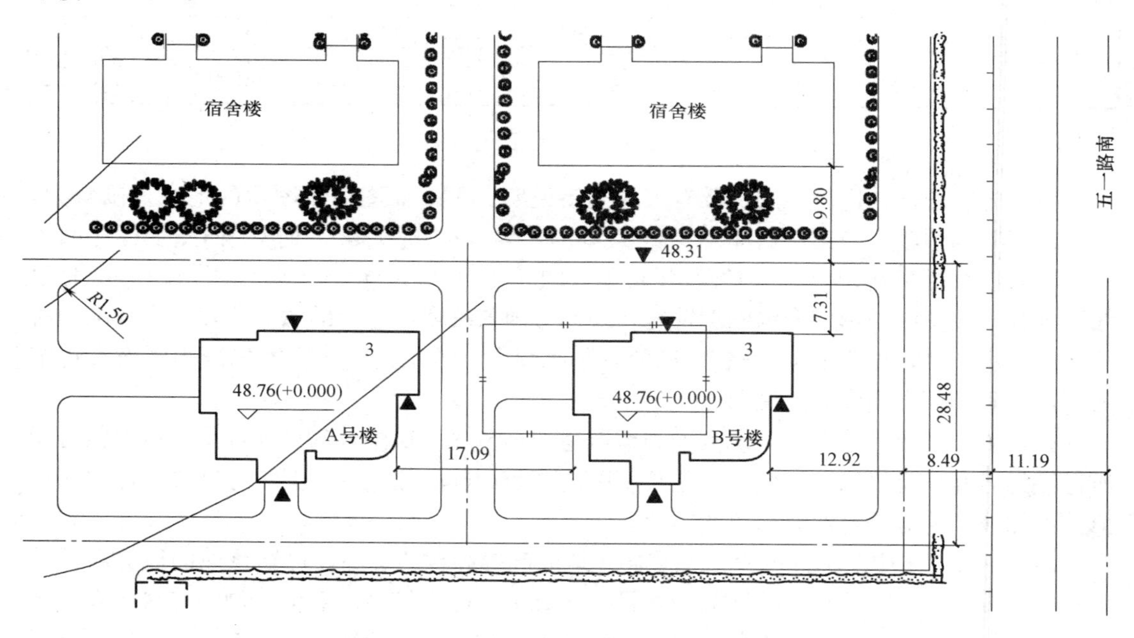

图 3-2 新建别墅的定位

2. 根据坐标定位

对工程项目较多、规模较大的拟建建筑，或因地形复杂，为了保证定位放线的准确性，通常采用坐标定建筑物、道路和管道的位置。常用的表示方法有：

（1）标注测量坐标

在地形图上绘制的方格网叫测量坐标网，与地形图采用同一比例尺，以 100m×100m

或 50m×50m 为一方格，竖轴为 x，横轴为 y。一般建筑物定位应注明两个墙角的坐标，具体标注方法如图 3-3 中的锅炉房的标注方法所示；如果建筑物的方位为正南北向，就可只注明一个角的坐标，如图 3-3 中机修、合成等车间的标注方法所示；放线时，根据现场已有导线点的坐标（如图 3-3 中 A、B 两导线点所示），用仪器导测出新建房屋的坐标。

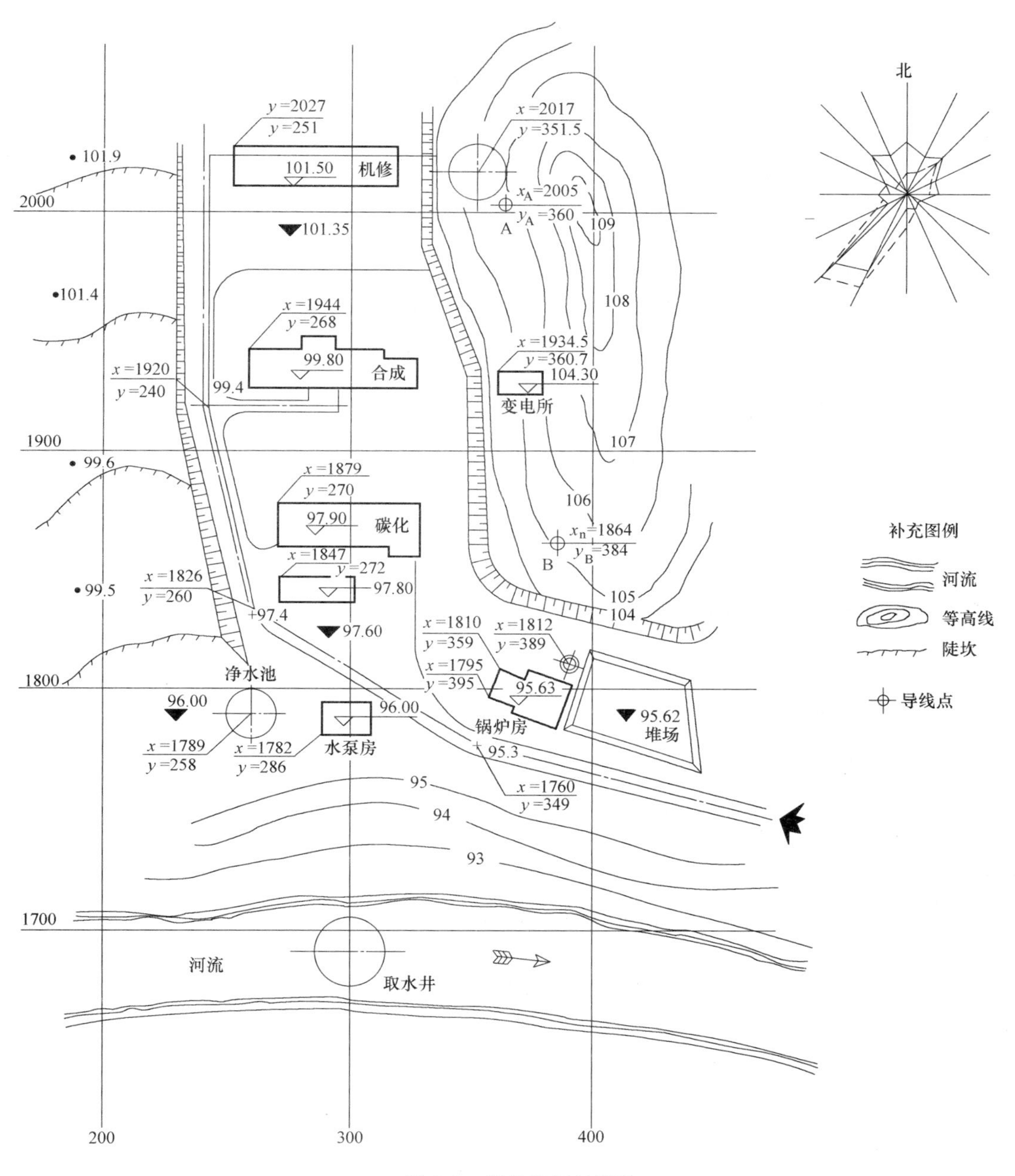

图 3-3　测量坐标的定位

（2）标注建筑坐标

建筑坐标是以建设地区的某一点定为“O”，沿水平方向的轴为 B 轴，沿垂直方向的轴为 A 轴来进行分格。格的大小一般采用 100m×100m 或 50m×50m。以建筑物的墙角距“O”点的距离来确定其位置。如图 3-4（a）、（b）所示，图（a）的坐标点为“$\frac{A70.00}{B60.00}$”；因为图为正南北向，所以只注明一个角的坐标。图（b）的甲点坐标为“$\frac{A217.37}{B122.59}$”；乙点坐标为“$\frac{A122.87}{B423.08}$”。放线时，即可从“O”点导测出甲、乙两点的位置［图（a）可只从“O”点导测出一点的位置即可］。

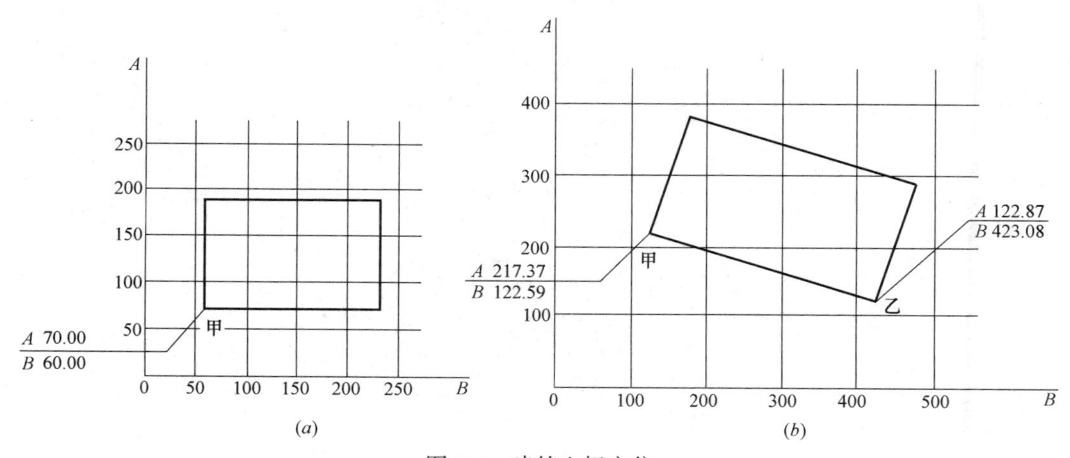

图 3-4 建筑坐标定位

3.3 建筑平面图识图诀窍

3.3.1 建筑平面图概述

建筑平面图实际上是房屋的水平剖面图（除屋顶平面图外），是假想用一个水平面去剖切房屋。剖切平面一般位于每层窗台上方的位置，以保证剖切的平面图中墙、门、窗等主要构件都能剖到；然后，移去平面上方的部分，对剩下的房屋作正投影所得到的水平剖面图，习惯上称为平面图。

建筑平面图主要表示建筑物的平面形状、水平方向各部分（如出入口、走廊、楼梯、房间、阳台等）的布置和组合关系、门窗位置、墙和柱的布置以及其他建筑构配件的位置和大小等。其是施工放线、砌墙、柱、安装门窗框、设备的依据，是编制和审查工程预算的主要依据。

一般来说，多层房屋就应画出各层平面图。沿底层门窗洞口切开后得到的平面图，称为底层平面图。沿二层门窗洞口切开后得到的平面图，称为二层平面图；依次，可得到三层、四层平面图。当某些楼层平面相同时，可以只画出其中一个平面图，称其为**标准层平面图**（或中间层平面图）。

3.3.2 建筑平面图的图示内容

建筑平面图主要包括以下内容：

（1）表明建筑物的平面形状，内部各房间包括走廊、楼梯、出入口的布置及朝向。

（2）表明建筑物及其各部分的平面尺寸。在建筑平面图中，必须详细标注尺寸。平面图中的尺寸分为外部尺寸和内部尺寸。外部尺寸有三道，一般沿横向、竖向分别标注在图形的下方和左方。

1）第一道尺寸：表示建筑物外轮廓的总体尺寸，也称为外包尺寸。它是从建筑物一端外墙边到另一端外墙边的总长和总宽尺寸。

2）第二道尺寸：表示轴线之间的距离，也称为轴线尺寸。它标注在各轴线之间，说明房间的开间及进深的尺寸。

3）第三道尺寸：表示各细部的位置和大小的尺寸，也称细部尺寸。它以轴线为基准，标注出门、窗的大小和位置，墙、柱的大小和位置。此外，台阶（或坡道）、散水等细部结构的尺寸可分别单独标出。

内部尺寸标注在图形内部，用以说明房间的净空大小、内门窗的宽度、内墙厚度以及固定设备的大小和位置。

（3）表明地面及各层楼面标高。

（4）表明各种门窗位置、代号和编号，以及门的开启方向。门的代号用 M 表示，窗的代号用 C 表示，编号数用阿拉伯数字表示。

（5）表示剖面图剖切符号、详图索引符号的位置及编号。

（6）综合反映其他各工种（工艺、水、暖、电）对土建的要求。各工程要求的坑、台、水池、地沟、电闸箱、消火栓、雨水管等及其在墙或楼板上的预留洞，应在图中表明其位置及尺寸。

（7）表明室内装修做法，包括室内地面、墙面及顶棚等处的材料及做法。一般简单的装修，在平面图内直接用文字说明；较复杂的工程，则另列房间明细表和材料做法表，或另画建筑装修图。

（8）文字说明。平面图中不易表明的内容，如施工要求、砖以及灰浆的强度等级等，需要文字说明。

3.3.3 建筑平面图的阅读方法

建筑平面图阅读方法如下：

1）看建筑平面图，应从底层看起，先看图名、比例及指北针，以了解此张平面图的绘图比例及房屋朝向。

2）在底层平面图上看建筑门厅、室外台阶、花池以及散水的情况。

3）看房屋的外形及内部墙体的分隔情况，了解房屋平面形状和房间分布、用途、数量及相互之间的联系，比如走廊、楼梯与房间的位置等。

4）看图中定位轴线的编号及其间距尺寸，从中了解各承重墙或柱的位置及房间大小，便于施工时定位放线及查阅图样。

5）看平面图中的内部尺寸与外部尺寸，可以从各部分尺寸的标注中知道每个房间的开间、进深、门窗以及室内设备的大小、位置。

6）看门窗的位置及编号，了解门窗的类型与数量，还有其他构配件和固定设施的图例。

7）在底层平面图上，看剖面的剖切符号，可以了解剖切位置及其编号。

8）看地面的标高、楼面的标高以及索引符号等。

识图时应先大后小，先记住建筑的总宽度及总长度，主要轴线的间距，门窗的位置及编号，楼梯、电梯的位置及数量，套型个数及标高等。首先，记住了大致的内容；然后，再记细节的部分，具体到每个房间的布局及门窗、空调孔、管道等，不清楚的还要结合立面、剖面，一步步地看，才能够真正看懂。

1. 底层平面图的阅读

现以图 3-5 为例，说明某住宅楼底层平面图的读图方法和步骤。

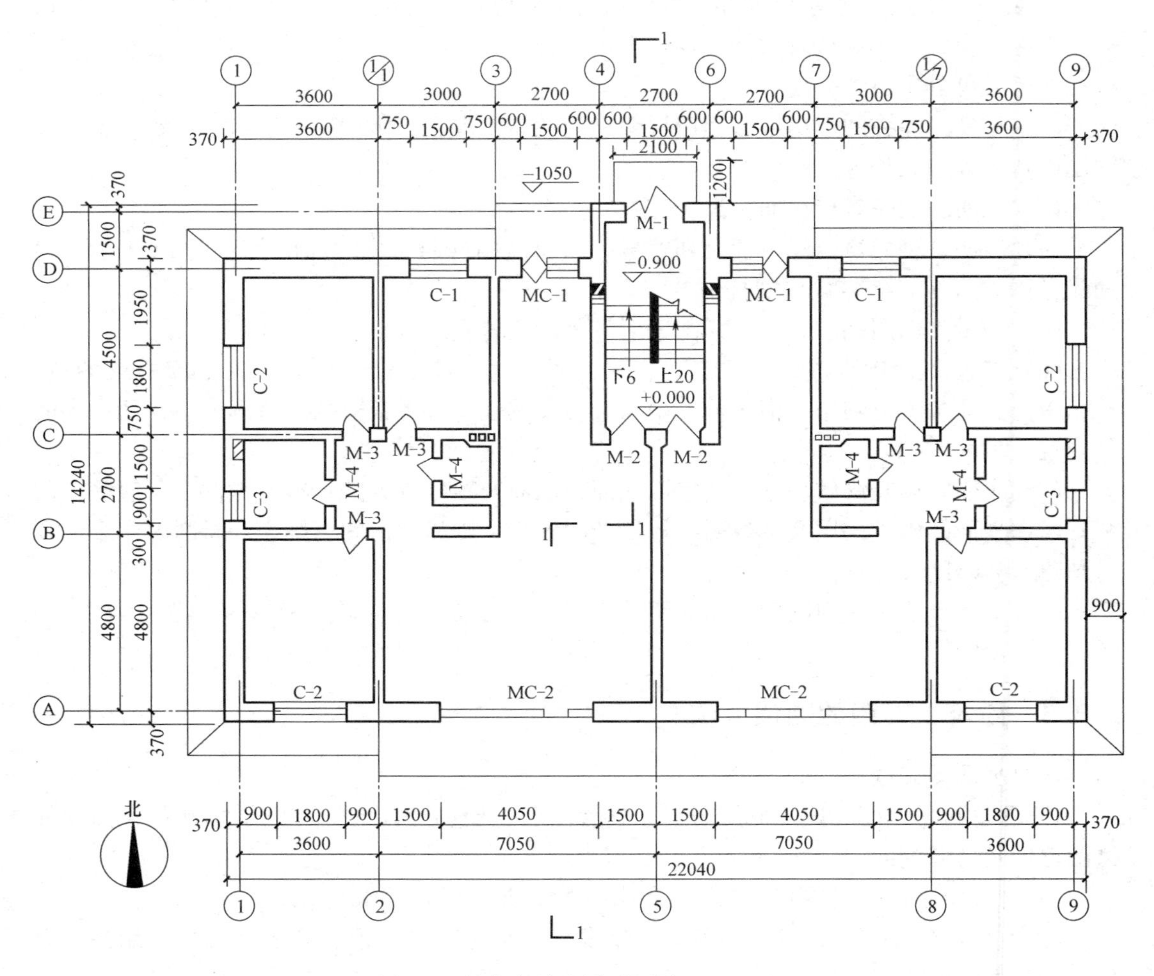

图 3-5 某住宅楼底层平面图（1∶100）

（1）图名和比例

该平面图是某住宅楼的底层平面图，其绘图比例为 1∶100。

（2）定位轴线、内外墙的位置和平面位置

该平面图中，横向定位轴线有①～⑨；纵向定位轴线有Ⓐ～Ⓔ。

此楼每层均为两户，北面的中间入口为楼梯间，每户有三室一厅一厨二厕，在南北方向各有一阳台。朝南的居室开间为3.6m，客厅开间为7.05m；进深为4.8m。朝北的居室开间为3.6m与3m两种；进深为4.5m。楼梯和厨房开间均为2.7m，楼梯两侧墙厚为370mm，除1/1和1/7所在墙厚度为120mm外，其余内墙厚度均为240mm，外墙厚度490mm。

（3）门窗的位置、编号和数量

单元有四种门M-1～M-4，三种窗户C-1～C-3，两种窗联门MC-1、MC-2。

（4）建筑的平面尺寸和各地面的标高

该平面图中，共有外部尺寸三道，最外一道表示总长与总宽，它们分别为22.04m和14.24m，尺寸同总平面图中的一致；第二道尺寸表示定位轴线的间距，一般即为房间的开间与进深尺寸，如3600mm、3000mm、2700mm和4500mm、2700mm、4800mm等；最里的一道尺寸为门窗洞的大小及它们到定位轴线的距离。

该楼底层室内地面相对标高±0.000m，楼梯间地面标高为－0.900m。室外标高为－1.050m。

（5）其他建筑构配件

在该楼北面入口处设有一个踏步进到室内，经过六级踏步到达一层地面；楼梯向上经过20级踏步可到达三层楼面。朝南客厅有推拉门通向阳台。建筑四周做有散水，宽900mm。

（6）剖面图的剖切位置、投影方向等

底层平面图上，标有1-1剖面图的剖切符号。由图3-16可知，1-1剖面图是一个阶梯全剖面图，它的剖切平面与纵向定位轴线平行，经过楼梯间后转折，再通过起居室的阳台，其投影方向向右。

2. 标准层平面图和顶层平面图

前面，主要介绍的是底层平面图，其他层平面图同底层平面图相比，要简单一些。其主要区别如下：

（1）一些已在底层平面图中表示清楚的构配件，就不在其他图中重复绘制。例如，根据建筑制图标准，在二层以上的平面图中不再绘制明沟、散水、台阶以及花坛等室外设施及构配件；在三层以上也不再绘制已经在二层平面图中表示出的雨篷；除底层平面图外，其他各层通常也不绘制指北针和剖切符号了。

（2）楼梯间的建筑构造图例不同。楼梯图例的具体画法见表1-7，绘图时楼梯的形式及步数应根据实际情况绘制。

如图3-6和图3-7所示，为上面所读住宅楼的标准层和顶层平面图，读者可以对照底层平面图阅读。

3. 屋顶平面图

屋顶平面图是将屋面上的构配件直接向水平投影面所做的正投影图。因为屋顶平面图一般比较简单，所以常用较小的比例（如1∶200）来绘制。在屋顶平面图中，一般表示屋顶的外形、屋脊、屋檐或内、外檐沟的位置，用带坡度的箭头表示屋面排水方向，另外还有女儿墙、排水管以及屋顶水箱、屋面出入口的设置等，如图3-8所示。

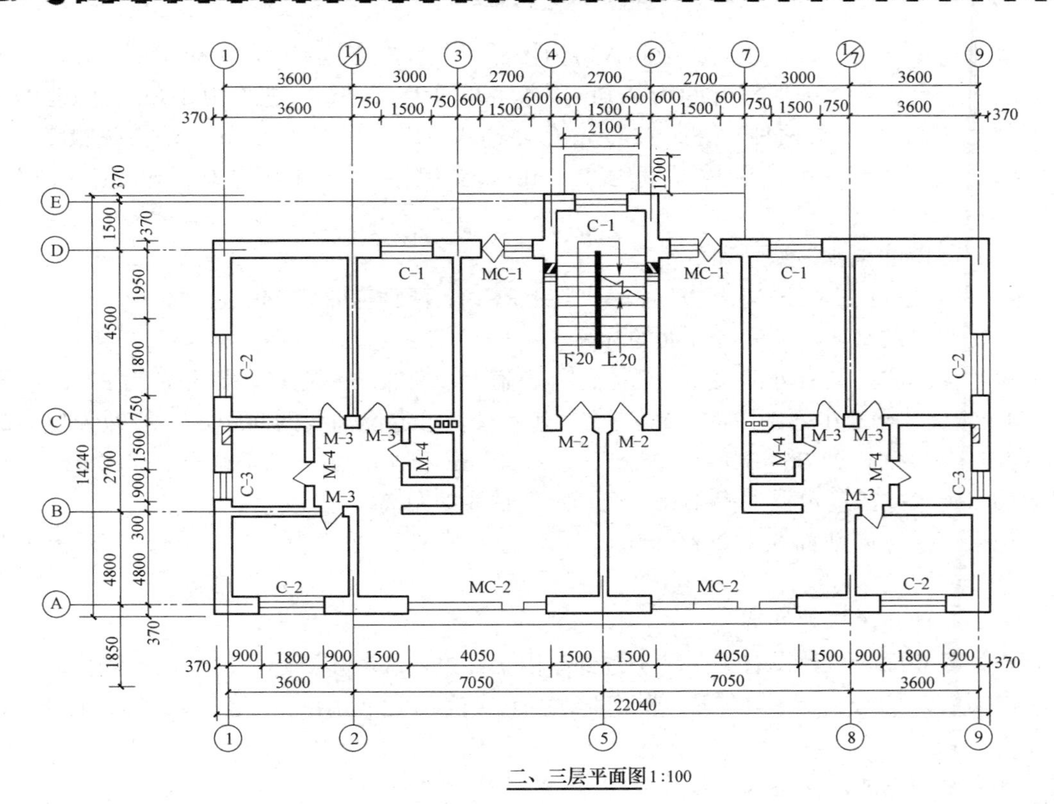

图 3-6 顶层平面图

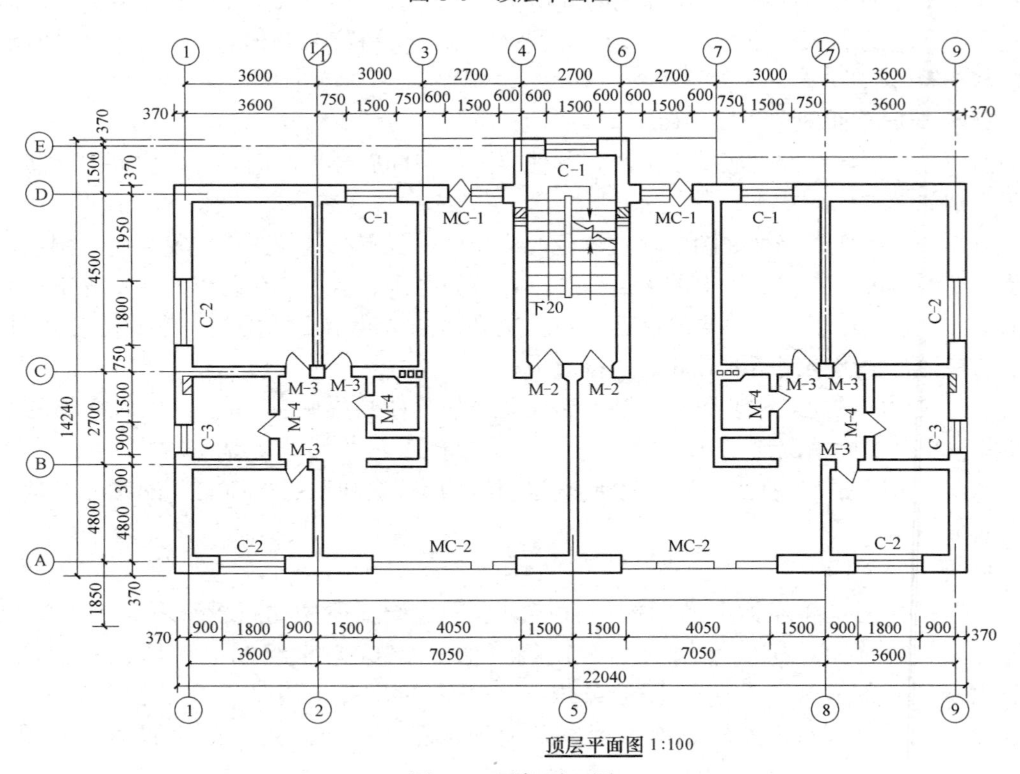

图 3-7 局部平面图

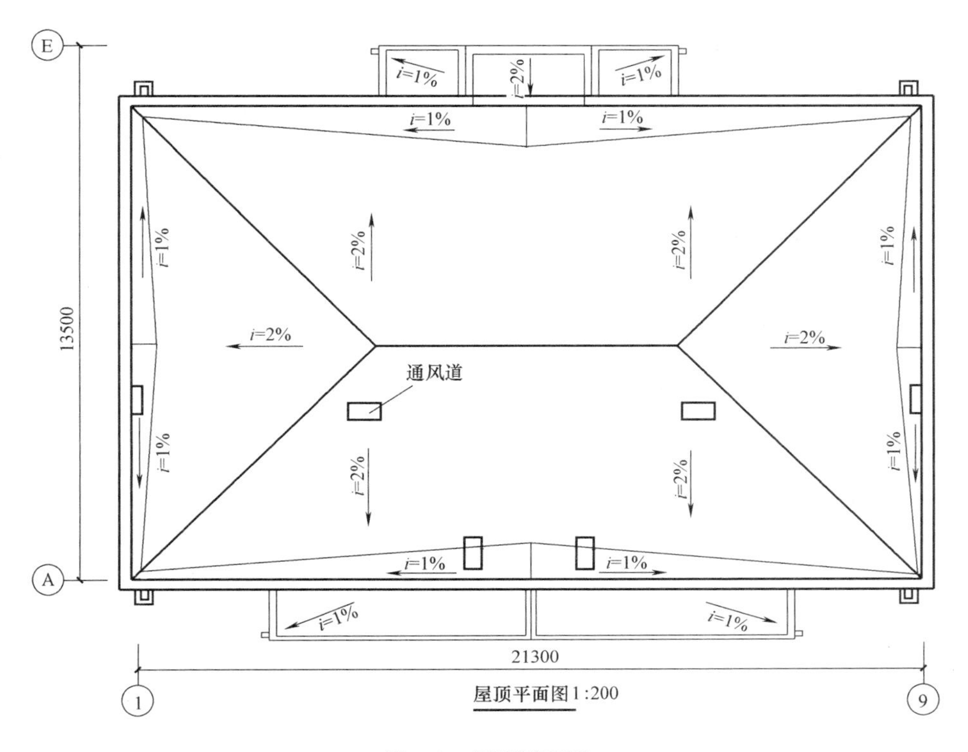

图 3-8 屋顶平面图

3.4 建筑立面图识图诀窍

3.4.1 建筑立面图概述

房屋建筑的立面图，是利用正投影法从一个建筑物的前后、左右、上下等不同方向（根据物体复杂程度而定）分别互相垂直的投影面上来作投影。

立面图的命名有两种形式：有定位轴线的建筑物，宜根据两端的轴线来命名。没有定位轴线时，可按建筑物的方向命名。

立面图主要反映房屋的体形、门窗形式和位置、长宽、高尺寸和标高等。在该视图中，只画可见轮廓线，不画内部不可见的虚线。

3.4.2 建筑立面图的图示内容

建筑立面图主要包括以下内容：

（1）画出从建筑物外可看见的室外地面线、房屋的勒脚、台阶、花池、门、窗、雨篷、阳台、室外楼梯、墙体外边线、檐口、屋顶、雨水管、墙面分格线等内容。

（2）标出建筑物立面上的主要标高。通常需要标注的标高尺寸如下：

1）室外地坪的标高；

2）台阶顶面的标高；

3）各层门窗洞口的标高；

4）阳台扶手、雨篷上下皮的标高；

5）外墙面上突出的装饰物的标高；

6）檐口部位的标高；

7）屋顶上水箱、电梯机房、楼梯间的标高。

（3）注出建筑物两端的定位轴线及其编号。

（4）注出需详图表示的索引符号。

（5）用文字说明外墙面装修的材料及其做法。

3.4.3 建筑立面图的阅读方法

（1）首先，看立面图上的图名及比例；接着，看定位轴线确定是哪个方向上的立面图及其绘图比例是多少，立面图两端的轴线及其编号应要与平面图上的相对应。

（2）看建筑立面的外形，需要了解门窗、阳台栏杆、台阶、屋檐、雨篷、出屋面排气道等的形状及位置。

（3）看立面图中的标高和尺寸，需要了解室内外地坪、出入口地面、窗台、门口及屋檐等处的标高位置。

（4）看房屋外墙面装饰材料的颜色、材料以及分格做法等。

（5）看立面图中的索引符号、详图的出处以及选用的图集等。

现以图 3-9 为例，说明房屋建筑立面图的读图方法和步骤。

（1）建筑立面图表示的是建筑物外形上可以看到的全部内容，例如散水、室外台阶、雨水管、花池、勒脚、门头、雨罩、门窗、阳台、檐口和突出屋顶的出入孔、烟道、通风道、水箱间和电梯间、楼梯间等。而此立面图只表明了门头、雨罩、门窗、采光井、勒脚、雨水管、室外台阶、檐口及屋面出入孔等。

（2）表明建筑物外形高度方向的三道尺寸，也就是此建筑物总高度、分层高度和细部高度。本建筑物的总高度为 11.25m，层高分别为 3600mm 与 3300mm，室内外高差为 450mm，窗台高 900mm 等。

（3）表明各部位的标高，以便于查找高度上的位置。

（4）表明首尾轴线号。立面图为了便于与平面图对照地看，并表明立面图上内容的位置，常需绘制其外形的首尾轴线号。

（5）表明外墙各部位建筑装修材料做法，比如图中的外墙 28D2。

（6）表明局部或外墙索引。

（7）表明门窗的式样及开启方式。门的开启方式通常会有平开门、推拉门、弹簧门、转门等；窗的开启方式通常会有平开窗、推拉窗、立转窗、上悬窗、中悬窗、下悬窗、固定窗等。

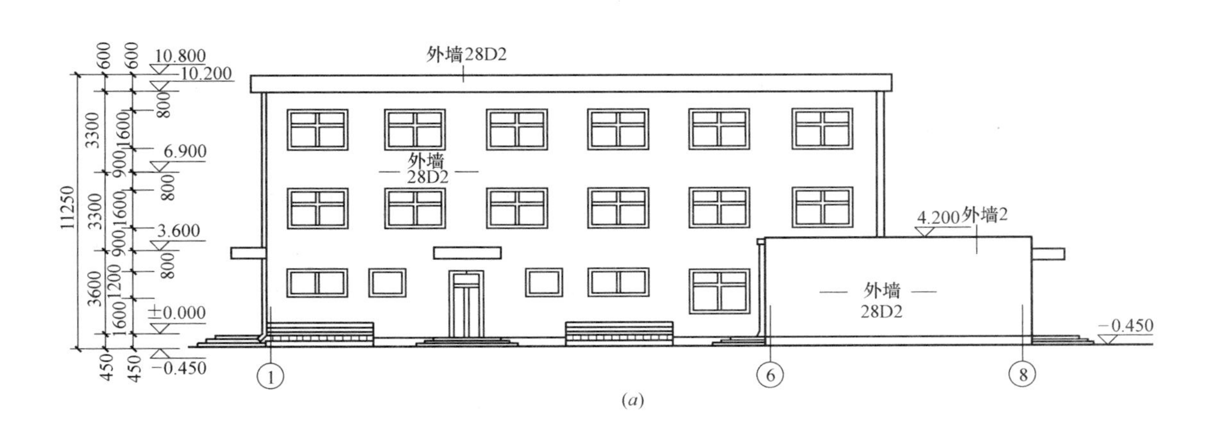

(a)

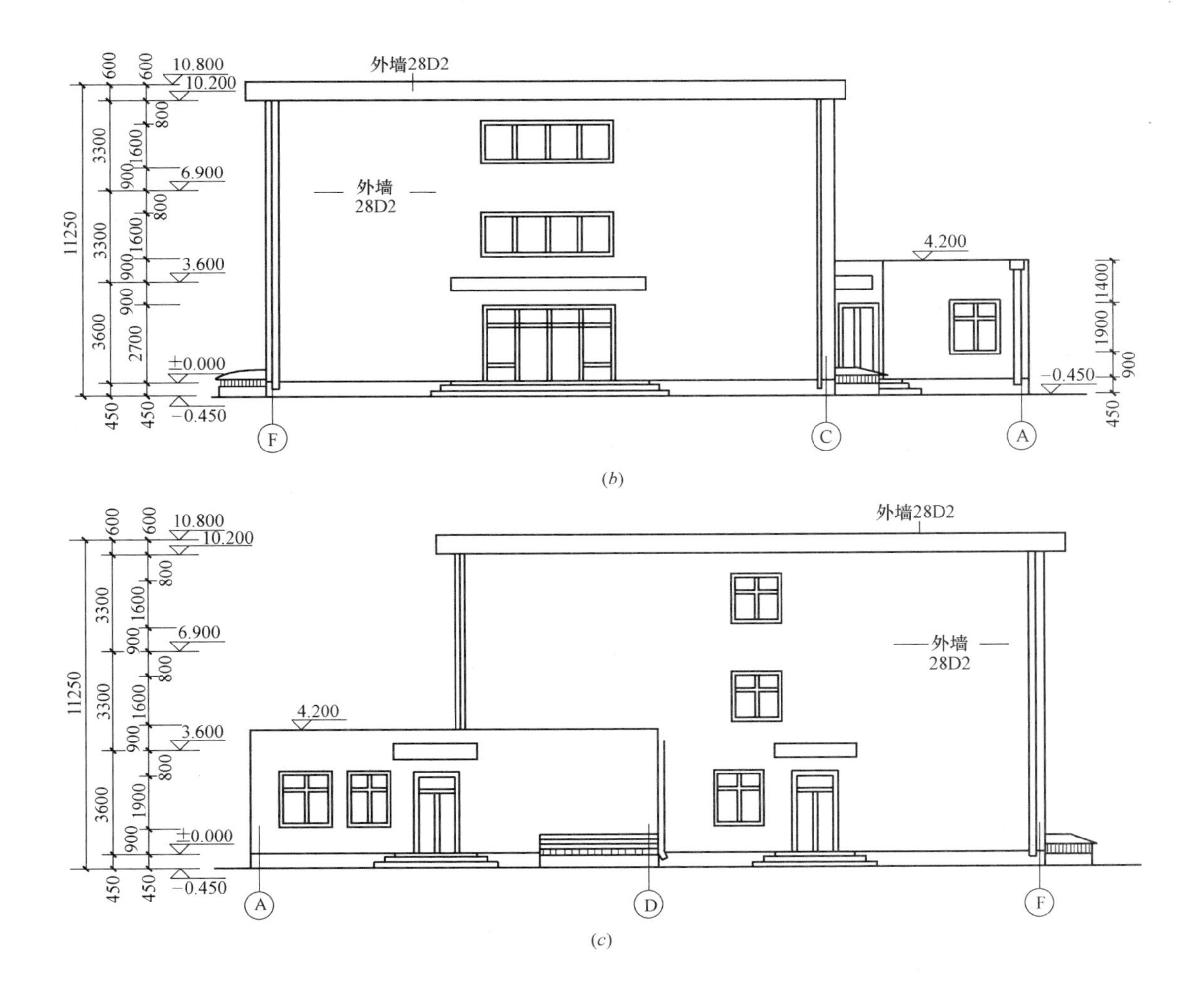

图 3-9 房屋建筑立面图

（a）南立面；（b）西立面；（c）东立面

3.5 建筑剖面图识图诀窍

3.5.1 建筑剖面图概述

假想用一个或多个垂直于外墙轴线的铅垂剖切面，将房屋剖开，所得的投影图，称为**建筑剖面图**，简称剖面图。它用以表示房屋内部的结构或构造形式、分层情况和各部位的联系、材料及高度等，是与平面图、立面图相互配合的不可缺少的重要图样之一。

剖面图的数量是根据房屋的具体情况和施工实际需要而决定的。剖切面一般横向，即平行于侧面，必要时也可纵向，即平行于正面。其位置选择在能反映出房屋内部构造比较复杂与典型的部位，并应通过门窗洞的位置。若为多层房屋，选择在楼梯间或层高不同、层数不同的部位。剖面图的图名与平面图上所标注剖切符号的编号一致，如 1-1 剖面图、2-2 剖面图等。

剖面图中的断面，其材料图例与粉刷面层和楼、地面面层线的表示原则及方法，与平面图的处理相同。

习惯上，剖面图中可不画出基础的大放脚。

各种剖面图应按正投影法绘制。包括剖切面和投影方向可见的建筑构造、构配件以及必要的尺寸、标高等。

3.5.2 建筑剖面图的图示内容

建筑剖面图主要包括以下内容：

（1）表示墙、柱及定位轴线。

（2）剖切到或可见的主要结构和建筑构造部件，例如室内底层地面、地坑、地沟、各层楼面、顶棚，屋顶（包括檐口、女儿墙，隔热层或保温层、天窗、烟囱、水池等）、门、窗、楼梯、阳台、雨篷、留洞、墙裙、踢脚板、防潮层、室外地面、散水、排水沟及其他装修等剖切到或能见到的内容。

（3）标出各部位完成面的标高和高度方向尺寸。

1）标高内容：室内外地面、各层楼面与楼梯平台、檐口或女儿墙顶面、高出屋面的水池顶面、烟囱顶面、楼梯间顶面、电梯间顶面等处的标高。

2）高度尺寸内容：外部尺寸有门、窗洞口（包括洞口上部和窗台）高度，层间高度及总高度（室外地面至檐口或女儿墙顶）。有时，后两部分尺寸可不标注。

内部尺寸包括地坑深度和隔断、搁板、平台、墙裙，以及室内门、窗等的高度。

注写标高及其尺寸时，注意与立面图和平面图相一致。

（4）表示楼、地面各层的构造。一般可用引出线说明。引出线指向所说明的部位，并且按其构造的层次顺序，逐层加以文字说明。若另画有详图，或已有“构造做法表”时，在剖面图中可用索引符号引出说明（若是后者，习惯上可不作任何标注）。

（5）表示需画详图之处的索引符号。

（6）图纸名称、比例。

3.5.3 建筑剖面图的阅读方法

（1）看图名、轴线编号和绘图比例

与底层平面图对照，确定剖切平面的位置及投影方向，从中了解它所画出的是房屋的哪一部分的投影。

（2）看房屋各部位的高度

如房屋总高、室外地坪、门窗顶、窗台、檐口等处标高，室内底层地面、各层楼面及楼梯平台面标高等。

（3）看房屋内部构造和结构形式

如各层梁板、楼梯、屋面的结构形式、位置及其与柱的相互关系等。

（4）看楼地面、屋面的构造

在剖面图中，表示楼地面、屋面的构造时，通常用一引出线指着需说明的部位，并按其构造层次顺序地列出材料等说明。有时，将这一内容放在墙身剖面详图中表示。

（5）看图中有关部位坡度的标注

如屋面、散水、排水沟与坡道等处，需要做成斜面时，都标有坡度符号，如2%等。

（6）看图中的索引符号。剖面图尚不能表示清楚的地方，还注有详图索引，说明另有详图表示。

现以图3-10为例，说明某商住楼1-1剖面图的读图方法和步骤。

（1）图名、比例

从底层平面图上，查阅相应的剖切符号的剖切位置、投影方向，大致了解一下建筑被剖切的部分以及未被剖切但可见部分。从一层平面图上的剖切符号可知，1-1剖面图是全剖面图，剖切后向左面看。

（2）被剖切到的墙体、楼板、楼梯以及屋顶

从图中可以看到，该楼一层商店和上面住宅楼楼层的剖切情况，屋顶是坡屋顶，前面高后面低，交接处有详图索引符号。楼梯间被剖切开，其中各层的一跑楼梯被剖切到，楼梯间的窗户被剖切开。一层商店的雨篷、楼梯入口都被剖切到。

（3）可见的部分

图中可见部分是天窗，前面天窗标高为21.3m，后面天窗标高为20.7m。各层楼梯间的入户门可见，高度为2100mm。

（4）剖面图上的尺寸标注

从剖面图中可看出，该商住楼地下室层高2.2m，一层层高3.9m，其他层高均为3m。各层剖切到的以及可见的门洞高度均为2.1m。图的左侧表示阳台的尺寸，右侧表示楼梯间窗口的尺寸。

（5）详图索引符号的位置和编号

从图中可见，阳台雨篷、楼梯入口雨篷、屋顶屋脊上有索引符号。

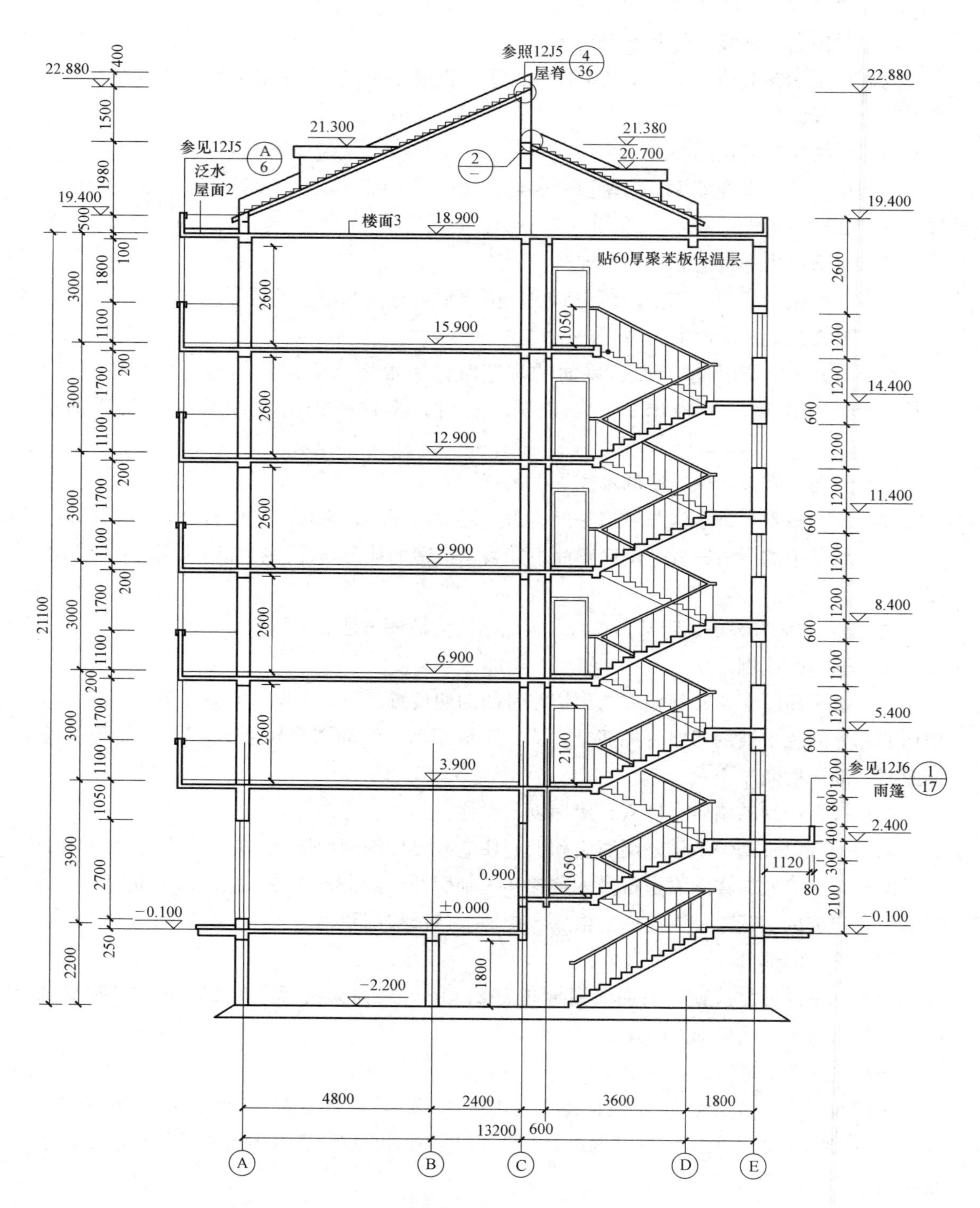

图 3-10 某商住楼 1-1 剖面图（1∶100）

3.6 建筑详图识图诀窍

3.6.1 建筑详图概述

建筑平、立、剖面图是建筑施工图中最基本的图样，其反映了建筑物的全局，但由于其采用的比例比较小，因而某些建筑构配件（如门、窗、楼梯、阳台、各种装饰等）和某些建筑剖面节点（如檐口、窗台、明沟以及楼地面层和屋顶层等）的详细构造（包括式样、层次、做法、用料和详细尺寸等）都无法表达清楚。根据施工需要，必须另外绘制比例较大的图样平面图作为补充，这种图样称为**建筑详图**（包括**建筑构配件详图和剖面节点详图**）。

详图的数量及表示方法，应根据配构件的复杂程度而定，有时仅仅是平、立、剖中某个细部的放大，有时则需要画出其剖面或断面图，或需要多个视图或剖面（断面）图共同组成某一配构件的详图。详图必须注明详图符号、详图名称和比例，与被索引的图样上的索引符号对应，以方便对照阅读。

对于套用标准图或通用详图的建筑构配件和剖面节点，只要注明所套用图集的名称、编号或页次，就可不必再画详图。

3.6.2 墙身详图

墙身详图又称墙身大样图。在多层房屋中，若各层的构造情况一样时，可只画墙脚、檐口和中间层（含门窗洞口）三个节点，按上下位置整体排列，由于门窗一般均有标准图集，为简化作图采用折断省略画法，因此门窗在洞口处出现双折断线。有时墙身详图不以整体形式布置，而把各个节点详图分别单独绘制，也称为墙身节点详图。墙身详图应按剖面图的画法绘制，被剖切到的结构墙体用粗实线（b）绘制，装饰层轮廓用细实线绘制（$0.25b$），在断面轮廓线内画出材料图例。

墙身详图的主要内容有：

（1）表明墙身的定位轴线编号，墙体的厚度、材料及其本身与轴线的关系

（2）表明墙脚的做法

（3）表明各层梁、板等构件的位置及其与墙体的连系，构件表面抹灰、装饰等内容

（4）表明檐口部位的做法

檐口部位包括封檐构造（例如女儿墙或挑檐），圈梁、过梁、屋顶泛水构造，屋面保温、防水做法和屋面板等结构构件。

（5）图中的详图索引符号等

现以图 3-11 为例，说明墙身详图的读图方法和步骤，一般自下而上识读。

（1）该墙的位置、厚度及其定位

从图中可知，该墙为外纵墙，轴线编号是Ⓐ，墙厚 370mm，定位轴线与墙外皮相距 250mm，与墙内皮相距 120mm。

（2）竖向高度尺寸及其标注形式

在详图外侧标注一道竖向尺寸，从室外地面至女儿墙顶，各尺寸如图所示。在楼地面

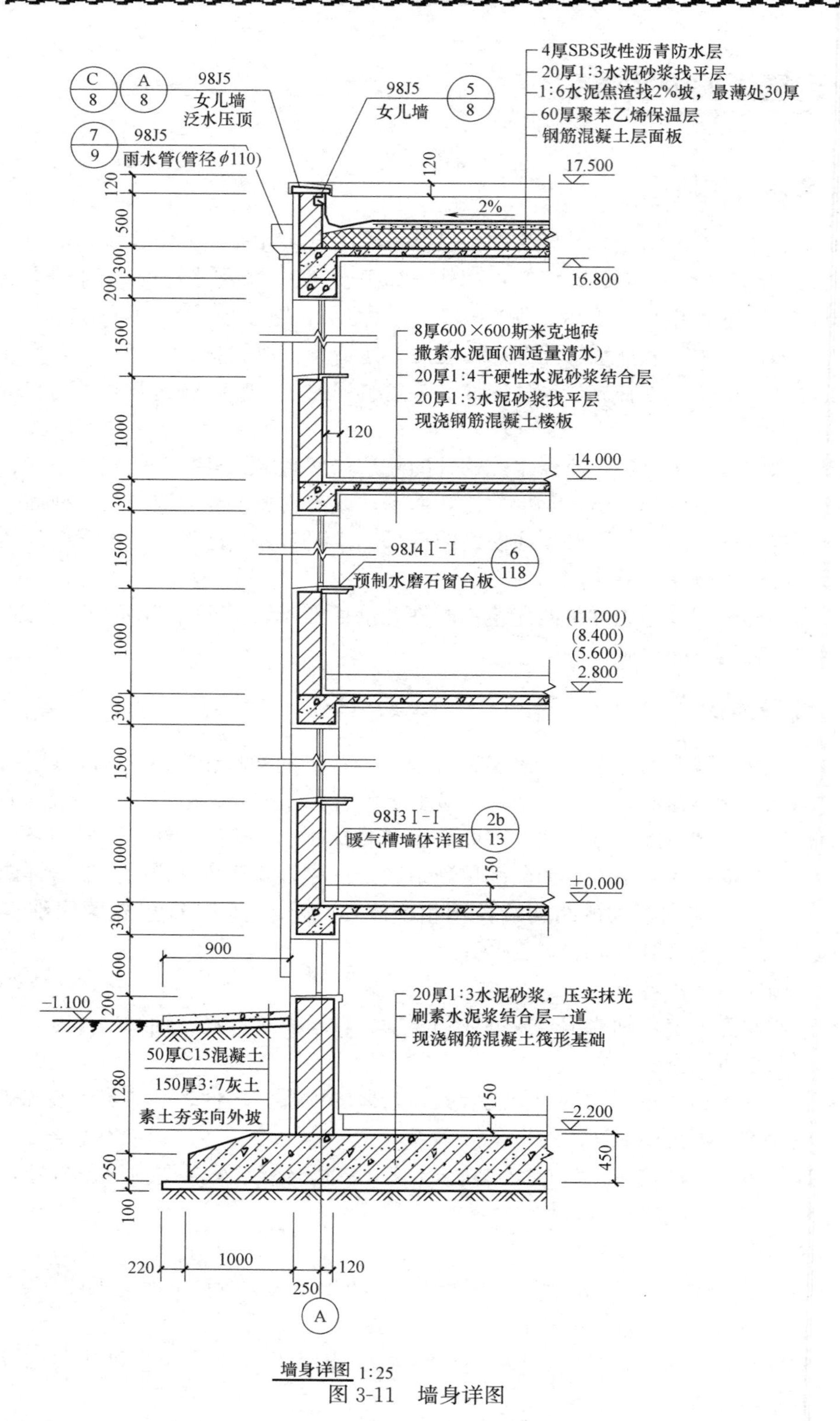

图 3-11 墙身详图

层和屋顶板标注标高，注意中间层楼面标高采用 2.800m、5.600m、8.400m、11.200m 上下叠加方式简化表达，图样在此范围中只画中间一层。在图的下方，标注了筏形基础的尺寸和地下室地面标高等。

（3）墙脚构造

从图中可知，该住宅楼有地下室，地下室底板是钢筋混凝土，最大厚度 450mm，起承重作用，地下室地面做法如图所示，采用分层共用引出线方式表达。地下室顶板即首层楼板为现浇钢筋混凝土。楼板下地下室的窗洞高为 600mm，洞口上方为圈梁兼过梁，圈梁高 300mm。

图中散水的做法是下面素土夯实并垫坡，其上为 150mm 厚 3∶7 灰土，最上面 50mm。厚 C15 混凝土压实抹光。一层窗台下暖气槽做法，详见标准图集 98J3 Ⅰ-Ⅰ第 13 页中“2b”号详图。

（4）各层梁、板、墙的关系

如图中所示，各层楼板下方都设有现浇钢筋混凝土圈梁与楼板成为一体，且为圈梁兼过梁的构造，梁截面宽度为 370mm、高度 300mm。楼地层做法在楼层位置标注，分层做法如图所示。

（5）檐口部位的构造

如图所示为女儿墙檐口做法，墙下的圈梁与屋面板现浇成为一体。女儿墙厚 240mm、高 500mm，上部压顶为钢筋混凝土（厚度最大处为 120mm，压顶斜坡坡向屋面一侧）。该楼屋顶做法是：现浇钢筋混凝土屋面板，上面铺 60mm 厚聚苯乙烯泡沫塑料板保温层，1∶6 水泥焦渣找坡 2%，最薄处厚 30mm，在找坡层上做 20mm 厚 1∶3 水泥砂浆找平层，上做 4mm 厚 SBS 改性沥青防水层。檐口位置的雨水管、女儿墙泛水压顶，均采用标准图集 98J5 中的相应详图。

3.6.3 楼梯详图

楼梯详图主要表示楼梯的类型、结构形式、各部位尺寸以及踏步、栏杆的装修做法，是楼梯施工、放样的重要依据。楼梯详图一般包括楼梯平面图、剖面图及踏步、栏杆、扶手等节点详图。楼梯平面图和剖面图的比例一般为 1∶50，节点详图的常用比例有 1∶10、1∶20 等。

一般楼梯的建筑施工图和结构施工图应分别绘制。

1. 楼梯平面图的图示内容

楼梯平面图实际上是建筑平面图中楼梯间的局部放大图。通常包括底层平面图、中间层（或标准层）平面图和顶层平面图。底层平面图的剖切位置在第一楼梯段上，因此，在底层平面图中只有半个梯段，并注有“上”字的长箭头、梯段断开处画 45°折断线。中间层平面图的剖切位置在某楼层向上的楼梯段上，所以在中间层平面图上既有向上的梯段，又有向下的梯段，在向上梯段断开处画 45°折断线；顶层平面图的剖切位置在顶层楼面一定高度处，对于非上人屋面而言没有剖切到楼梯段，因而在顶层平面图中只标注下行路线，其平面图中没有折断线。某建筑首层至屋面楼梯平面图如图 3-12 所示。

楼梯平面图表达的主要内容包括以下几个方面。

（1）楼梯在建筑平面图中的位置及有关轴线的布置

（2）楼梯间、楼梯段、楼梯井和休息平台等部位的平面形式和尺寸，楼梯踏步的宽度和踏步数

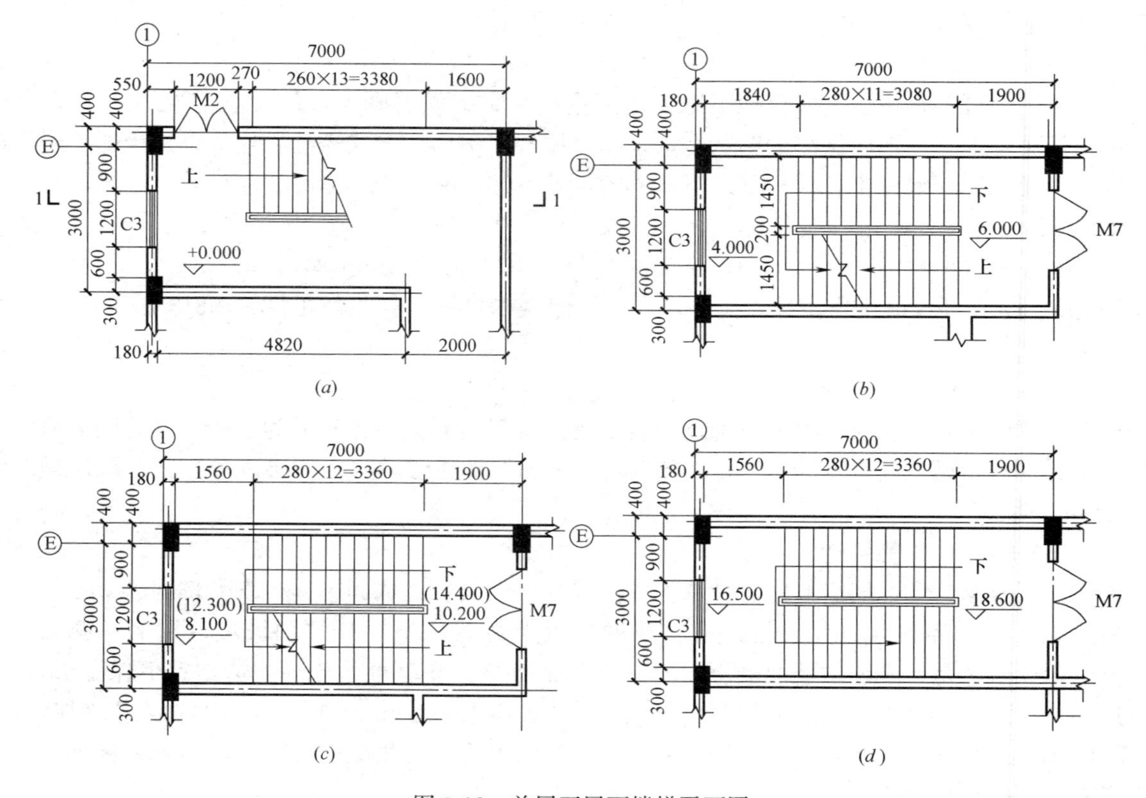

图 3-12　首层至屋面楼梯平面图

（a）首层楼梯平面图（1∶50）；（b）二层楼梯平面图（1∶50）；（c）三、四层楼梯平面图（1∶50）；（d）顶层楼梯平面图（1∶50）

（3）楼梯上行或下行的方向，一般用箭头带尾线表示，箭头表示上下方向，箭尾标注上、下字样及踏步数

（4）楼梯间各楼层平面、休息平台面的标高

（5）底层楼梯休息平台下的空间处理，是过道还是小房间

（6）楼梯间墙、柱、门窗的平面位置、编号和尺寸

（7）栏杆（板）、扶手、楼梯间窗或花格等的位置

（8）底层平面图上楼梯剖面图的剖切位置和投射方向

2. 楼梯剖面图的图示内容

楼梯剖面图是按楼梯底层平面图中的剖切位置及剖切方向画出的垂直剖面图。凡是被剖到的楼梯段、楼地面、休息平台用粗实线画出，并画出材料图例；没有被剖到的楼梯段用中实线或细实线画出轮廓线。在多层建筑中，楼梯剖面图可以只画出底层、中间层和顶层的剖面图，中间用折断线分开，将各中间层的楼面、休息平台的标高数字在所画的中间层相应标注，并加括号。

楼梯剖面图的图示内容包括以下几部分：

1）楼梯间墙的定位轴线及编号，轴线间的尺寸；

2）楼梯的类型及其结构形式，楼梯的梯段及踏步数；

3）楼梯段、休息平台、栏杆（板）、扶手等的构造情况和用料情况；

4）踏步的宽度和高度及栏杆（板）的高度；

5）楼梯的竖向尺寸，进深方向的尺寸和有关标高；

6）踏步、栏杆（板）、扶手等细部的详图索引符号。

与图 3-12 楼梯平面图对应的楼梯 1-1 剖面图如图 3-13 所示，从图中可以看出：

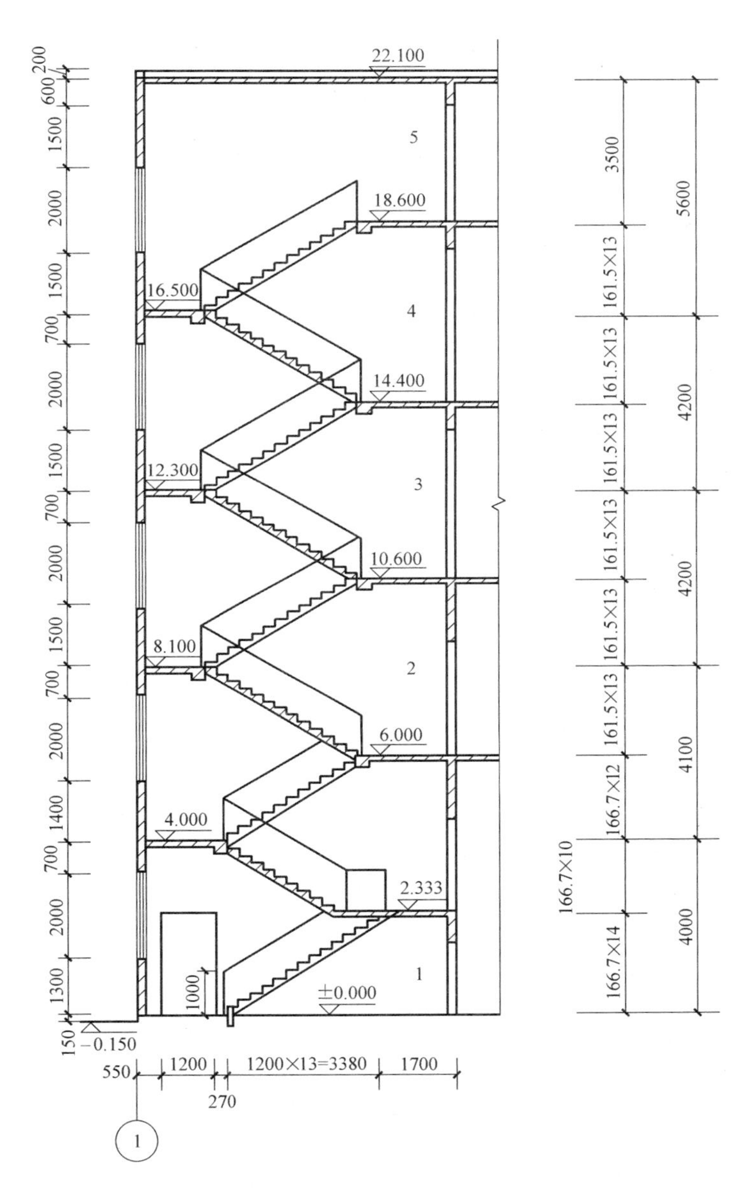

图 3-13　楼梯 1-1 剖面图（1：50）

（1）图名和比例

图 3-12 是首层至屋面楼梯平面图，比例是 1：50。注意各层楼梯平面图的区别。图 3-13 是 1-1 楼梯剖面图，比例为 1：50，剖切平面的位置和投影方向在首层楼梯平面图

中表示。

（2）楼梯的类型和走向

该楼梯首层为三跑楼梯，其余层为双跑楼梯，由标注的“上”、“下”箭头可知楼梯的走向。

（3）楼梯间的尺寸

由图 3-12 中标注的尺寸可知，楼梯间的开间为 3000mm，进深为 7000mm。

（4）休息平台的宽度和标高

休息平台分为中间平台和楼层平台。如三层楼梯平面图中，中间平台净宽 1560mm，楼层平台宽 1900mm；二层、三层之间的中间平台标高为 8.10m，楼层平台的标高是 10.20m。

（5）梯段的级数、水平长度和踏步面的宽度、高度

这些数据都可以由图 3-12 中标注的尺寸得到。如三层楼梯平面图中标注“280×12＝3360”，说明这一梯段共 12＋1＝13 级，每级踏步面的宽度是 280mm，所以这一梯段的水平长度是 3360mm。对应剖面图中该段的尺寸标注为“161.5×13＝2100”，说明这一梯段共 13 级，每级踏步的高度是 161.5mm，这一梯段的高度是 2100mm。

3. 楼梯踏步、栏杆及扶手详图

楼梯踏步由水平踏步和垂直踢面组成。踏步详图即表明踏步截面形状及大小、材料与面层做法。踏面边沿磨损较大、易滑跌，常在踏步平面靠沿部位设置一条或两条防滑条。

栏杆与扶手是为上下行人安全而设，靠楼梯段和平台悬空一侧设置栏杆或栏板，上面做扶手，扶手样式与大小及所用材料要满足一般手握适度弯曲情况。由于踏步与栏杆、扶手是详图中的详图，所以，要用详图索引标志画出详图。

现以图 3-14 楼梯踏步、栏杆、扶手详图为例，从图中可以看出：

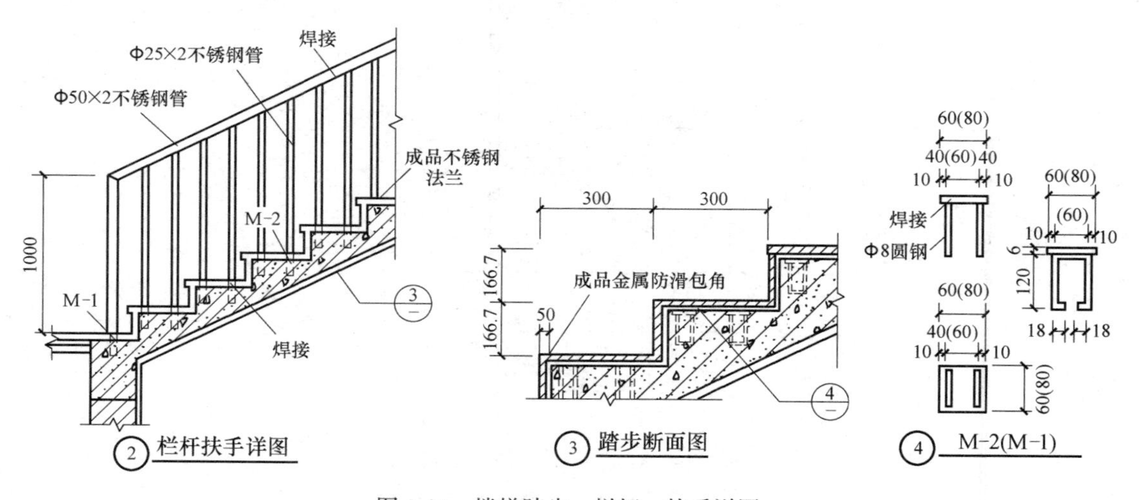

图 3-14　楼梯踏步、栏杆、扶手详图

（1）楼梯的扶手高 1000mm，使用直径 50mm、壁厚 2mm 的不锈钢管，扶手和栏杆连接方式采用焊接方式。

（2）楼梯踏步的做法通常与楼地面相同。踏步的防滑使用成品金属防滑包角。

（3）楼梯栏杆底部与踏步上的预埋件 M-1、M-2 通过焊接连接，连接后盖不锈钢法兰。预埋件详图用三面表投影图示出了预埋件的具体形状、尺寸以及做法，括号内的数字表示的是预埋件 M-1 的尺寸。

3.6.4 门窗详图

门在建筑中的主要功能是交通、分隔、防盗，兼作通风、采光。窗的主要作用是通风、采光。门窗洞口的基本尺寸，1000mm 以下时按 100mm 为增值单位增加尺寸；1000 以上时，按 300mm 为增值单位增加尺寸。门窗详图，一般都有分别由各地区建筑主管部门批准发行的各种不同规格的标准图（通用图），供设计者选用。若采用标准详图，则在施工图中只需说明该详图所在标准图集中的编号即可；如果未采用标准图集时，则必须画出门窗详图。

门窗详图一般用立面图、节点详图、断面图和文字说明等来表示。

详图内容及其图示特点如下。

1. 立面图

所用比例较小，只表示窗的外形、开启方式及方向、主要尺寸、节点索引符号等内容。立面图上所标注的尺寸有三道：第一道为窗洞口尺寸；第二道为窗框外包尺寸；第三道为窗扇、窗框尺寸。窗洞口尺寸应与建筑平面、剖面图的洞口尺寸一致。窗框和窗扇尺寸均为成品的净尺寸。立面图上的线型除外轮廓线用中粗线外，其余均为细实线。

2. 节点详图

一般有剖面图、断面图、安装图等。节点详图比例较大，能表示各窗料的断面形状、定位尺寸、安装位置和窗框、窗扇的连接关系等内容。

铝合金门窗、塑钢门窗及钢门窗和木制门窗相比，在坚固、耐久、耐火和密闭等性能上都较优越，而且节约木材，透光面积较大，各种开启方式如平开、翻转、立转、推拉等都可适应，是目前在建筑工程中应用较多的门窗形式之一。铝合金门窗、塑钢门窗、木门窗的表达方式都大同小异。

现以图 3-15 为例，说明铝合金推拉窗详图的读图方法和步骤。

（1）所使用比例较小，1∶20，只表示窗的外形、开启方式及方向、主要尺寸以及节点索引符号等内容，如图 3-15（*a*）所示。立面图尺寸通常有三道：第一道为窗洞口尺寸；第二道为窗框外包尺寸；第三道为窗扇、窗框尺寸。窗洞口尺寸应同建筑平面图、剖面图的窗洞口尺寸一致。窗框和窗扇尺寸均为成品的净尺寸。立面图上的线型，除轮廓线用粗实线外，其余均用细实线。

（2）一般画出剖面图和安装图，并分别注明详图符号，以便与窗立面图相对应。节点详图比例较大，能表示各窗料的断面形状、定位尺寸、安装位置和窗扇与窗框的连接关系等内容，如图 3-15（*b*）所示。

（3）用较大比例（1∶5、1∶2）将各不同窗料的断面形状单独画出，注明断面上各截口的尺寸，以便于下料加工，如图 3-15（*c*）的 L060503 详图。有时，为减少工作量，往往将断面图与节点详图结合画在一起。

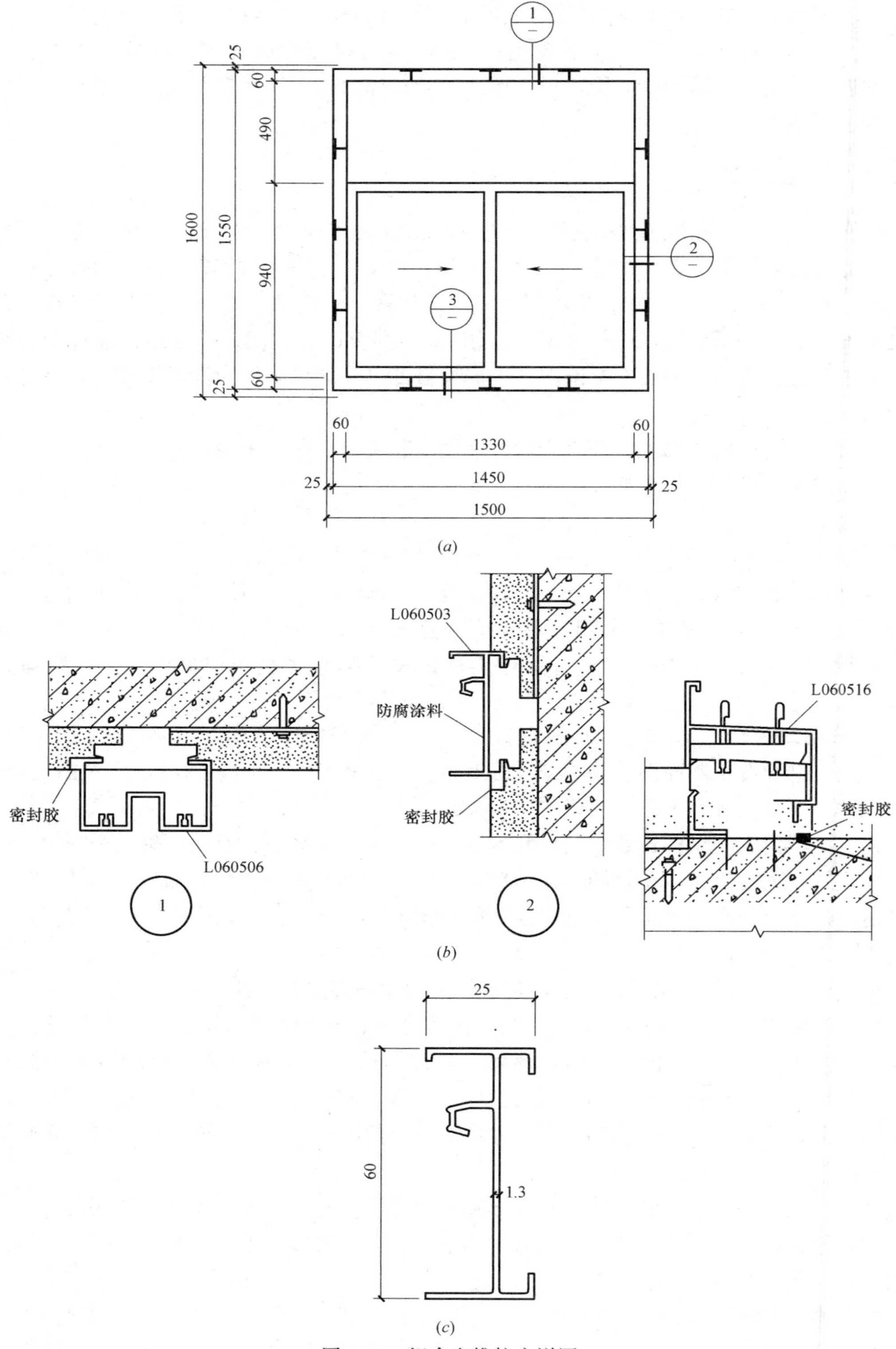

图 3-15 铝合金推拉窗详图

(*a*) 立面图 (1∶20); (*b*) 安装节点图 (1∶3); (*c*) L060503 详图 (1∶1)

3.6.5 卫生间详图

卫生间详图主要表达卫生间内各种设备的位置、形状及安装做法等。卫生间详图有平面详图、全剖面详图、局部剖面详图、设备详图、断面图等。其中，平面详图是必要的，其他详图根据具体情况选取采用，只要能将所有情况表达清楚即可。

卫生间平面详图是将建筑平面图中的卫生间用较大比例，如 1∶50、1∶40、1∶30 等，把卫生设备一并详细地画出的平面图。卫生间平面详图表达出各种卫生设备在卫生间内的布置、形状和大小。

卫生间平面详图的线型与建筑平面图相同，各种设备可见的投影线用细实线表示，必要的不可见线用细虚线表示。当比例≤1∶50 时，其设备按图例表示。当比例>1∶50 时，其设备应按实际情况绘制。如各层的卫生间布置完全相同，则只画其中一层的卫生间即可。

平面详图除标注墙身轴线编号、轴线间距和卫生间的开间、进深尺寸外，还要注出各卫生设备的定量、定位尺寸和其他必要的尺寸，以及各地面的标高等，平面图上还应标注剖切线位置、投影方向及各设备详图的详图索引标志等。

现以图 3-16 为例，说明厨卫大样图的读图方法和步骤。

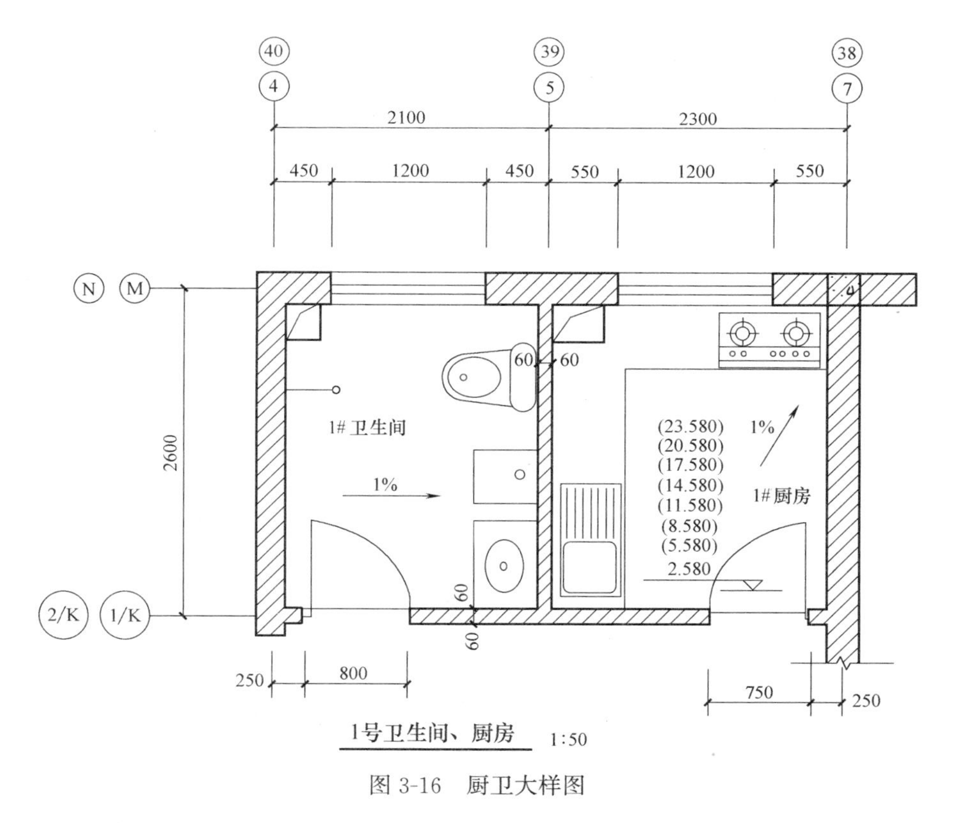

图 3-16 厨卫大样图

（1）此厨卫大样图显示的是④、⑤、⑦轴线和㊵、㊴、㊳轴线间厨房与卫生间相邻布置的情况：

（2）在左侧的是1号卫生间，门宽800mm，距④、㊵墙轴线之间的距离为250mm，Ⓝ、Ⓜ上的窗宽为1200mm，在④与⑤轴线之间居中布置，房间内进门沿⑤、㊴轴线依次布置的有洗脸盆、拖布池、坐便，对面沿④轴布置的有淋浴喷头，在④、㊵轴和Ⓜ、Ⓝ轴交角的位置是卫生间排气道，可选用图集2000YJ205的做法。

（3）在右侧的是1号厨房，门宽为750mm，距⑦、㊳墙轴线间距为250mm，窗宽1200mm，布置在⑤与⑦轴线间居中位置，房间内进门沿⑤、㊴轴线布置的有洗菜池，在Ⓝ、Ⓜ轴与⑦、㊳交角的位置布置煤气灶，对面沿⑤、㊴轴与Ⓜ、Ⓝ轴交角的位置是厨房排烟道，排烟道按照建筑层数及其功能也可选用图集2000YJ205的做法。

一般民用建筑构造图识图诀窍

4.1 墙体施工图识图

4.1.1 墙体类型和承重方案

作为建筑的重要组成部分，墙体在建筑中分布广泛。如图 4-1 所示，为某宿舍楼的水平剖切立体图，从图中可以看到很多面墙，由于这些墙所处位置不同及建筑结构布置方案的不同，其在建筑中起的作用也不同。

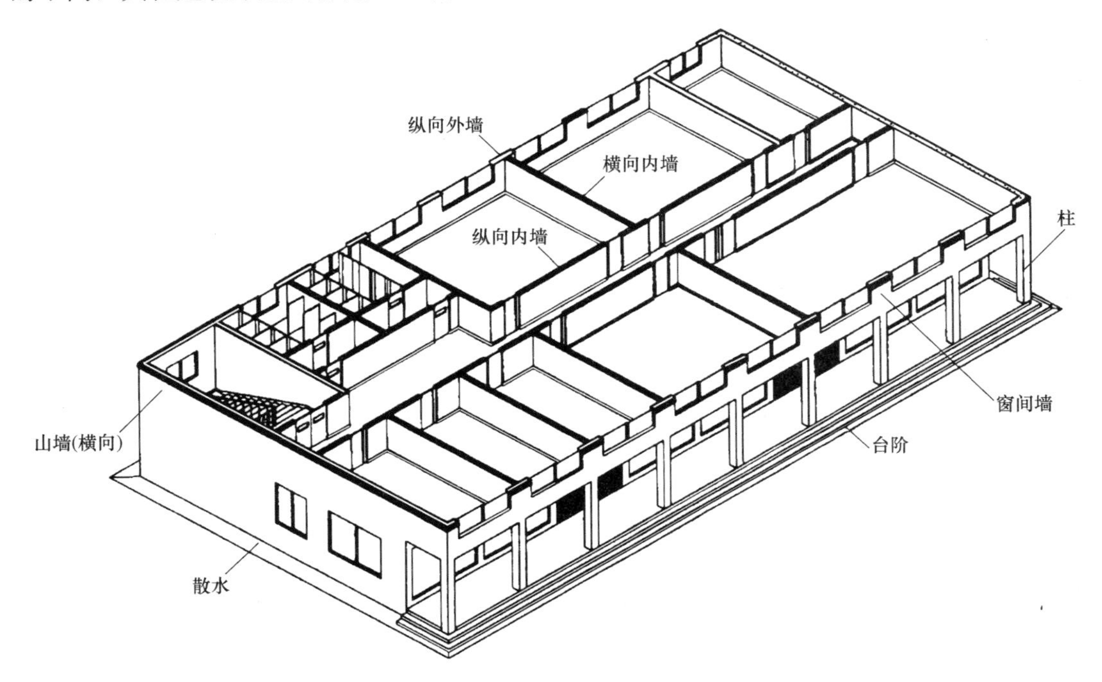

图 4-1 墙体的位置、作用和名称

1. 墙体类型

（1）按位置分类

墙体按所处的位置不同，分为外墙和内墙。外墙又称外围护墙。墙体按布置方向，又可以分为纵墙和横墙。沿建筑物长轴方向布置的墙称为**纵墙**；沿建筑物短轴方向布置的墙称为**横墙**。外横墙又称山墙。另外，窗与窗、窗与门之间的墙，称为**窗间墙**；窗洞下部的墙，称为**窗下墙**；屋顶上部的墙称为**女儿墙**，如图 4-2 所示。

（2）按受力情况分类

根据墙体的受力情况不同，可分为**承重墙**和**非承重墙**。凡直接承受楼板（梁）、屋顶等传来荷载的墙，称为**承重墙**；不承受这些外来荷载的墙，称为**非承重墙**。非承重墙包括**隔墙**、**填充墙**和**幕墙**。在非承重墙中，不承受外来荷载、仅承受自身重力并将其传至基础的墙，称为**自承重墙**；仅起分隔空间的作用，自身重力由楼板或梁来承担的墙，称为**隔墙**；在框架结构中填充在柱子之间的墙，称为**填充墙**，内填充墙是隔墙的一种；悬挂在建筑物外部的轻质墙，称为**幕墙**，有金属幕墙和玻璃幕墙等。幕墙和外填充墙虽不能承受楼板和屋顶的荷载，但承受风荷载并将其传给骨架结构。

（3）按材料分类

按所用材料的不同，墙体有砖和砂浆砌筑的砖墙、利用工业废料制作的各种砌块砌筑的砌块墙、现浇或预制的钢筋混凝土墙、石块和砂浆砌筑的石墙等。

（4）按构造形式分类

按构造形式不同，墙体可分为**实体墙**、**空体墙**和**组合墙**三种（图 4-3）。实体墙是由烧结普通砖及其他实体砌块砌筑而成的墙；空体墙内部的空腔可以靠组砌形成，例如空斗墙，也可用本身带孔的材料组合而成，例如空心砌块墙等；组合墙由两种以上材料组合而成，例如加气混凝土复合板材墙，其中混凝土起承重作用，加气混凝土起保温、隔热作用。

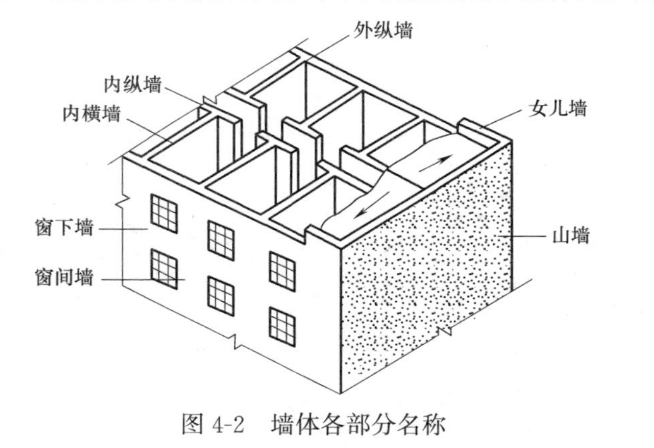

图 4-2 墙体各部分名称

(*a*) (*b*) (*c*)

图 4-3 墙体构造形式

（*a*）实体墙；（*b*）空体墙；（*c*）组合墙

（5）按施工方法分类

根据施工方法的不同，墙体可分为砌块墙、板筑墙和板材墙三种。砌块墙是用砂浆等胶结材料将砖、石、砌块等组砌而成的，例如实砌砖墙；板筑墙是在施工现场立模板现浇而成的墙体，例如现浇混凝土墙；板材墙是预先制墙板，在施工现场安装、拼接而成的墙体，例如预制混凝土大板墙。

2. 墙体的承重方案

墙体有四种承重方案：横墙承重、纵墙承重、纵横墙承重和内框架承重。

(1) 横墙承重

是将楼板及屋面板等水平承重构件搁置在横墙上，如图 4-4 (*a*) 所示，楼面及屋面荷载依次通过楼板、横墙、基础传递给地基，纵墙只起纵向稳定和拉结以及承受自重的作用。这种方案适用于房间开间尺寸不大、墙体位置比较固定的建筑，如宿舍、旅馆、住宅等。

(2) 纵墙承重

是将楼板及屋面板等水平承重构件均搁置在纵墙上，楼面及屋面荷载依次通过楼板(梁)、纵墙、基础传递给地基，横墙只起分隔空间和连接纵墙的作用，如图 4-4 (*b*) 所示。这种方案适用于使用上要求有较大空间的建筑，如办公楼、商店、教室、阅览室等。

(3) 纵横墙承重

由纵横两个方向的墙体共同承受楼板、屋顶荷载的结构布置，也称混合承重方案，如图 4-4 (*c*) 所示。这种方案适用于房间开间、进深变化较多的建筑，如医院、幼儿园等。

(4) 内框架承重

房屋内部采用柱、梁组成的内框架承重，四周采用墙承重，由墙和柱共同承受水平承重构件传来的荷载，称为内框架承重，如图 4-4 (*d*) 所示。这种方案适用于室内需要大空间的建筑，如大型商店、餐厅等。

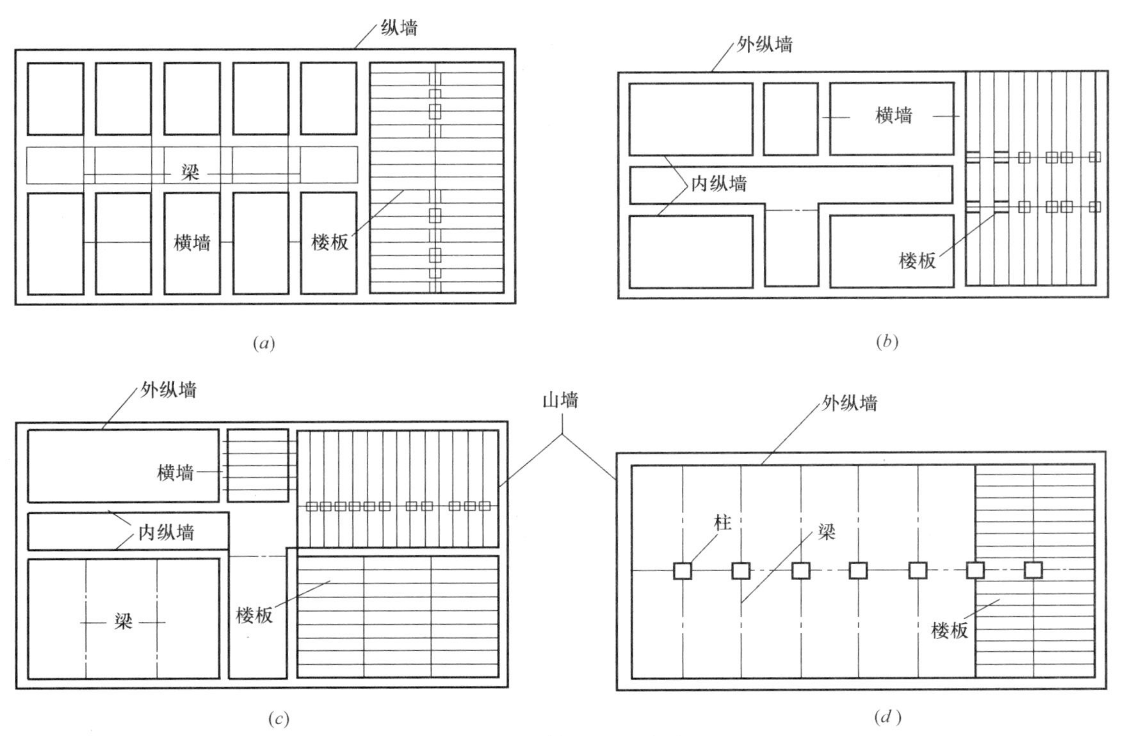

图 4-4 墙体的承重方案

(*a*) 横墙承重；(*b*) 纵墙承重；(*c*) 纵横墙承重；(*d*) 内框架承重

4.1.2 墙体细部构造图识图

1. 砖墙的基本构造形式

砖是传统的砌墙材料，按照砖的外观形状可以分成三种，即普通实心砖（标准砖）、多孔砖和空心砖。

（1）砖的尺寸

标准砖的规格为 53mm×115mm×240mm，如图 4-5（*a*）所示。在加入灰缝尺寸之后，砖的长、宽、厚之比为 4∶2∶1，如图 4-5（*b*）所示。即一个砖长等于两个砖宽加灰缝（240mm＝2×115mm＋10mm），或等于四个砖厚加三个灰缝（240mm＝4×53mm＋3×9.5mm）。在工程实际应用中，砌体的组合模数为一个砖宽加一个灰缝，即 115mm＋10mm＝125mm。

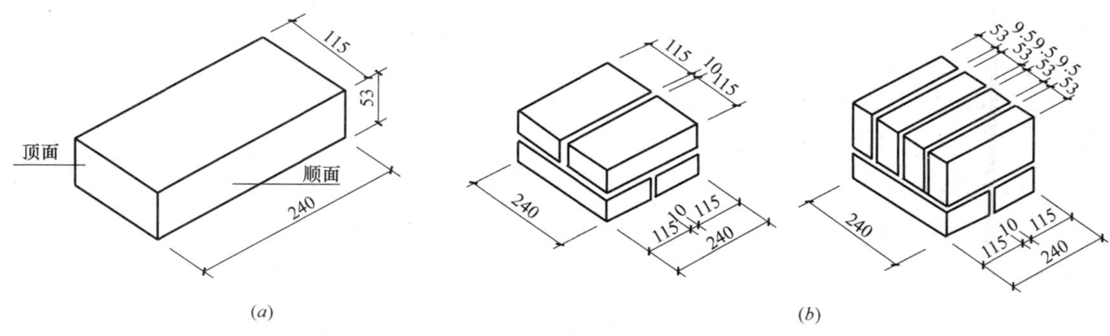

图 4-5 标准砖的尺寸关系

（*a*）标准砖的尺寸；（*b*）标准砖的组合尺寸关系

空心砖的尺寸随各地形式的不同而不同，如三孔砖为 240mm×115mm×115mm（相当于两块标准砖），七孔砖为 240mm×180mm×115mm（相当于三块标准砖），如图 4-6 所示。

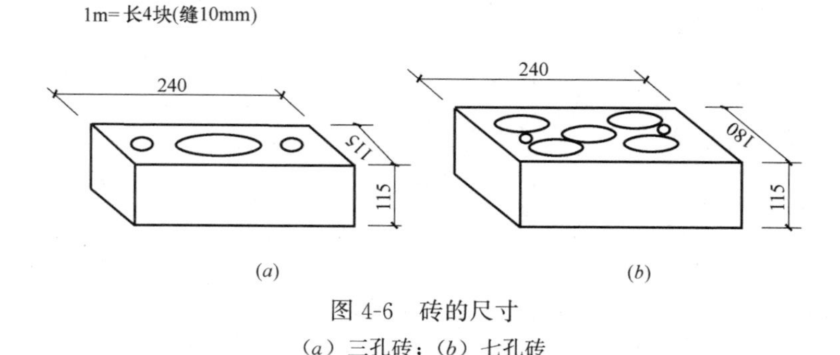

图 4-6 砖的尺寸

（*a*）三孔砖；（*b*）七孔砖

（2）砖墙的组砌方式

组砌是指砌块在砌体中的排列，组砌的关键是错缝搭接，使上下皮砖的垂直缝交错，保证砖墙的整体性。图 4-7 为砖墙组砌名称及错缝。当墙面不抹灰作清水时，组砌还应考虑墙面图案的美观。在砖墙的组砌中，把砖的长方向垂直于墙面砌筑的砖，称为**丁砖**；把砖长方向平行于墙面砌筑的砖，称为**顺砖**。上下皮之间的水平灰缝，称为**横缝**；左右两块砖之间的垂直缝，称为**竖缝**。要求横平竖直、灰浆饱满、上下错缝、内外搭接，上下错缝长度不小于 60mm。

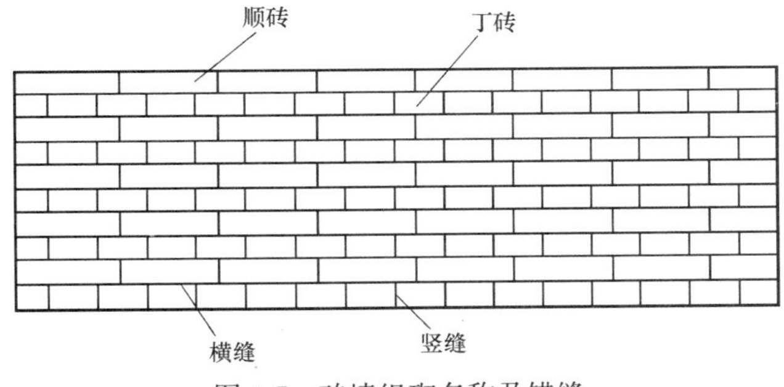

图 4-7　砖墙组砌名称及错缝

1）实体砖墙：即用烧结普通砖砌筑的不留空隙的砖墙。实体砖墙的砌筑方式如图 4-8 所示。

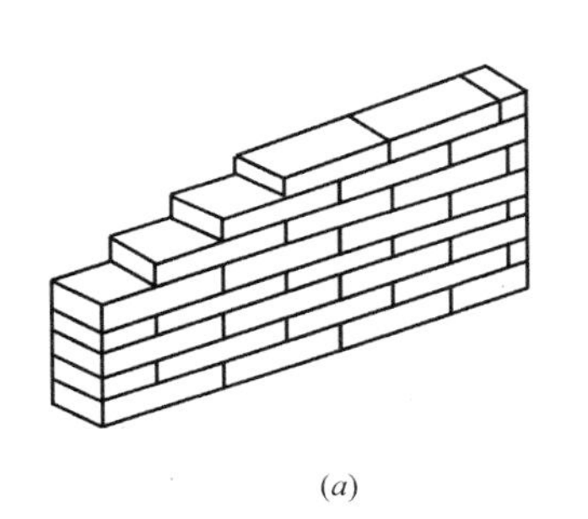

(*a*)

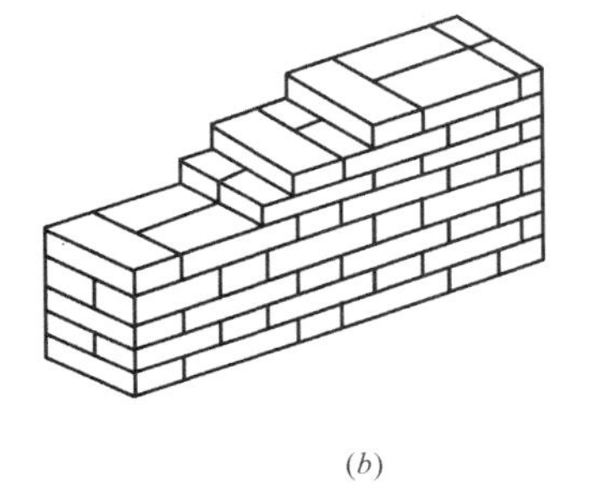

(*b*)

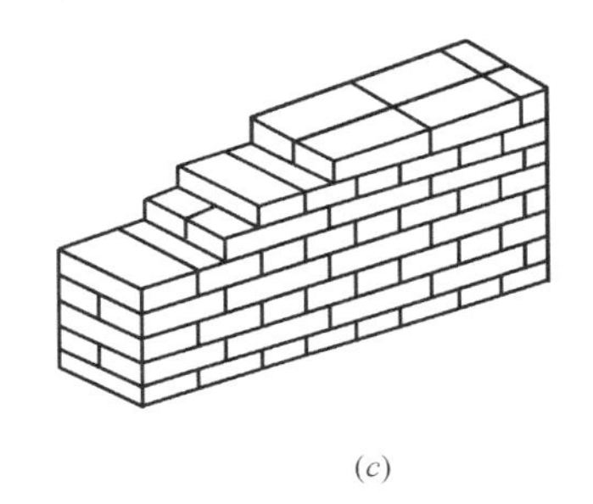

(*c*)

图 4-8　实体砖墙的组砌方式

(*a*) 全顺式；(*b*) 梅花丁；(*c*) 一顺一丁

2）空斗墙：即用实心烧结普通砖侧砌或侧砌与平砌结合砌筑，内部形成空心的墙体。一般，把侧砌的砖叫斗砖，平砌的砖叫眠砖，如图 4-9 所示。

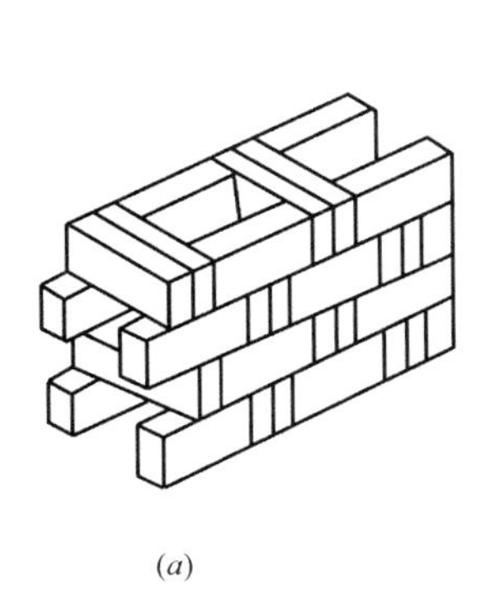

(*a*)

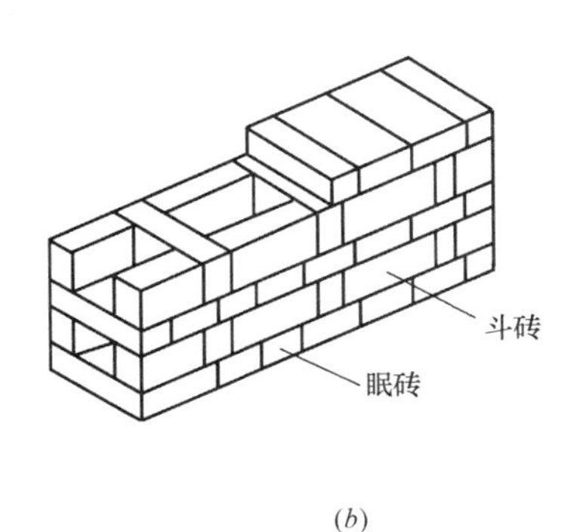

(*b*)

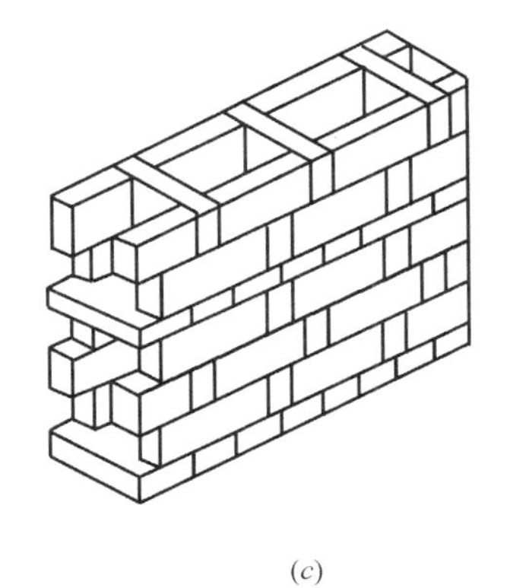

(*c*)

图 4-9　空斗墙的组砌方式

(*a*) 无眠空斗；(*b*) 一眠一斗；(*c*) 一眠二斗

空斗墙与实体砖墙相比，用料省、质轻、保温隔热好，适用于炎热、非震区的低层民用建筑。

3）组合墙：即用砖和其他保温材料组合形成的墙。这种墙可改善普通墙的热工性能，常用在我国北方寒冷地区。组合墙体的做法有三种类型：一是在墙体的一侧附加保温材料；二是在砖墙的中间填充保温材料；三是在墙体中间留置空气间层，如图 4-10 所示。

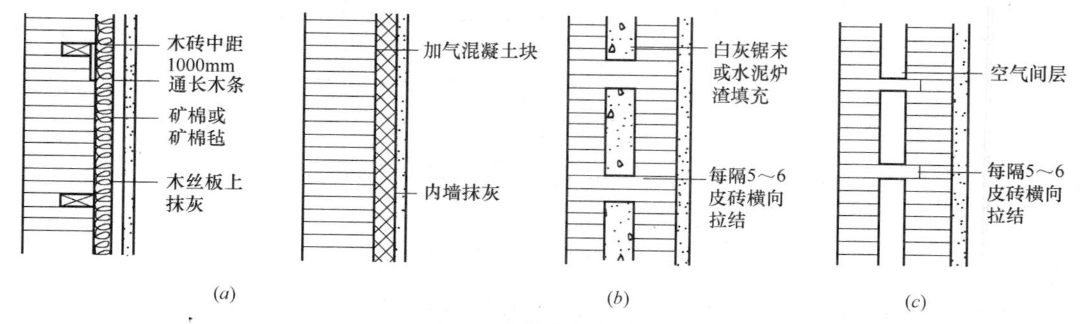

图 4-10　复合墙的构造

(a) 单面敷设保温材料；(b) 中间填充保温材料；(c) 墙中留空气间层

(3) 砌块的组砌方式

砌块墙在砌筑前，必须进行砌块排列设计，尽量提高砌块的使用率和避免镶砖或少镶砖。砌块排列如图 4-11 所示，从图中可以看出砌块的排列应使上下皮错缝，搭接长度一般为砌块长度的 1/4，并且不应小于 150mm。当无法满足搭接长度要求时，应在灰缝内设 $\phi 4$ 钢筋网片连接。

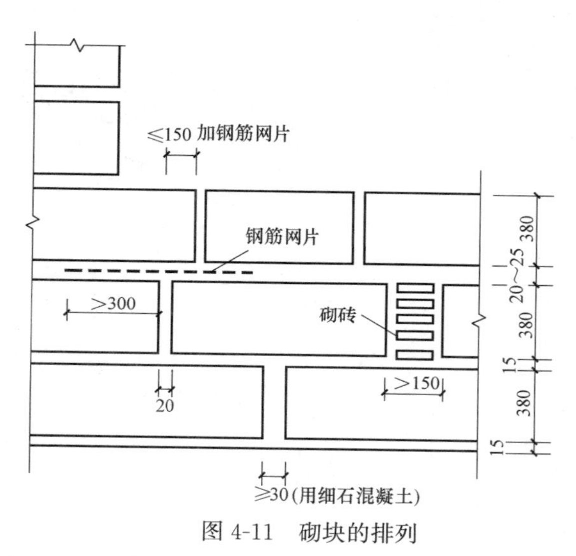

图 4-11　砌块的排列

砌块墙的灰缝宽度一般为 10～25mm，用 M5 砂浆砌筑。当垂直灰缝大于 30mm 时，则需用 C10 细石混凝土灌实。由于砌块尺寸大，一般不存在内外皮间的搭接问题，在纵横交接处和外墙转角处均应咬接，如图 4-12 所示。

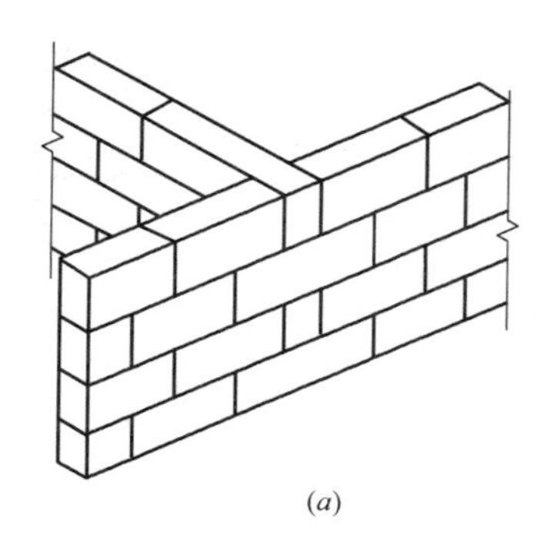
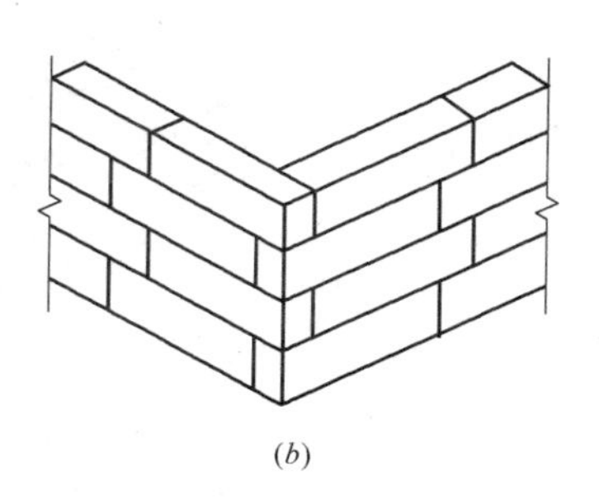

(a)　(b)

图 4-12　砌块的咬接

(a) 纵横墙交接；(b) 外墙转角交接

2. 砖墙的细部构造

砖墙的细部构造包括散水和明沟、勒脚、墙身防潮层、窗台、过梁、圈梁和构造柱、烟道、通风道、垃圾道等。

（1）散水和明沟

为了防止屋顶落水或地表水侵入勒脚而危害基础，必须将建筑物周围的积水及时排离，其做法有以下两种：

1）散水。在建筑物外墙四周做坡度为3%～5%的护坡，将积水排离建筑物，护坡宽度一般为600～1000mm，这种做法称为散水。散水也称散水坡、护坡，是沿建筑物外墙四周设置的向外倾斜的坡面，其作用是把屋面下落的雨水排到远处，进而保护建筑四周的土，降低基础周围土的含水率。为保证屋面雨水能够落在散水上，当屋面采用无组织排水方式时，散水的宽度应比屋檐的挑出宽度宽200mm左右。散水的做法通常有砖散水、块石散水、混凝土散水等，如图4-13所示。

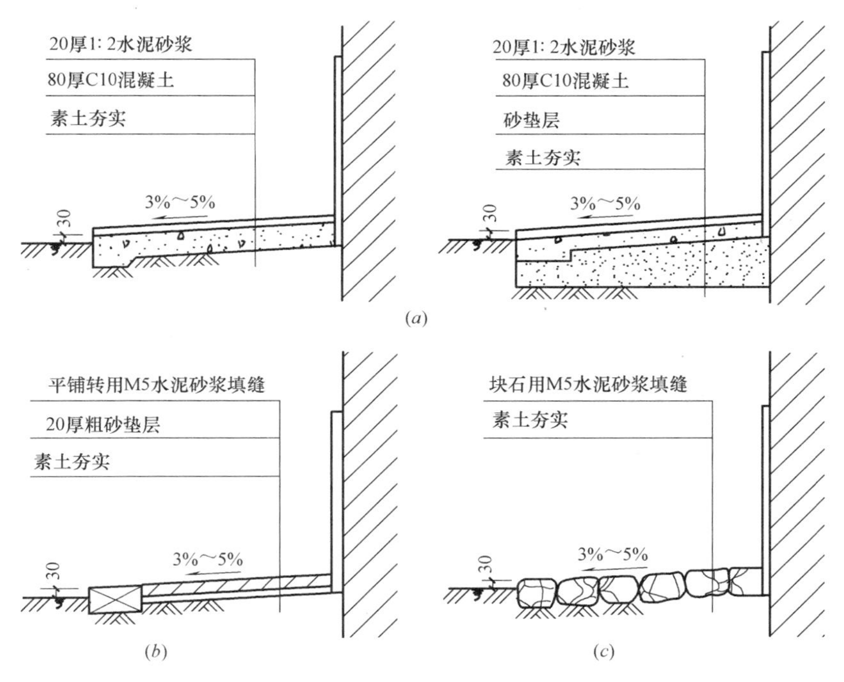

图4-13　散水的构造

（*a*）混凝土散水；（*b*）砖散水；（*c*）块石散水

散水垫层为刚性材料时，每隔6～15m应设置伸缩缝，伸缩缝及散水和建筑外墙交界处应用沥青填充，以防建筑物外墙下沉时将散水拉裂。

2）明沟。在建筑物四周设排水沟，将水有组织地导向集水井，然后流入排水系统，这种做法称为明沟。

明沟通常用混凝土浇筑成宽180mm、深150mm的沟槽，也可用砖、石砌筑，如图4-14所示。沟底应有不小于1%的纵向排水坡度，应与室外排水系统连接，不宜过长；否则，断面会很深。

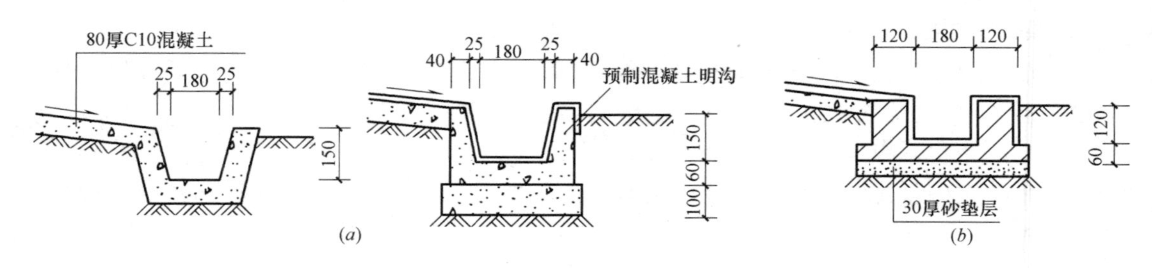

图 4-14 明沟的构造

（*a*）混凝土明沟；（*b*）砖砌明沟

（2）勒脚

勒脚是外墙墙身与室外地面接近的部位。其主要作用是：加固墙身，防止因外界机械碰撞而使墙身受损；保护近地墙身，避免受雨雪的直接侵蚀、受冻以致破坏；装饰立面。因此，勒脚应坚固、防水和美观。常见的做法有以下几种：

1）在勒脚部位抹 20～30mm 厚 1∶2 或 1∶2.5 的水泥砂浆，或做水刷石、斩假石等，如图 4-15（*a*）所示。

2）在勒脚部位加厚 60～120mm，再用水泥砂浆或水刷石等罩面。

3）在勒脚部位镶贴防水性能好的材料，如大理石板、花岗石板、水磨石板、面砖等，如图 4-15（*b*）所示。

4）用天然石材砌筑勒脚，如图 4-15（*c*）所示。

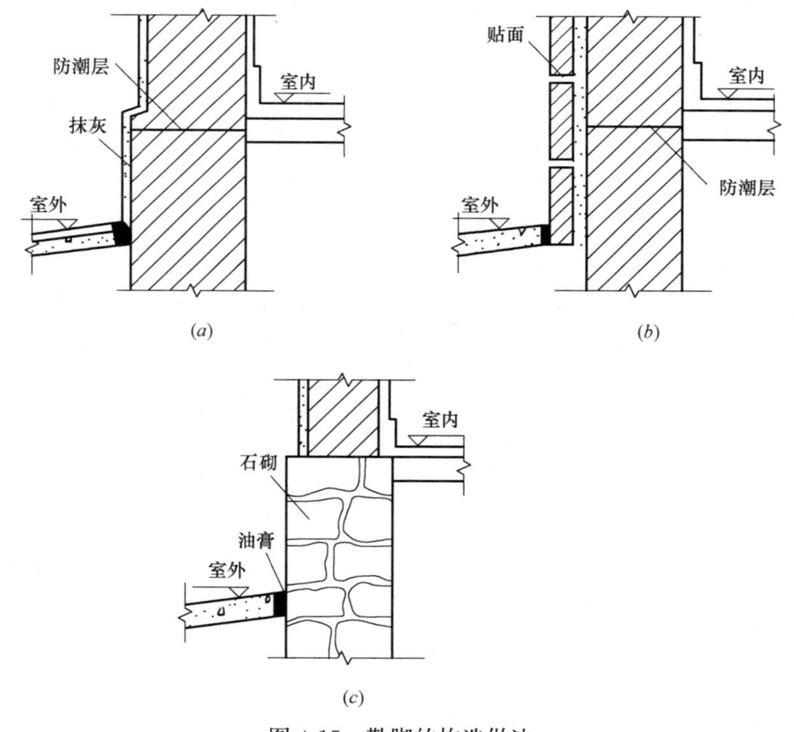

图 4-15 勒脚的构造做法

（*a*）抹灰；（*b*）贴面；（*c*）石材砌筑

勒脚的高度一般应在 500mm 以上，考虑立面美观，应与建筑物的整体形象结合而定。

（3）墙身防潮层

为防止地下土壤中的潮气沿墙体上升和地表水对墙体的侵蚀，提高墙体的坚固性与耐久性，确保室内干燥、卫生，应当在墙身中设置防潮层。防潮层有水平防潮层和垂直防潮层两种。

1）水平防潮层。所有墙体的根部均应设置水平防潮层。当首层地面为实铺时，防潮层的位置通常选择在－0.060m 处，以保证隔潮的效果，如图 4-16（*a*）所示。防潮层的位置关系到防潮的效果，位置不当，就不能完全地阻隔地下的潮气，如图 4-16（*b*）、（*c*）所示。

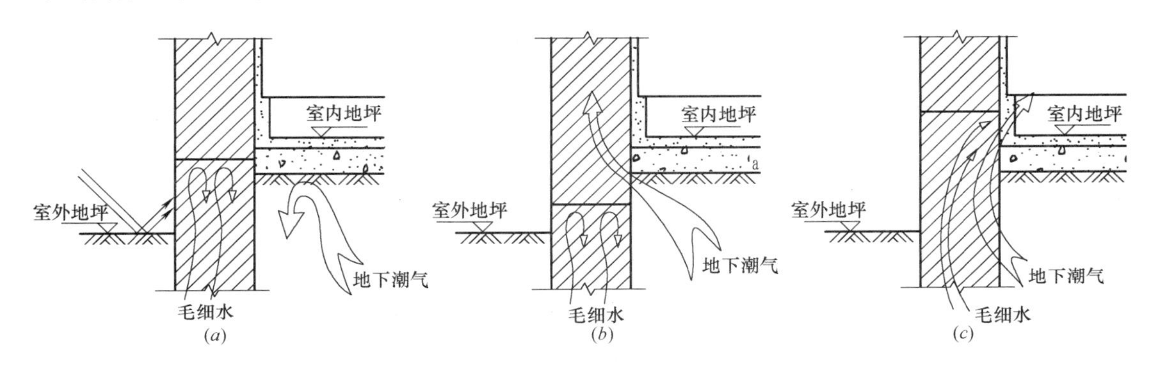

图 4-16 水平防潮层的位置

（*a*）位置适当；（*b*）位置偏低；（*c*）位置偏高

水平防潮层主要有四种做法：

① 油毡防潮：在防潮层部位抹 20mm 厚 1∶3 水泥砂浆找平层，然后在找平层上干铺一层油毡或者做一毡二油。一毡二油即先浇热沥青，再铺油毡，最后再浇热沥青。为了确保防潮效果，油毡的宽度应当比墙宽 20mm，油毡搭接应不小于 100mm。这种做法防潮效果好，但破坏了墙身的整体性，不应当在地震区采用，如图 4-17（*a*）所示。

② 防水砂浆防潮：在防潮层部位抹 20mm 厚 1∶2 的防水砂浆。防水砂浆是在水泥砂浆中掺入了水泥重量 5%的防水剂，防水剂与水泥混合凝结，能填充微小孔隙和堵塞、封闭毛细孔，从而阻断毛细水。此种做法省工、省料，且能保证墙身的整体性，但容易因砂浆开裂而降低防潮效果，如图 4-17（*b*）所示。

③ 防水砂浆砌砖防潮：在防潮层部位用防水砂浆砌筑 3～5 皮砖，如图 4-17（*c*）所示。

④ 细石混凝土防潮：在防潮层部位浇筑 60mm 厚与墙等宽的细石混凝土带，内配 3ϕ6 或 3ϕ8 钢筋。这种防潮层的抗裂性好，并且能与砌体结合成一体，特别适用于刚度要求较高的建筑中。

当建筑物设有基础圈梁，并且其截面高度在室内地坪以下 60mm 附近时，可以由基础圈梁代替防潮层，如图 4-17（*d*）所示。

2）垂直防潮层。当室内地坪出现高差或室内地坪低于室外地坪时，除了在相应位置设水平防潮层外，还应在两道水平防潮层之间靠土壤的垂直墙面上做垂直防潮层。具体做法是：先用水泥砂浆将墙面抹平，再涂一道冷底子油（沥青用汽油、煤油等溶解后的溶

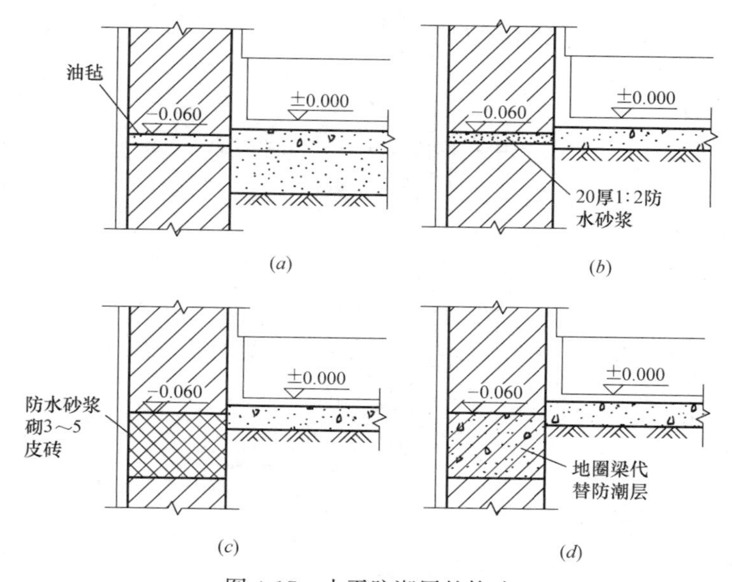

图 4-17 水平防潮层的构造

（a）油毡防潮；（b）防水砂浆防潮；（c）防水砂浆砌砖防潮；（d）细石混凝土防潮

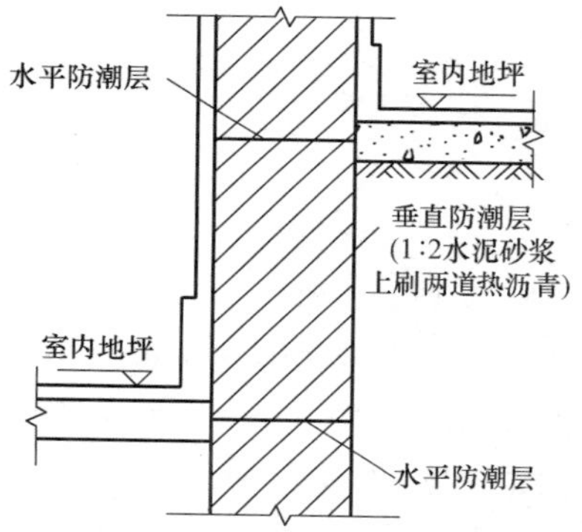

图 4-18 垂直防潮层的构造

液），两道热沥青（或做一毡二油），如图 4-18 所示。

（4）窗台

窗台是窗洞下部的构造，用来排除窗外侧流下的雨水和内侧的冷凝水，并起一定的装饰作用。位于窗外的叫外窗台，位于室内的叫内窗台，如图 4-19 所示。当墙很薄，窗框沿墙内缘安装时，可不设内窗台。

1）外窗台。外窗台如图 4-19（a）所示，外窗台面一般应低于内窗台面，并应形成 5%的外倾坡度，以利排水，防止雨水流入室内。外窗台的构造有悬挑窗台和不悬挑窗台两种。悬挑窗台常用砖平砌或侧砌挑出 60mm。窗台表面的坡度可由斜砌的砖形成或用 1∶2.5 水泥砂浆抹出，并在挑砖下缘前端抹出滴水槽或滴水线。如果外墙饰面为瓷砖、陶瓷马赛克等易于冲洗的材料，可不

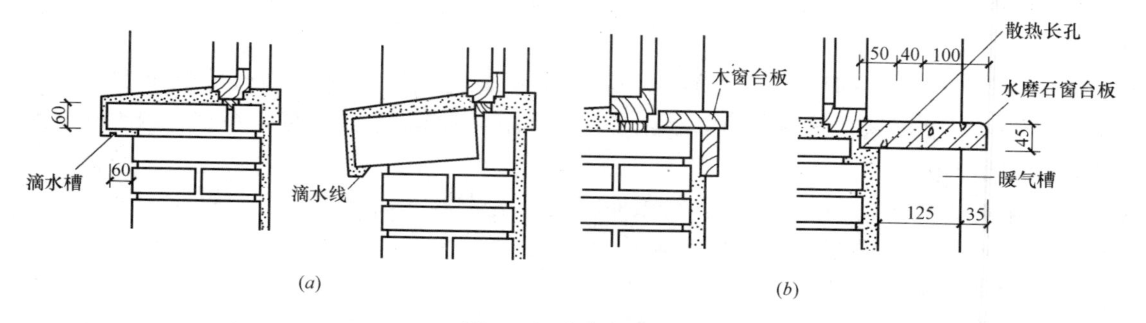

图 4-19 窗台的构造

（a）外窗台；（b）内窗台

做悬挑窗台，窗下墙的脏污可借窗上墙流下的雨水冲洗干净。

2）内窗台。内窗台如图 4-19（*b*）所示。内窗台可直接抹 1∶2 水泥砂浆形成面层。北方地区墙体厚度较大时，常在内窗台下留置暖气槽。这时，内窗台可采用预制水磨石或木窗台板。

（5）过梁

过梁是指设置在门窗洞口上部的横梁，用来承受洞口上部墙体传来的荷载并传给窗间墙。按过梁采用的材料和构造来分，常用的有砖拱过梁、钢筋砖过梁和钢筋混凝土过梁。

1）砖拱过梁。砖拱过梁有平拱和弧拱两种，工程中多用平拱。平拱砖过梁由普通砖侧砌和立砌形成，砖应为单数并对称于中心向两边倾斜。灰缝呈上宽（≤15mm）、下窄（≥5mm）的楔形，如图 4-20 所示。

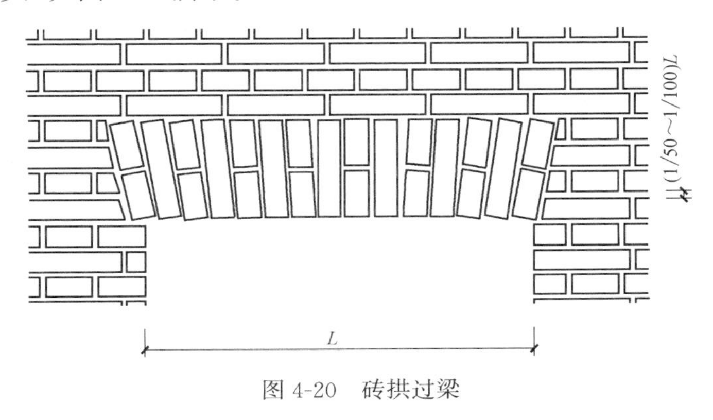

图 4-20　砖拱过梁

平拱砖过梁的跨度不应超过 1.2m。它节约钢材和水泥，但施工麻烦，整体性差，不宜用于上部有集中荷载、有较大振动荷载或可能产生不均匀沉降的建筑。

2）钢筋砖过梁。钢筋砖过梁是在门窗洞口上部的砂浆层内配置钢筋的平砌砖过梁。钢筋砖过梁的高度应经计算确定，一般不少于 5 皮砖，且不少于洞口跨度的 1/5。过梁范围内用不低于 MU7.5 的砖和不低于 M2.5 的砂浆砌筑，砌法与砖墙一样，在第一皮砖下设置不小于 30mm 厚的砂浆层，并在其中放置钢筋，钢筋的数量为每 120mm 墙厚不少于 1ϕ6。钢筋两端伸入墙内 250mm，并在端部做 60mm 高的垂直弯钩，如图 4-21 所示。

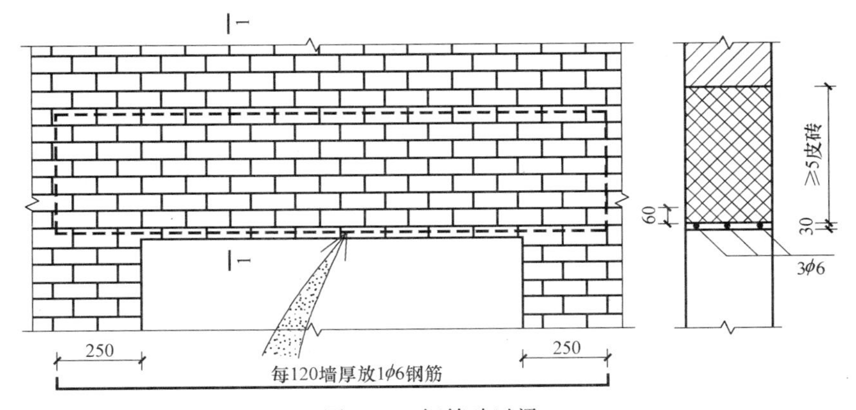

图 4-21　钢筋砖过梁

钢筋砖过梁适用于跨度不超过 1.5m、上部无集中荷载的洞口。当墙身为清水墙时，采用钢筋砖过梁，可使建筑立面获得统一的效果。

3）钢筋混凝土过梁。当门窗洞口跨度超过 2m 或上部有集中荷载时，需要采用钢筋混凝土过梁。钢筋混凝土过梁包括现浇和预制两种。它坚固耐久、施工简便，当前被广泛采用。

钢筋混凝土过梁的截面尺寸及配筋应经计算确定，并应当是砖厚的整倍数，宽度等于墙厚，两端伸入墙内不小于 240mm。

钢筋混凝土过梁的截面形状有矩形和 L 形两种。矩形多用于内墙和外混水墙中，L 形多用于外清水墙和有保温要求的墙体中，此时应当注意 L 口朝向室外，如图 4-22 所示。

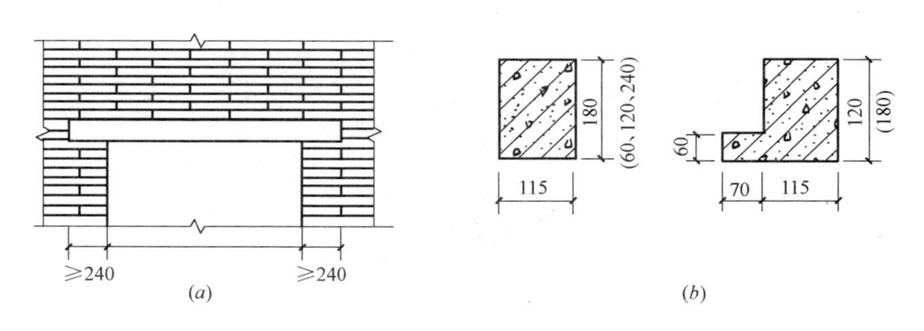

图 4-22 钢筋混凝土过梁

（a）过梁立面；（b）过梁的断面形状和尺寸

（6）圈梁

圈梁是沿建筑物外墙、内纵墙和部分横墙设置的连续封闭的梁。其作用是加强房屋的空间刚度和整体性，防止由于基础不均匀沉降、振动荷载等引起的墙体开裂。

圈梁的数量与建筑物的高度、层数、地基状况和地震烈度有关；圈梁设置的位置与其数量也有一定关系。当只设一道圈梁时，应通过屋盖处；增设时，应通过相应的楼盖处或门洞口上方。

圈梁一般位于屋（楼）盖结构层的下面，如图 4-23（a）所示；对于空间较大的房间和地震烈度 8 度以上地区的建筑，须将外墙圈梁外侧加高，以防楼板水平位移，如图 4-23（b）所示。当门窗过梁与屋盖、楼盖靠近时，圈梁可通过洞口顶部，兼作过梁。

圈梁有钢筋混凝土圈梁和钢筋砖圈梁两种，如图 4-24 所示。钢筋混凝土圈梁的宽度宜与墙厚相同，当墙厚大于 240mm 时，允许其宽度减小，但不宜小于墙厚的三分之二。圈梁高度应大于 120mm，并在其中设置纵向钢筋和箍筋，如为 8 度抗震设防时，纵筋为 4ϕ10，箍筋为 ϕ6@200。钢筋砖圈梁应采用不低于 M5 的砂浆砌筑，高度为 4～6 皮砖。纵向钢筋不宜少于 6ϕ6，水平间距不宜大于 120mm，分上、下两层设在圈梁顶部和底部的灰缝内。

圈梁应连续地设在同一水平面上，并形成封闭状。当圈梁被门窗洞口截断时，应在洞口上部增设一道断面不小于圈梁的附加圈梁。附加圈梁的构造如图 4-25 所示。附加圈梁的断面与配筋不得小于圈梁的断面与配筋。

（7）构造柱

构造柱是从构造角度考虑设置的，一般设在建筑物的四角、外墙交接处、楼梯间、电

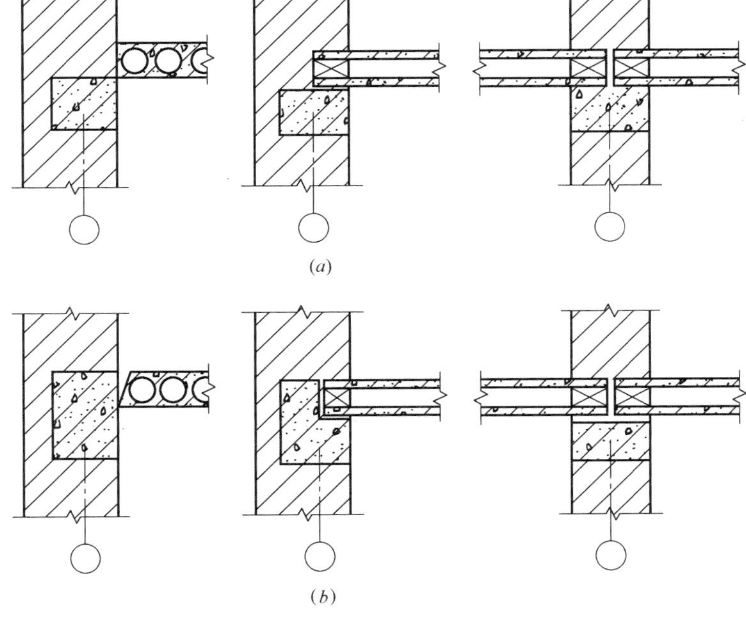

图 4-23　圈梁在墙中的位置

（*a*）圈梁位于屋（楼）盖结构层下面—板底圈梁；（*b*）圈梁顶面与屋（楼）盖结构层顶面相平—板面圈梁

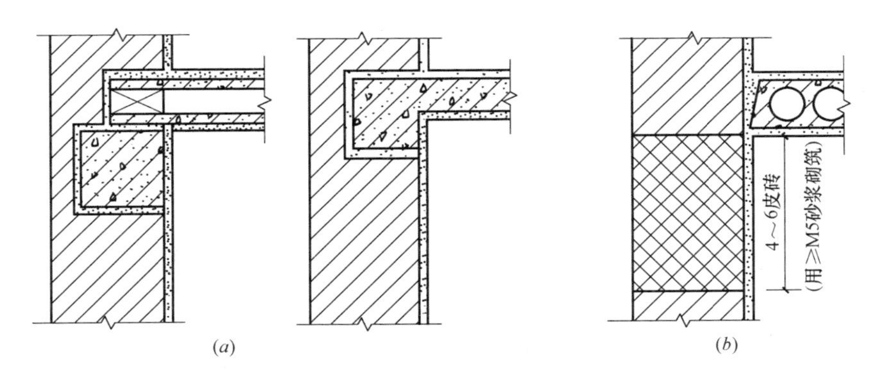

图 4-24　圈梁的构造

（*a*）钢筋混凝土圈梁；（*b*）钢筋砖圈梁

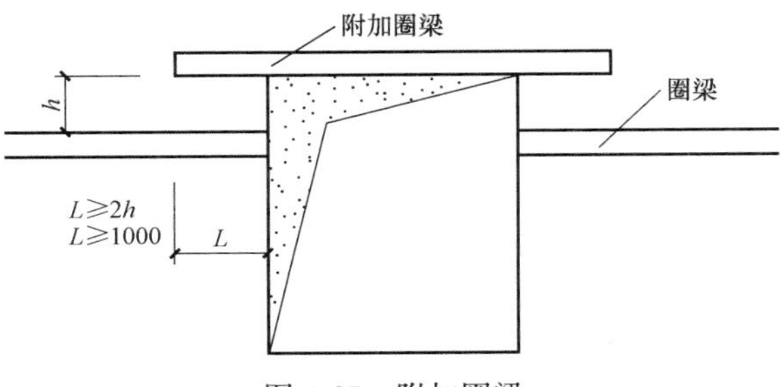

图 4-25　附加圈梁

梯间的四角以及某些较长墙体的中部。其作用是从竖向加强层间墙体的连接，与圈梁一起构成空间骨架，加强建筑物的整体刚度，提高墙体抗变形的能力，约束墙体裂缝的开展。

构造柱的截面不宜小于 240mm×180mm，常用 240mm×240mm。纵向钢筋宜采用 4ϕ12，箍筋不少于 ϕ6@250mm，并在柱的上下端适当加密。构造柱应先砌墙后浇柱，墙与柱的连接处宜留出五进五出的大马牙槎，进出 60mm，并沿墙高每隔 500mm 设 2ϕ6 的拉结钢筋，每边伸入墙内不宜少于 1000mm，如图 4-26 所示。

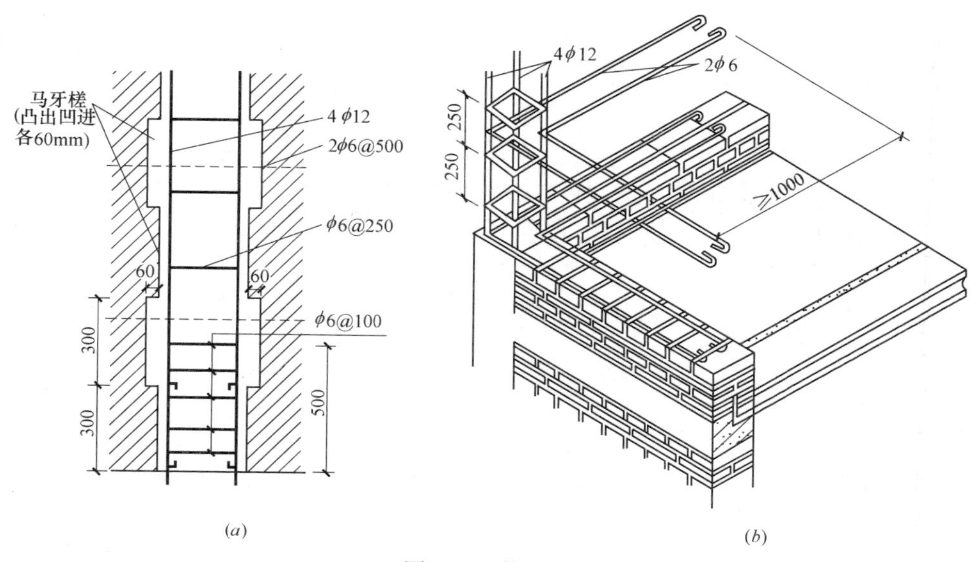

图 4-26 构造柱

(a) 平直墙面处的构造柱；(b) 转角处的构造柱

构造柱可不单独做基础，下端可伸入室外地面下 500mm 或锚入浅于 500mm 的地圈梁内。

(8) 烟道

在设有燃煤炉灶的建筑中，为了排除炉灶内的煤烟，常在墙内设置烟道。在寒冷地区，烟道一般应设在内墙中；若必须设在外墙内时，烟道边缘与墙外缘的距离不宜小于 370mm。烟道有砖砌和预制拼装两种做法。

在多层建筑中，很难做到每个炉灶都有独立的烟道，通常把烟道设置成子母烟道，以免相互窜烟，如图 4-27 所示。

烟道应砌筑密实，并随砌随用砂浆将内壁抹平。上端应高出屋面，以免被雪掩埋或受风压影响使排气不畅。母烟道下部靠近地面处设有出灰口，平时用砖堵住。

(9) 通风道

通风道是墙体中常见的竖向孔道，其目的是为了排除房间内部的污浊空气和不良气味。

通风道的墙上开口应距顶棚较近，一般为 300mm；其出屋面部分应高于女儿墙或屋脊。北方地区建筑的通风道应设在内墙中，如必须设在外墙，通风道的边缘距外墙边缘应大于 370mm。通风道的布置形式较多，主要有每层独用、隔层共用和子母式三种。其中，以子母式通风道的应用较多。砖砌子母式通风道如图 4-28 所示。

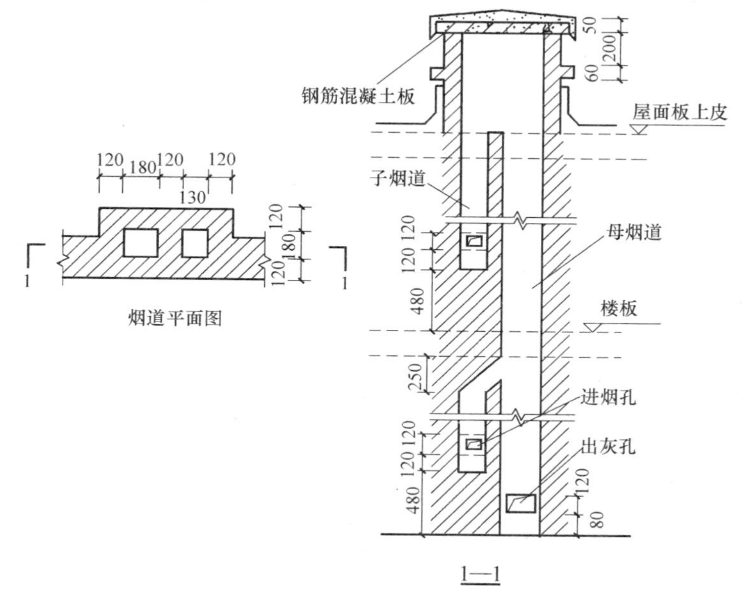

图 4-27 砖砌烟道的构造

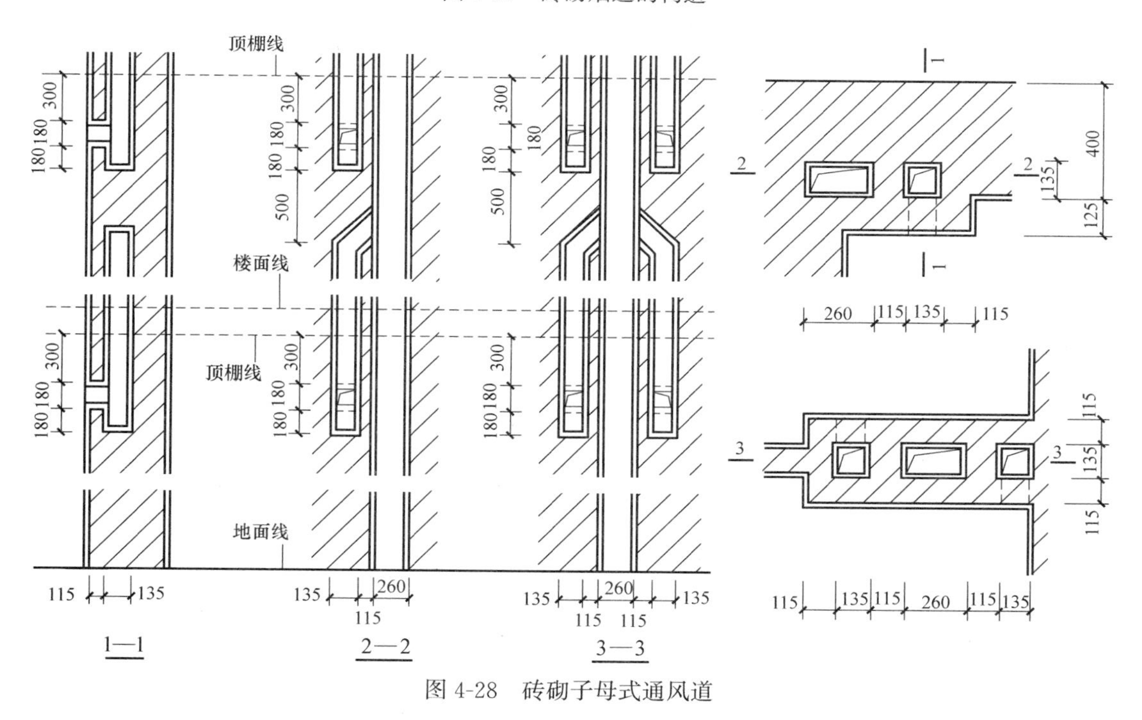

图 4-28 砖砌子母式通风道

从图 4-28 中可以看出，在砖砌子母式通风道中，母通风道的截面尺寸是 260mm×135mm，子通风道的截面尺寸是 135mm×135mm。设置子母式通风道处的墙体厚度应不小于 370mm，当墙体的承重要求不高或不承重时，可以只把通风道所占区域内的墙体加厚至 370mm，以节省室内面积。由于砖砌通风道占用面积较多，施工复杂，而且容易堵塞，在条件允许的情况下，也可以采用预制钢筋混凝土通风道（图 4-29）和预制浮石混凝土通风道（图 4-30）。

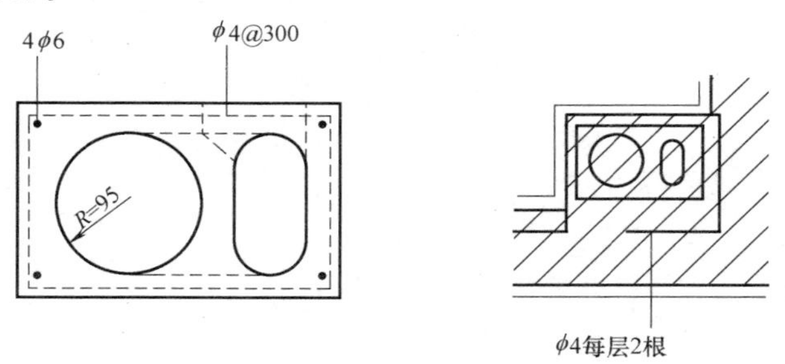

图 4-29 预制混凝土通风道

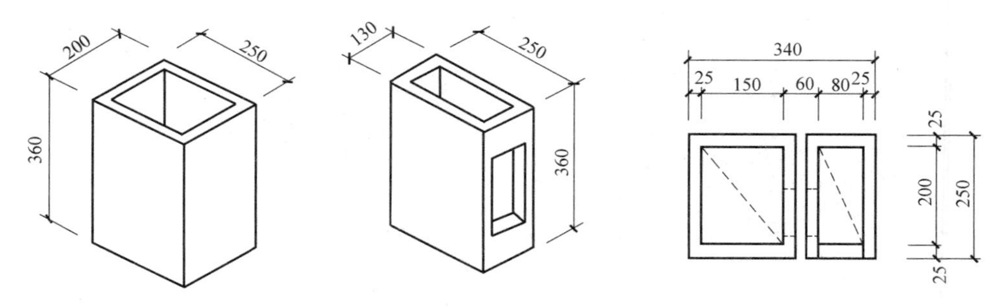

图 4-30 预制浮石混凝土通风道

（10）垃圾道

在多层和高层建筑中，为了排除垃圾，有时需要设垃圾道。垃圾道一般布置在楼梯间靠外墙附近或走道的尽端，有砖砌垃圾道和混凝土垃圾道两种。

垃圾道由孔道、垃圾进口及垃圾斗、通气孔和垃圾出口组成。通常，每层都应设垃圾进口，垃圾出口与底层外侧的垃圾箱或者垃圾间相连。通气孔位于垃圾道上部，与室外连通，如图 4-31 所示。

随着人们环保意识的加强，每座楼均设垃圾道的做法已经越来越少。转为集中设垃圾箱的做法，使垃圾集中管理、分类管理。

4.1.3 隔墙与隔断的构造图识图

1. 隔墙的构造

（1）块材隔墙

块材隔墙是用普通砖、空心砖、加气混凝土砌块等块材砌筑而成的，常用的有普通砖隔墙、砌块隔墙。具有取材方便、造价较低、隔声效果好的优点，同时具有自重大、墙体厚、湿作业多、拆移不便等缺点。

1）普通砖隔墙。用普通砖砌筑隔墙的厚度有 1/4 砖和 1/2 砖两种，1/4 砖厚隔墙稳定性差、对抗震不利，1/2 砖厚隔墙坚固耐久、有一定的隔声能力，所以通常采用 1/2 砖隔墙。

1/2 砖隔墙即半砖隔墙，砌筑砂浆强度等级不应低于 M2.5。为使隔墙与墙柱之间连接牢固，在隔墙两端的墙柱沿高度每隔 500mm 预埋 2ϕ6 的拉结筋，伸入墙体的长度为

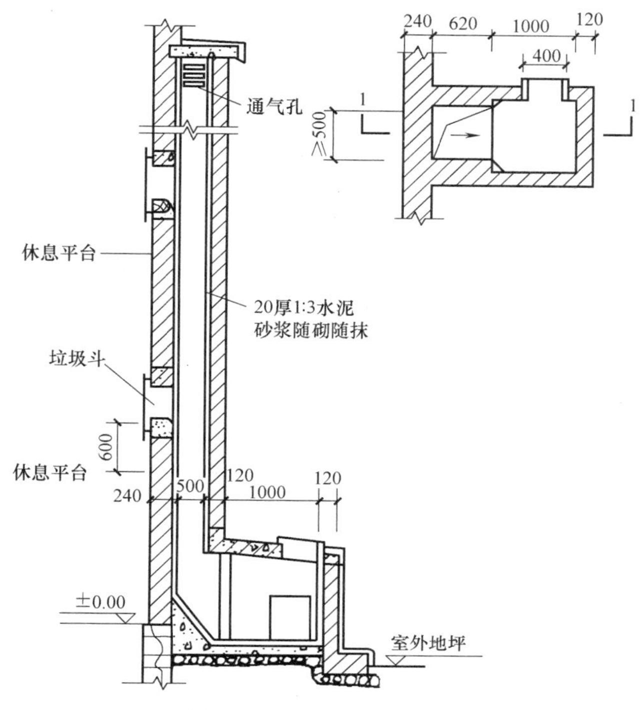

图 4-31　砖砌垃圾道构造

1000mm，还应沿隔墙高度每隔 1.2～1.5m 设一道 30mm 厚水泥砂浆层，内放 2ϕ6 钢筋。在隔墙砌到楼板底部时，应将砖斜砌一皮或留出 30mm 的空隙用木楔塞牢，然后用砂浆填缝。隔墙上有门时，用预埋铁件或将带有木楔的混凝土预制块砌入隔墙中，以便固定门框，如图 4-32 所示。

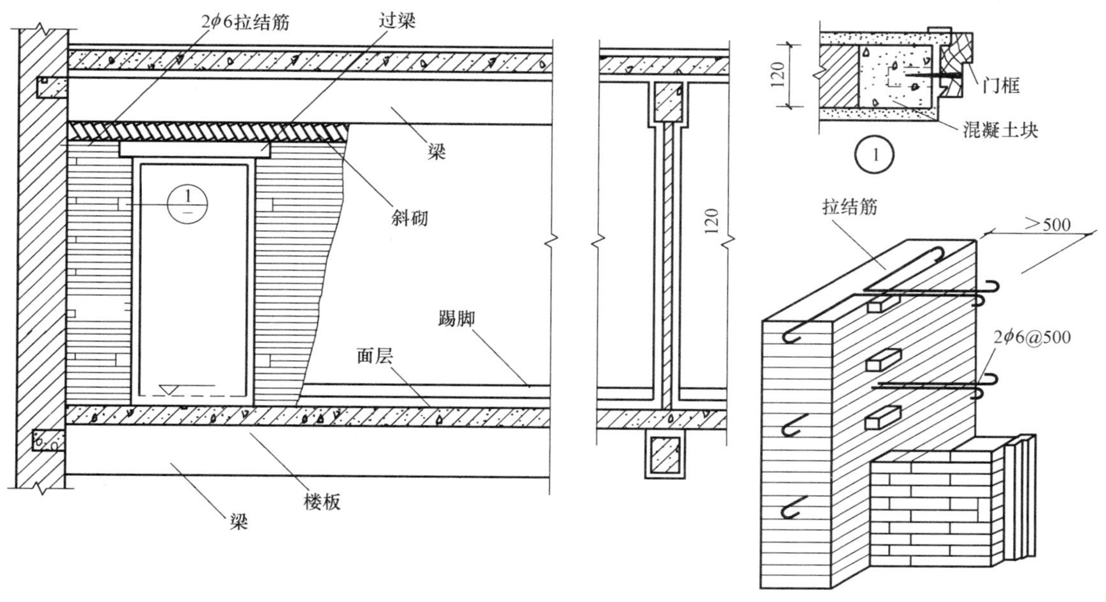

图 4-32　普通砖隔墙

2）加气混凝土砌块隔墙。加气混凝土砌块隔墙具有质轻、吸声好、保温性能好、便于操作的特点，目前在隔墙工程中应用较广。但是，加气混凝土砌块吸湿性大，所以不宜用于浴室、厨房、厕所等处，若使用需另做防水层。

加气混凝土砌块隔墙的底部宜砌筑 2～3 皮普通砖，以利于踢脚砂浆的粘结。砌筑加气混凝土砌块时，应采用 1∶3 水泥砂浆砌筑。为了保证加气混凝土砌块隔墙的稳定性，沿墙高每隔 900～1000mm 设置 2ϕ6 的配筋带，门窗洞口上方也要设 2ϕ6 的钢筋，如图 4-33 所示。墙面抹灰可直接抹在砌块上，为了防止灰皮脱落，可先用细钢丝网钉在砌块墙上，再作抹灰。

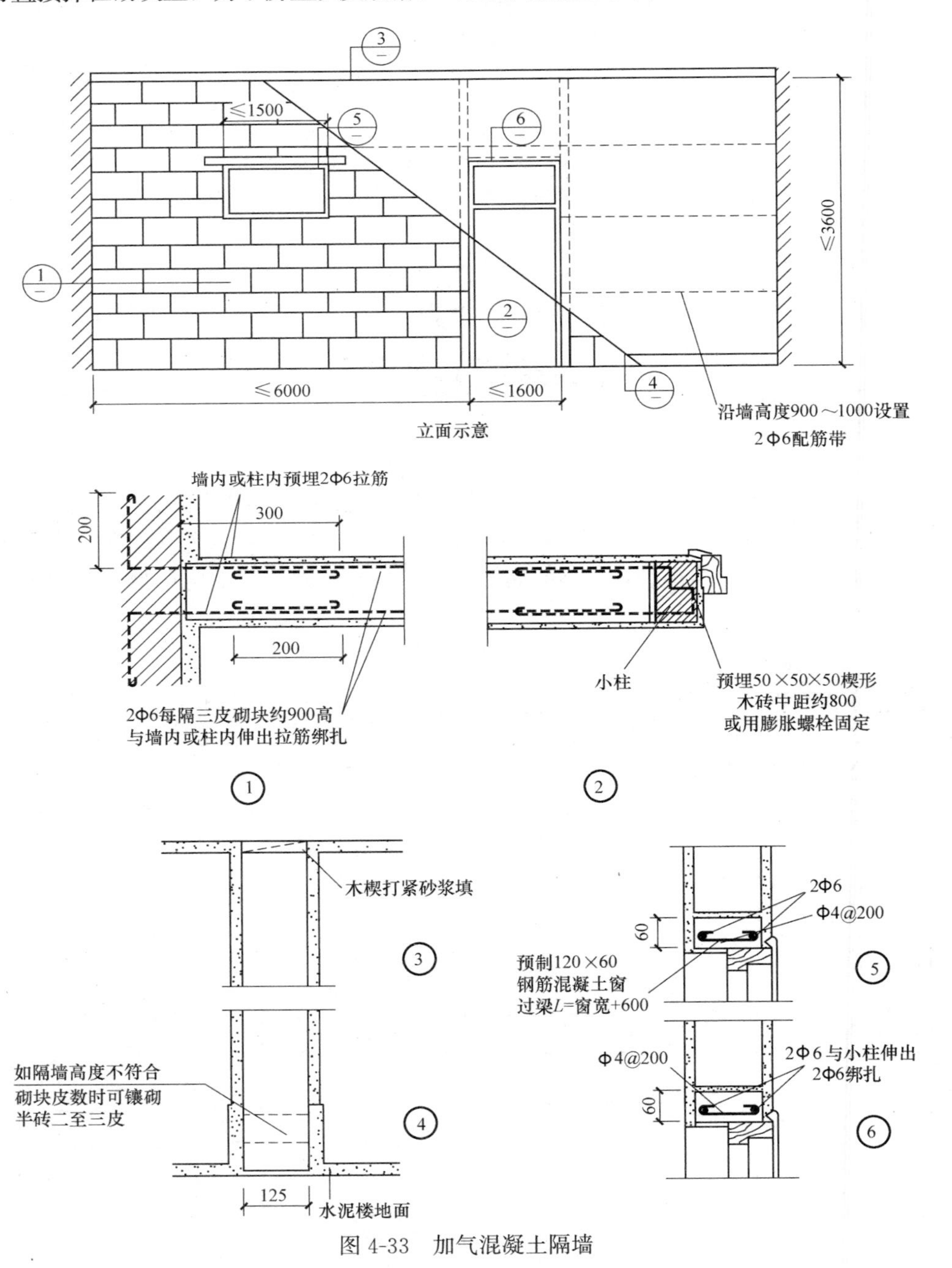

图 4-33 加气混凝土隔墙

（2）板材隔墙

板材隔墙是指将各种轻质竖向通长的预制薄型板材，用各种胶粘剂拼合在一起形成的隔墙。其单板高度相当于房间净高，面积较大且不依赖骨架直接装配而成。目前，采用的大多为条板，例如加气混凝土条板、石膏条板等。

1）加气混凝土条板隔墙。加气混凝土的条板规格为长 2700～3000mm，宽 600～800mm，厚 80～100mm。隔墙板之间用水玻璃砂浆或 108 胶砂浆粘结。加气混凝土条板具有自重轻、节省水泥、运输方便、施工简便，可锯、刨、钉等优点，但吸水性大、耐腐蚀性差、强度较低，运输、施工过程中易损坏，不宜用于具有高温、高湿或有化学及有害空气介质的建筑中。

2）增强石膏空心板隔墙。增强石膏空心板分为普通条板、钢木窗框条板和防水条板三类，规格为长 2400～3000mm，宽 600mm，厚 60mm，9 个孔，孔径 38mm，能满足防火、隔声及抗撞击的要求，如图 4-34 所示。

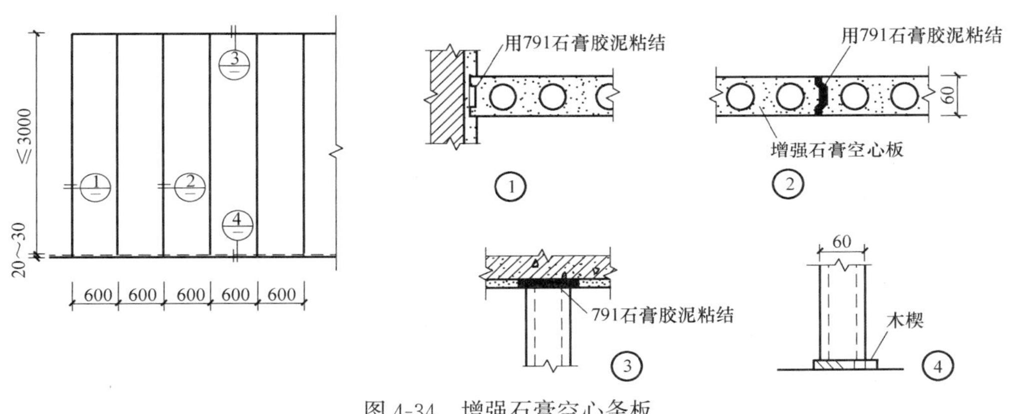

图 4-34　增强石膏空心条板

3）复合板隔墙。用几种材料制成的多层板为复合板。复合板的面层有石棉水泥板、石膏板、铝板、树脂板、硬质纤维板、压型钢板等。夹心材料可用矿棉、木质纤维、泡沫塑料和蜂窝状材料等。复合板充分利用材料的性能，大多具有强度高、耐火、防水、隔声性能好等优点，而且安装、拆卸简便，有利于建筑工业化。

4）泰柏板。泰柏板是由 $\phi14$ 低碳冷拔镀锌钢丝焊接成三维空间网笼，中间填充聚苯乙烯泡沫塑料构成的轻制板材，如图 4-35（a）所示。泰柏板隔墙与楼、地坪的固定连接，如图 4-35（b）所示。

（3）轻骨架隔墙

轻骨架隔墙是用木材或金属材料构成骨架，在骨架两侧制作面层形成的隔墙。这类隔墙自重轻，通常可直接放置在楼板上，因墙中有空气夹层，隔声效果好，因而应用较广。比较有代表性的有木骨架隔墙和轻钢龙骨石膏板隔墙。

1）木骨架隔墙是用上槛、下槛、立柱、横档等组成骨架，面层材料传统的做法是钉木板条抹灰，因其施工工艺落后，现已不多用，目前普遍做法是在木骨架上钉各种成品板材，例如石膏板、纤维板、胶合板等，并且在骨架、木基层板背面刷两遍防火涂料，提高其防火性能，如图 4-36 所示。

2）轻钢龙骨石膏板隔墙是用轻钢龙骨作骨架、纸面石膏板作面板的隔墙，其特点是

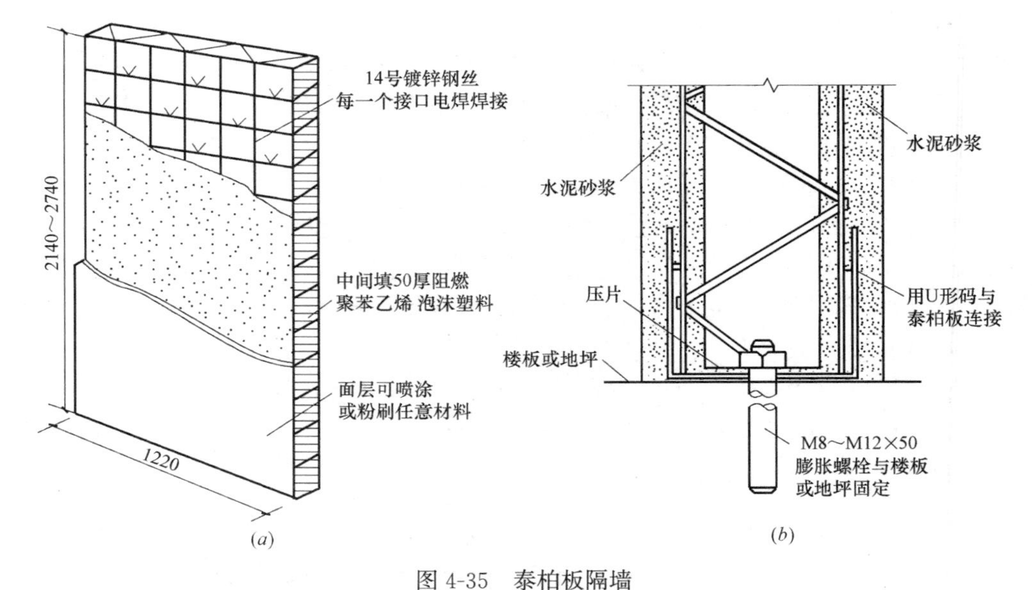

图 4-35 泰柏板隔墙

(a) 泰柏板隔墙构造；(b) 泰柏板隔墙与楼、地坪的固定连接

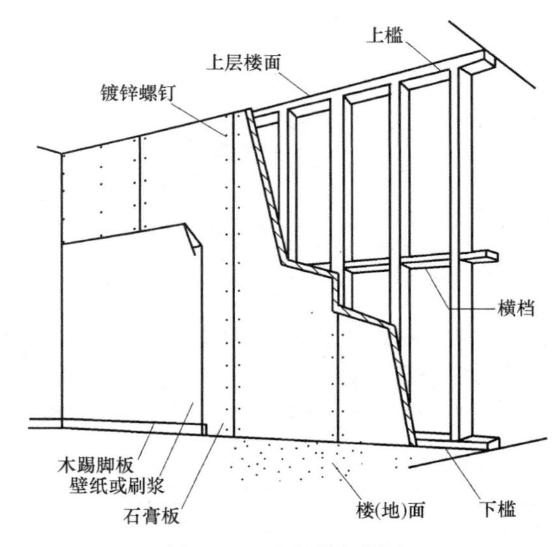

图 4-36 木筋骨架隔墙

刚度大、耐火、隔声。

轻钢龙骨通常由沿顶龙骨、沿地龙骨、竖向龙骨、横撑龙骨、加强龙骨和各种配套件组成，然后用自攻螺钉将石膏板钉在龙骨上，用 50mm 宽玻璃纤维带粘贴板缝后再进行饰面处理，如图 4-37 所示。

2. 隔断的构造

按照隔断的外部形式和构造方式，一般可将其分为花格式、屏风式、移动式、帷幕式和家具式等。

(1) 花格式隔断

花格式隔断主要是划分与限定空间，不能完全遮挡视线和隔声，主要用于分隔和沟通

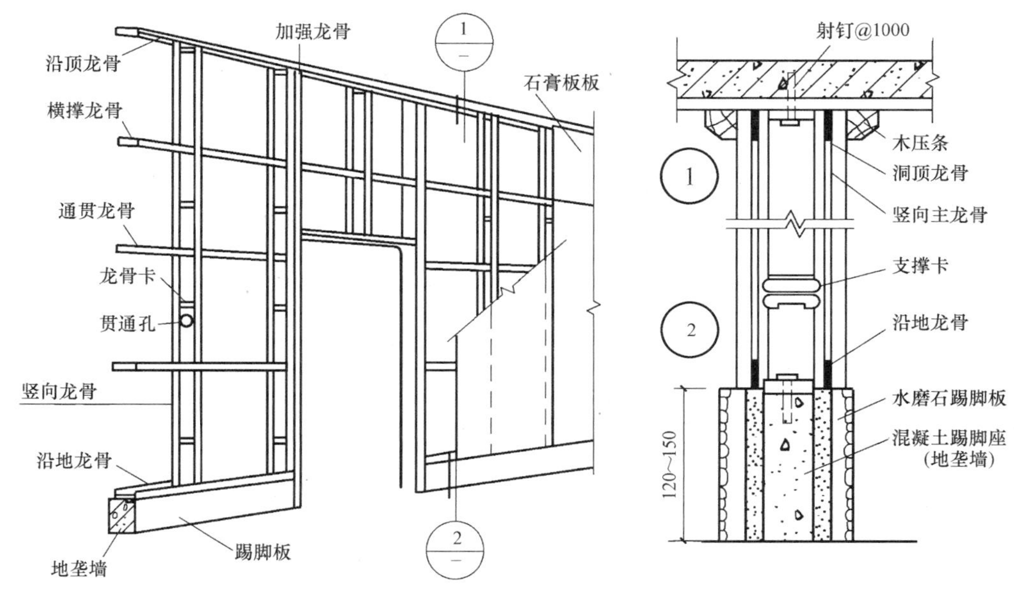

图 4-37 轻钢龙骨隔墙

在功能要求上不仅需隔离，还需保持一定联系的两个相邻空间，具有很强的装饰性，广泛应用于宾馆、商店、展览馆等公共建筑及住宅建筑中。

花格式隔断有木制、金属、混凝土等制品，形式多种多样，如图 4-38 所示。

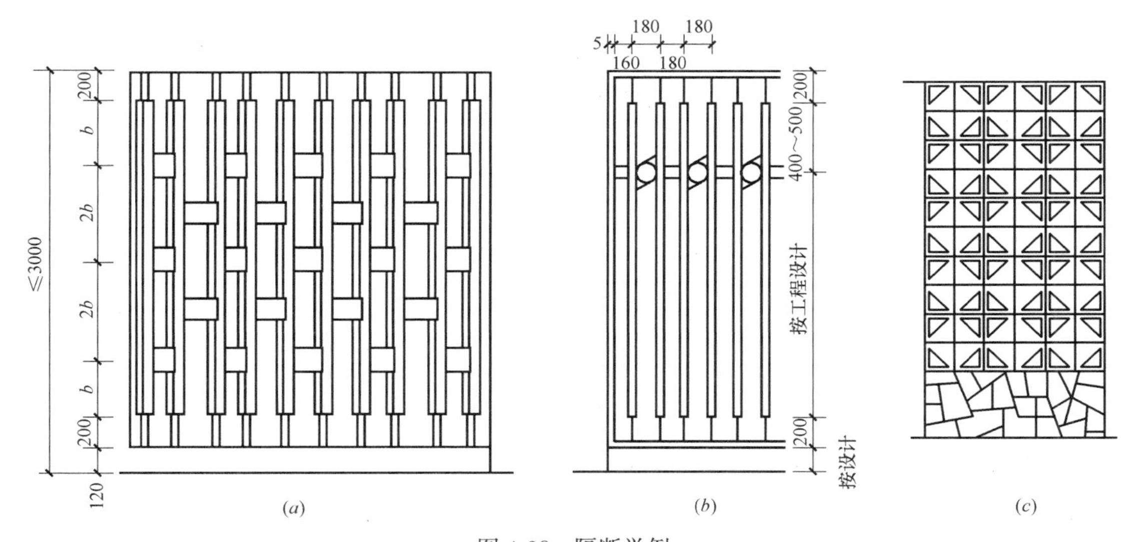

图 4-38 隔断举例

(a) 木花格隔断；(b) 金属花格隔断；(c) 混凝土制品隔断

(2) 屏风式隔断

屏风式隔断只有分隔空间和遮挡视线的要求，高度不需要很大，通常为 1100～1800mm，常用于办公室、餐厅、展览馆以及门诊室等公共建筑。

屏风隔断的传统做法是用木材制作，表面做雕刻或裱书画和织物，下部设支架，也有铝合金镶玻璃制作的。目前，人们在屏风下面安装金属支架，支架上安装橡胶滚动轮或滑动轮，增加分隔空间的灵活性。

屏风式隔断也可是固定的，例如立筋骨架式隔断，它与立筋隔墙的做法类似，即用螺栓或其他连接件在地板上固定骨架；之后，在骨架两侧钉面板或在中间镶板或玻璃。

（3）移动式隔断

移动式隔断可随意闭合或打开，使相邻的空间随之独立或合成一个大空间。这种隔断使用灵活，在关闭时能够起到限定空间、隔声和遮挡视线的作用。

移动式隔断的类型很多，按照其启闭的方式分，有拼装式、滑动式、折叠式、卷帘式、起落式等。

4.2 楼板与楼地面施工图识图

4.2.1 楼板层的组成与类型

1. 楼板层的组成

楼板层主要由面层、结构层、顶棚层、附加层组成，如图 4-39 所示。

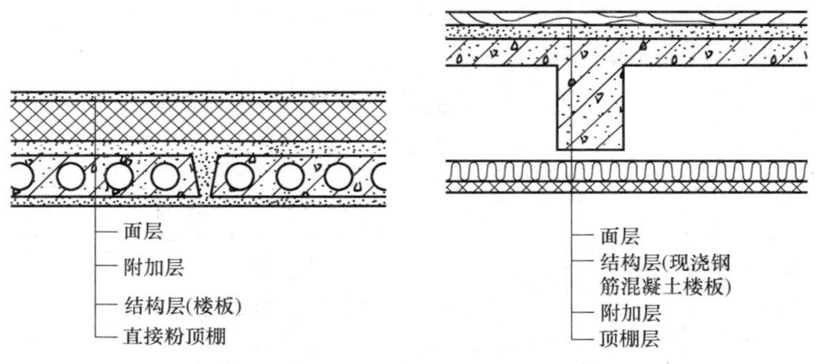

图 4-39 楼板层的组成

（1）面层

面层位于楼板层上表面，所以又称为楼面。面层与人、家具设备等直接接触，起着保护楼板、承受并传递荷载的作用，同时对室内有很重要的装饰作用。

（2）结构层

结构层即楼板，是楼板层的承重部分，一般由板或梁板组成。其主要功能是承受楼板层上部荷载，并将荷载传递给墙或柱，同时还对墙身起水平支撑作用，以加强建筑物的整体刚度。

（3）顶棚层

顶棚层位于楼板最下面，也是室内空间上部的装修层，俗称天花板。顶棚主要起到保温、隔声、装饰室内空间的作用。

（4）附加层

附加层位于面层与结构层或结构层与顶棚层之间，根据楼板层的具体功能要求而设置，所以又称为功能层。其主要作用是找平、隔声、隔热、保温、防水、防潮、防腐蚀、防静电等。

2. 楼板的类型

楼板按所用材料的不同，可分为木楼板、砖拱楼板、钢筋混凝土楼板、压型钢板组合楼板等，如图 4-40 所示。

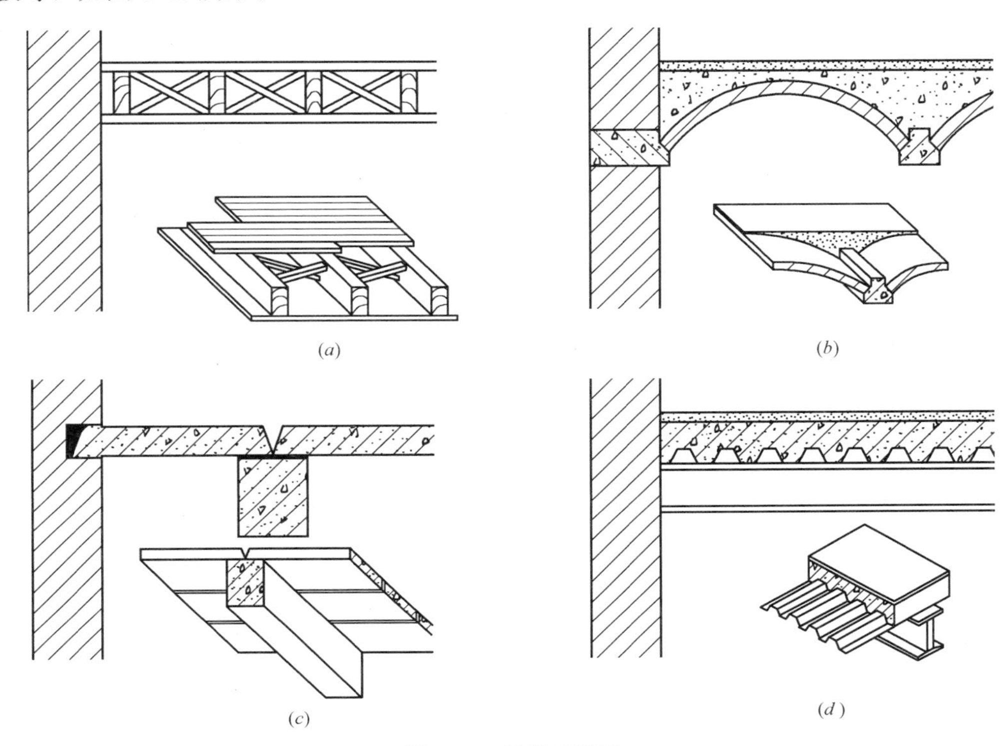

图 4-40　楼板的类型

(a) 木楼板；(b) 砖拱楼板；(c) 钢筋混凝土楼板；(d) 压型钢板组合楼板

(1) 木楼板

木楼板是在木隔栅上下铺钉木板，并在隔栅之间设置剪刀撑以加强整体性和稳定性。木楼板具有构造简单、自重轻、施工方便、保温性能好等特点，但防水、耐久性差，并且木材消耗量大，所以目前应用极少。

(2) 砖拱楼板

砖拱楼板是用砖砌或拱形结构来承受楼板层的荷载。这种楼板可以节约钢材、水泥、木材，但自重大，承载能力和抗震能力差，施工较复杂，目前已基本不用。

(3) 钢筋混凝土楼板

钢筋混凝土楼板具有强度高、刚度好、耐久、防火、良好可塑性、便于机械化施工等特点，是目前我国工业与民用建筑中楼板的基本形式。

(4) 压型钢板组合楼板

压型钢板组合楼板是在钢筋混凝土楼板基础上发展起来的，利用压型钢板代替钢筋混凝土楼板中的一部分钢筋、模板而形成的一种组合楼板。它具有强度高、刚度大、施工快等优点，但钢材用量较大，是目前正推广的一种楼板。

4.2.2　钢筋混凝土楼板构造图识图

1. 现浇钢筋混凝土楼板构造

现浇钢筋混凝土楼板是指在现场支模、绑扎钢筋、浇捣混凝土，经养护而成的楼板。这种楼板具有成型自由、整体性和防水性好的特点，但模板用量大、工期长、工人劳动强度大，且受施工季节的影响较大。这种楼板适用于地震区及平面形状不规则或防水要求较高的房间。

现浇钢筋混凝土楼板按其结构类型不同，可分为板式楼板、梁板式楼板、无梁楼板。此外，还有压型钢板混凝土组合板。

（1）板式楼板

将楼板现浇成一块平板，四周直接支承在墙上，这种楼板称为**板式楼板**。板式楼板具有整体性好、所占建筑空间小、顶棚平整、施工支模简单等特点，但板的跨度较小，适用于居住建筑中的居室、厨房、卫生间、走廊等小跨度的房间。

按其支撑情况和受力特点，板式楼板分为单向板和双向板。当板的长边尺寸 l_2 与短边尺寸 l_1 之比 l_2/l_1 大于 3 时，在荷载作用下，楼板基本上只在 l_1 方向上挠曲变形，而在 l_2 方向上的挠曲很小，这表明荷载基本沿 l_1 方向传递，称为单向板，如图 4-41（*a*）所示；当 l_2/l_1 不大于 2 时，楼板在两个方向都挠曲，即荷载沿两个方向传递，称为双向板，如图 4-41（*b*）所示。

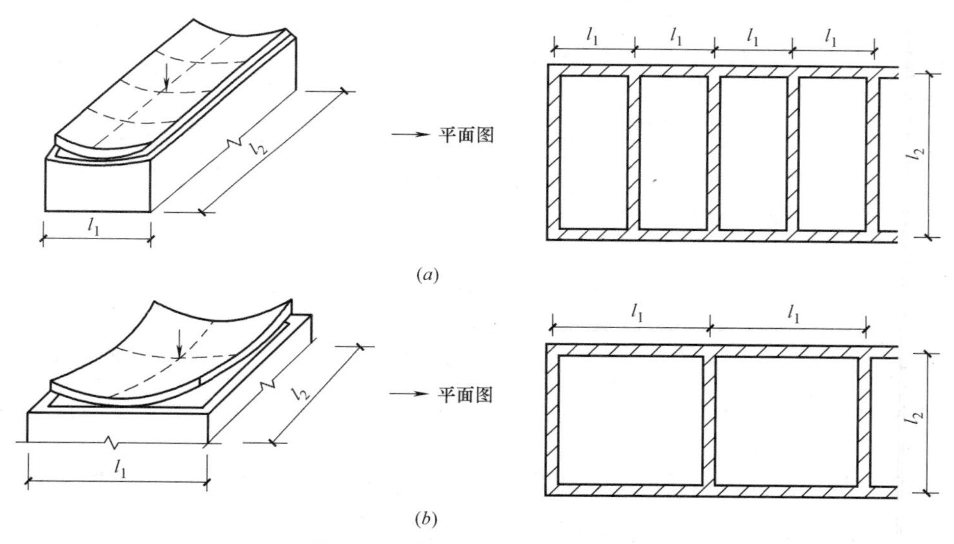

图 4-41　楼板的受力、传力方式

（*a*）单向板（$l_2/l_1>3$）；（*b*）双向板（$l_2/l_1\leqslant 2$）

（2）梁板式楼板

由板、梁组合而成的楼板称为**梁板式楼板**（又称为**肋形楼板**）。根据梁的布置情况，梁板式楼板可分为单梁式楼板和双梁式楼板两种。

1）单梁式楼板。当房间的尺寸不大时，可以只在一个方向设梁，梁直接支承在墙上，称为**单梁式楼板**，如图 4-42 所示。这种楼板适用于民用建筑中的教学楼、办公楼等。

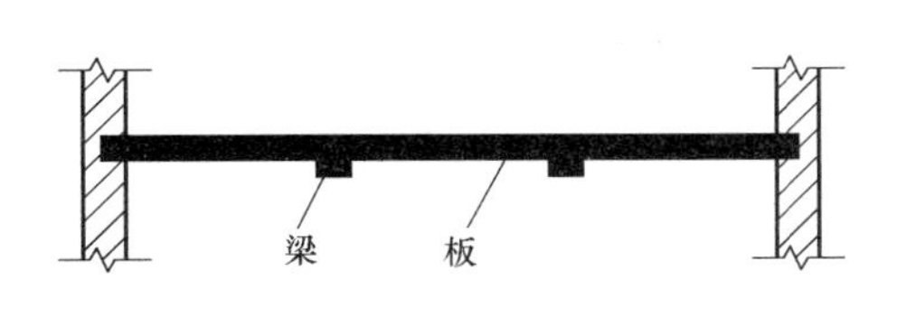

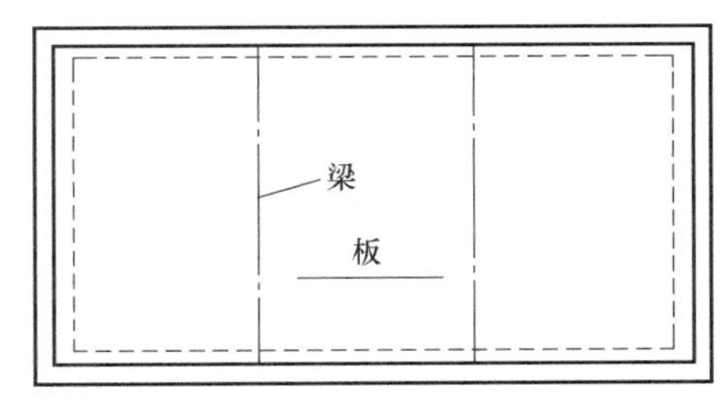

图 4-42 单梁式楼板

2）双梁式楼板。当房间平面尺寸的任何一个方向均大于 6m 时，就应该在两个方向设梁，有时还应设柱子。其中，一向为主梁，另一向为次梁。主梁一般沿房间的短跨布置，经济跨度为 5～8m，截面高为跨度的 1/14～1/8，截面宽为截面高的 1/3～1/2，由墙或柱支承；次梁垂直于主梁布置，经济跨度为 4～6m，截面高为跨度的 1/18～1/12，截面宽为截面高的 1/3～1/2，由主梁支承。板支承于次梁上，跨度一般为 1.7～2.7m。板的厚度与其跨度和支承情况相关，一般不小于 60mm。这种有主次梁的楼板称为**双梁式楼板**，如图 4-43 所示。

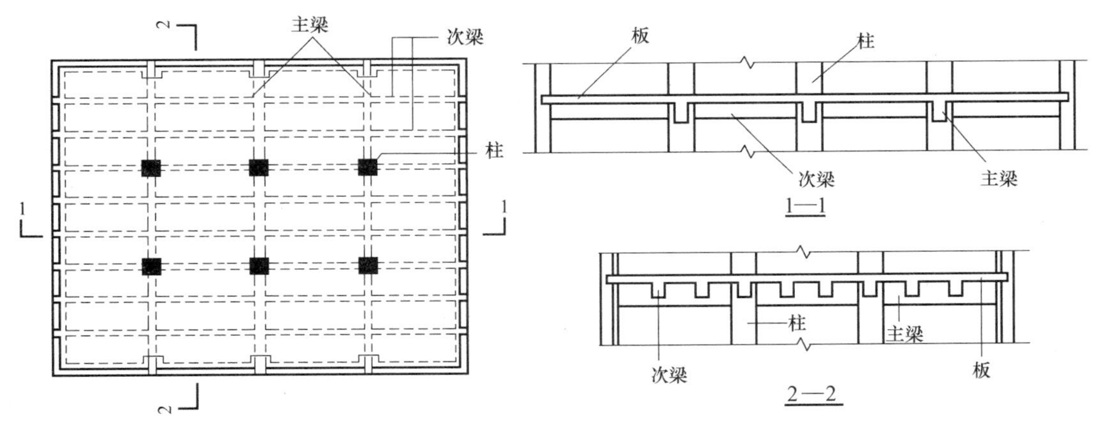

图 4-43 双梁式楼板

3）井梁式楼板

井梁式楼板是梁板式楼板的一种特殊形式。当房间尺寸较大且接近正方形时，经常沿两个方向布置等距离、等截面的梁，从而形成井格式的梁板结构，如图 4-44 所示。这种结构不分主次梁，中部不设柱子，常用于跨度为 10m 左右、长短边之比小于 1.5 的形状近似方形的公共建筑的门厅、大厅等处。

为了保证墙体对楼板、梁的支承强度，使楼板、梁能够可靠地传递荷载，楼板和梁必须有足够的搁置长度。楼板在砖墙上的搁置长度一般不小于板厚且不小于 110mm。梁在砖墙上的搁置长度与梁高有关，当梁高不超过 500mm 时，搁置长度不小于 180mm；当梁高超过 500mm 时，搁置长度不小于 240mm。

（3）无梁楼板

在框架结构中将板直接支承在柱上，而且不设梁的楼板称为**无梁楼板**，分为有柱帽和无柱帽两种。当楼面荷载较小时，可采用无柱帽式的无梁楼板；当荷载较大时，为提高楼

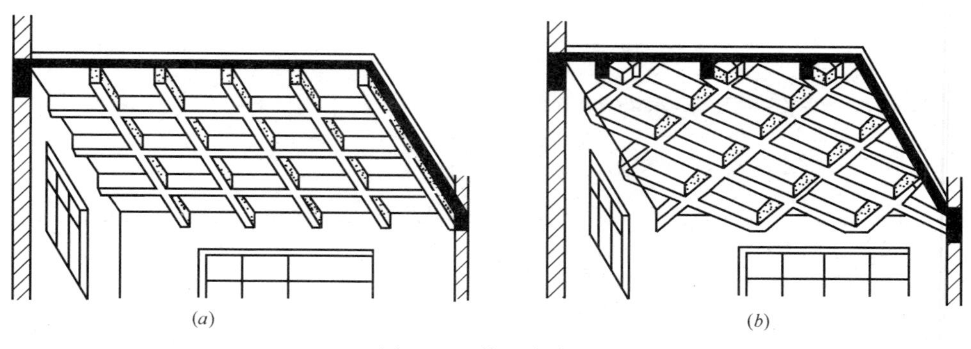

(a) (b)

图 4-44 井梁式楼板

(a) 正井式；(b) 斜井式

板的承载能力和刚度，增加柱对板的支托面积并减小板跨，一般在柱顶加设柱帽或托板，如图 4-45 所示。无梁楼板的柱网一般布置为方形或者矩形，一般柱距以 6m 左右较为经济。由于板跨较大，无梁楼板的板厚不宜小于 150mm。

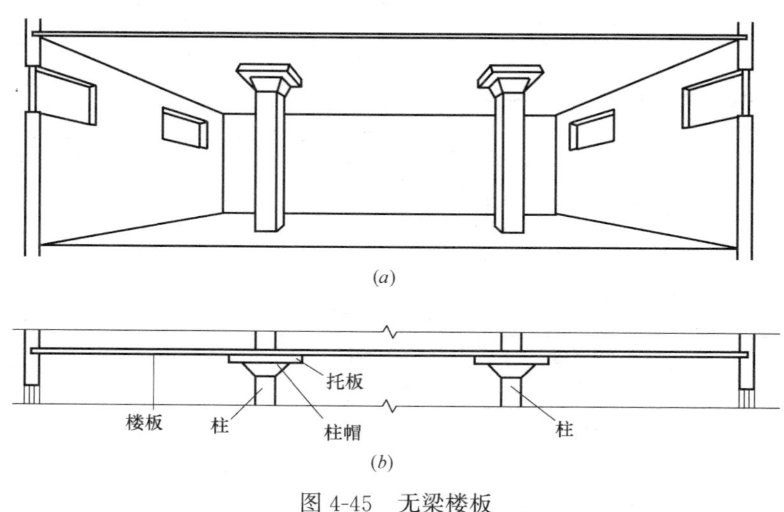

(a)

(b)

图 4-45 无梁楼板

(a) 直观图；(b) 投影图

无梁楼板的板底平整，室内净空高度大，采光、通风条件好，便于采用工业化的施工方式，适用于楼面荷载较大的公共建筑（如商店、仓库、展览馆等）和多层工业厂房。

（4）压型钢板混凝土组合板

以压型钢板为衬板，与混凝土浇筑在一起，搁置在钢梁上构成的整体式楼板称为**压型钢板混凝土组合板**。这种楼板主要由楼面层、组合板（包括现浇混凝土与钢衬板）及钢梁等几部分构成，如图 4-46 所示。压型钢板起到了现浇混凝土的永久性模板和受拉钢筋的双重作用，同时又是施工的台板，可以简化施工程序，加快了施工进度。另外，还可利用压型钢板肋间的空间敷设电力管线或通风管道。目前，压型钢板混凝土组合板已在大空间建筑和高层建筑中采用。

2. 预制装配式钢筋混凝土楼板

预制装配式钢筋混凝土楼板是指将钢筋混凝土楼板在预制厂或施工现场进行预先制

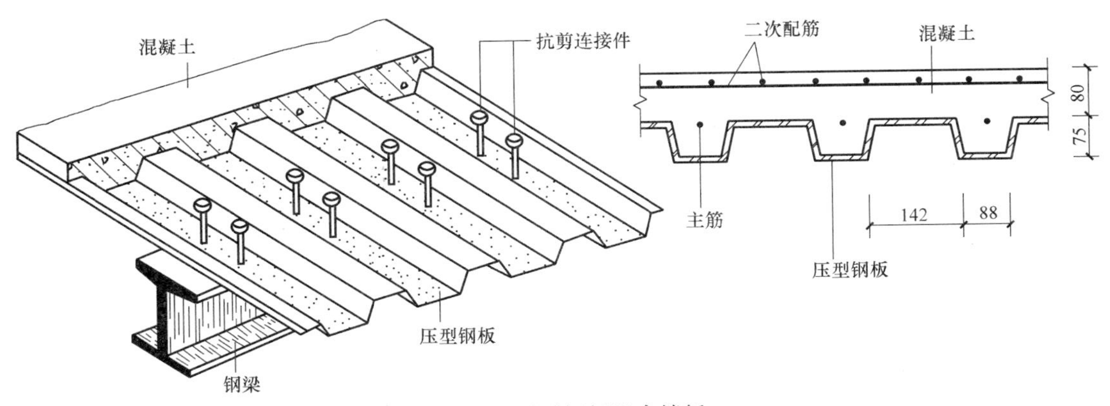

图 4-46 压型钢板组合楼板

作，施工时运输安装而成的楼板。这种楼板可节约模板，减少施工工序，缩短工期，提高施工工业化的水平，但由于其整体性能差，所以近年来在实际工程中的应用逐渐减少。

（1）类型

预制装配式钢筋混凝土楼板按构造形式，分为实心平板、槽形板和空心板三种。

1）实心平板。实心平板的构造如图 4-47 所示。从图中可以看出，预制实心平板的板面较平整，其跨度较小。一般不超过 2.4m，板厚约为 60～100mm，宽度为 600～1000mm。由于板的厚度较小，且隔声效果较差，故一般不用作使用房间的楼板，两端常支承在墙或梁上，用作楼梯平台、走道板、隔板、阳台栏板、管沟盖板等。

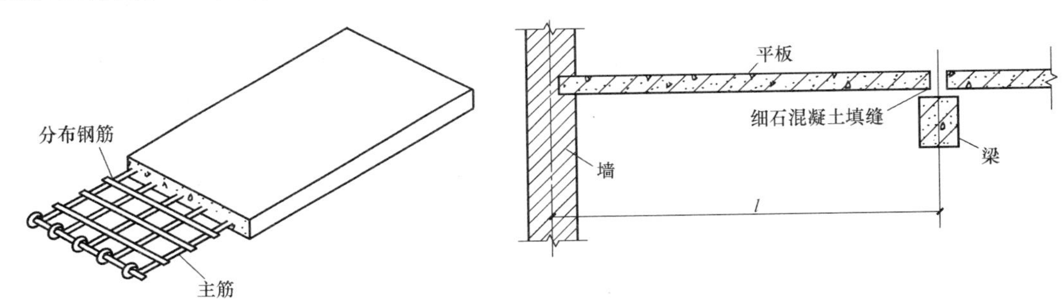

图 4-47 实心平板

2）槽形板。槽形板是一种梁板合一的构件，在板的两侧设有小梁（又叫肋），构成槽形断面，故称**槽形板**。当板肋位于板的下面时，槽口向下，结构合理，为正槽板；当板肋位于板的上面时，槽口向上，为反槽板，如图 4-48 所示。

槽形板的跨度为 3～7.2m，板宽为 600～1200mm，板肋高一般为 150～300mm。由于板肋形成了板的支点，板跨减小，所以板厚较小，只有 25～35mm。为了增加槽形板的刚度和便于搁置，板的端部需设端肋与纵肋相连。当板的长度超过 6m 时，需沿着板长每隔 1000～1500mm 增设横肋。

槽形板具有自重轻、节省材料、造价低、便于开孔留洞等优点。但正槽板的板底不平整、隔声效果差，常用于对观瞻要求不高或做悬吊顶棚的房间；而反槽板的受力与经济性不如正槽板，但板底平整，朝上的槽口内可填充轻质材料，以提高楼板的保温隔热效果。

3）空心板。空心板是将楼板中部沿纵向抽孔而形成中空的一种钢筋混凝土楼板。孔

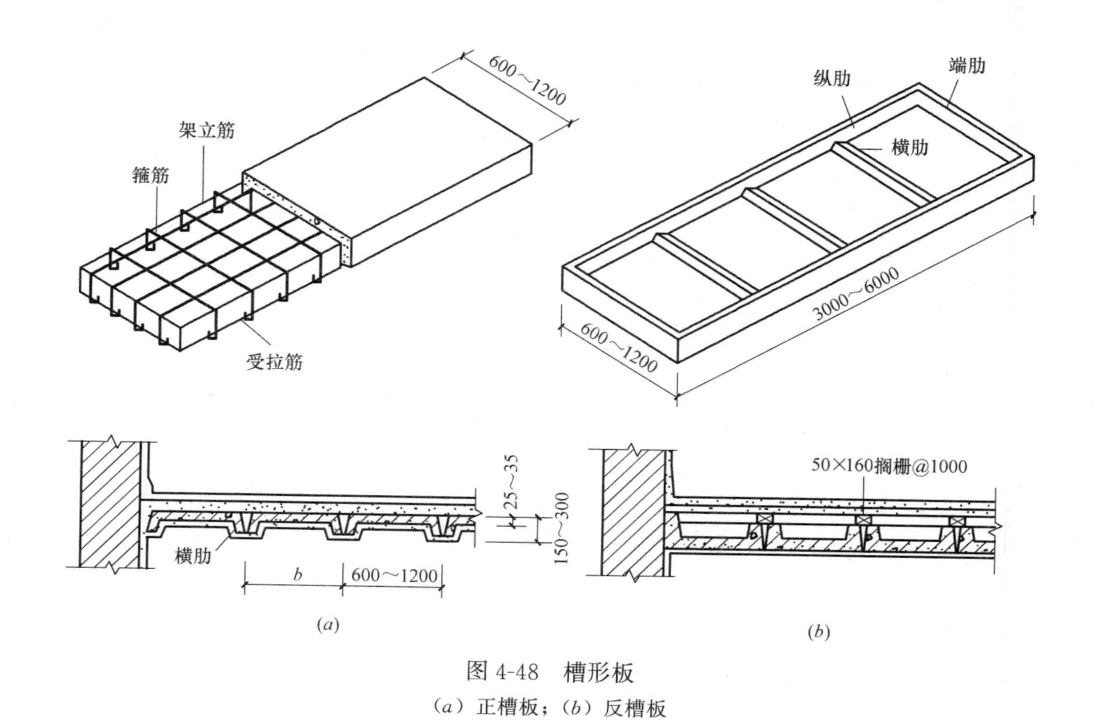

图 4-48 槽形板

(a) 正槽板；(b) 反槽板

的断面形式有圆形、椭圆形、方形和长方形等。由于圆形孔制作时，抽芯脱模方便且刚度好，故应用最普遍。空心板有预应力和非预应力之分，一般多采用预应力空心板。

空心板构造如图 4-49 所示，其厚度一般为 110～240mm，视板的跨度而定，宽度为 500～1200mm，跨度为 2.4～7.2m，较为经济的跨度是 2.4～4.2m。与生产预制板的侧模有关，空心板侧缝的形式一般有 V 形缝、U 形缝和凹槽缝三种。空心板上下表面平整，隔声效果较实心平板和槽形板好，是预制板中应用最广泛的一种类型，但空心板不能任意开洞，故不宜用于管道穿越较多的房间。

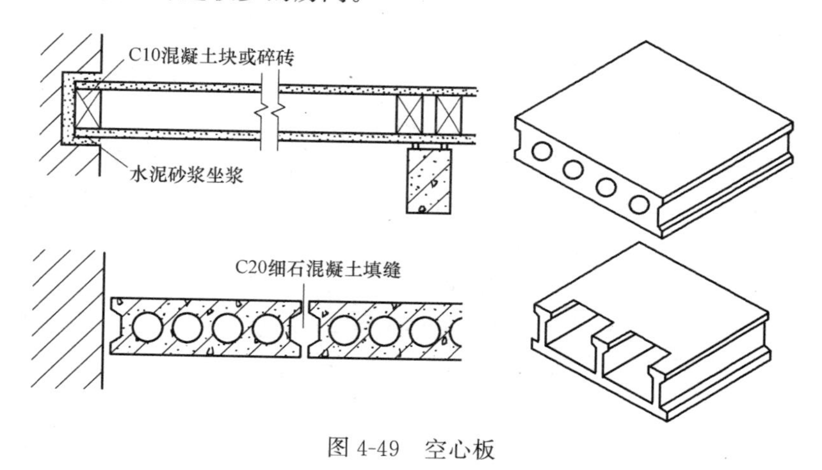

图 4-49 空心板

(2) 安装构造

空心板安装前，为了提高板端的承压能力，避免灌缝材料进入孔洞内，应用混凝土或砖填塞端部孔洞。

对预制板进行结构布置时，应根据房间的平面尺寸，结合所选板的规格来定。当房间的平面尺寸较小时，可采用板式结构，将预制板直接搁置在墙上，由墙来承受板传来的荷载，如图 4-50（*a*）所示。当房间的开间、进深尺寸都比较大时，需要先在墙上搁置梁，由梁来支承楼板，这种楼板的布置方式为梁板式结构，如图 4-50（*b*）所示。

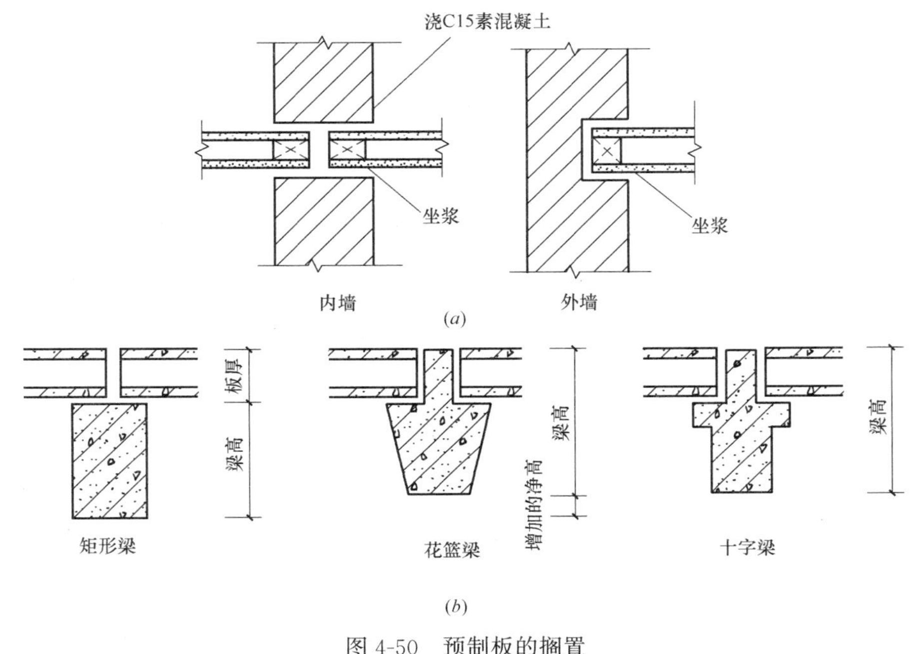

图 4-50　预制板的搁置

（*a*）在墙上；（*b*）在梁上

在预制板安装时，应先在墙或梁上铺 10～20mm 厚的 M5 水泥砂浆进行坐浆，然后再铺板，使板与墙或梁有较好的连接，也能保证墙或梁受力均匀。同时，预制板在墙和梁上均应有足够的搁置长度，在梁上的搁置长度不应小于 80mm，在砖墙上的搁置长度应不小于 100mm。

预制板安装后，板的端缝和侧缝应用细石混凝土灌注，从而提高板的整体性。

3. 装配整体式钢筋混凝土楼板

为了克服现浇板消耗模板量大、预制板整体性差的缺点，可将楼板的一部分预制安装后，再整浇一层钢筋混凝土，这种楼板为**装配整体式钢筋混凝土楼板**。装配整体式钢筋混凝土楼板按结构及构造方法的不同，有密肋楼板和叠合楼板等类型。

（1）密肋楼板

密肋楼板是在预制或现浇的钢筋混凝土小梁之间先填充陶土空心砖、加气混凝土块、粉煤灰块等块材，然后整浇混凝土而成，如图 4-51 所示。这种楼板构件数量多、施工麻烦，在工程中应用得较少。

（2）叠合楼板

叠合楼板是以预制钢筋混凝土薄板为永久模板并承受施工荷载，上面整浇混凝土叠合层所形成的一种整体楼板，如图 4-52 所示。板中，混凝土叠合层强度为 C20 级，厚度一

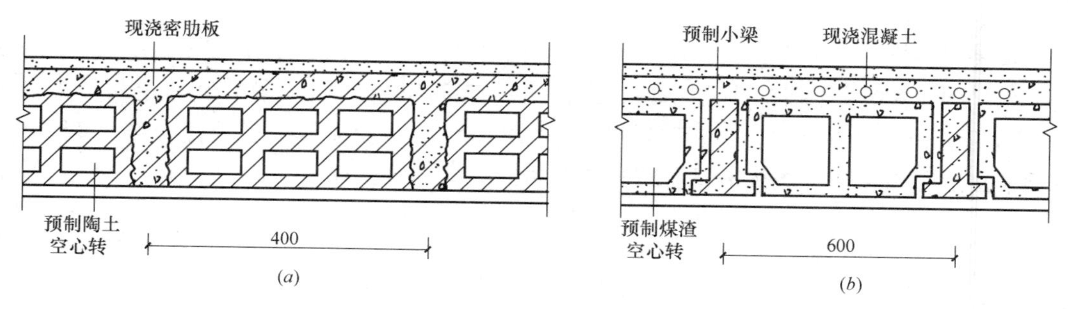

图 4-51 密肋楼板
(a) 现浇密肋楼板；(b) 预制小梁密肋楼板

般为 100～120mm。这种楼板具有良好的整体性，板中预制薄板具有结构、模板、装修等多种功能，施工简便，适用于住宅、宾馆、教学楼、办公楼、医院等建筑。

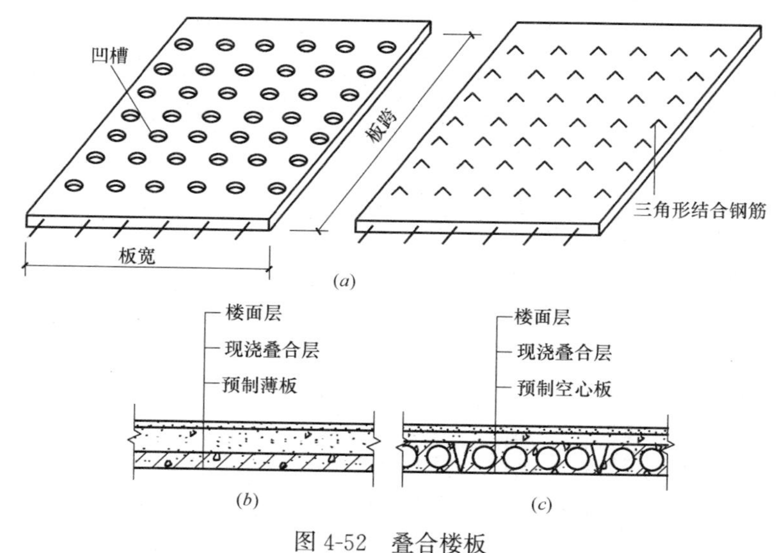

图 4-52 叠合楼板
(a) 预制薄板的板面处理；(b) 预制薄板叠合楼板；(c) 预制空心板叠合楼板

4.2.3 地坪层与楼地面构造图识图

1. 地坪层构造

地坪层也称地层，是分隔建筑物最底层房间与下部土壤的水平构件，它承受着作用在上面的各种荷载，并将这些荷载安全地传给地基。按其与土之间的关系，可分为实铺地坪层和空铺地坪层。

(1) 实铺地坪层

实铺地坪层构造简单、坚固、耐久，在建筑工程中的应用较广，一般由面层、垫层和基层三个基本层次组成。为了满足更多的使用功能，可在地坪层中加设相应的附加层，如防水层、防潮层、隔声层、隔热层、管道敷设层等。这些附加层一般位于面层和垫层之间，其构造如图 4-53 所示。

1）面层属于表面层，直接接受各种物理和化学的作用，应满足坚固、耐磨、平整、光洁、不起尘、易于清洗、防水、防火、有一定弹性等使用要求。地坪层一般以面层所用的材料来命名。

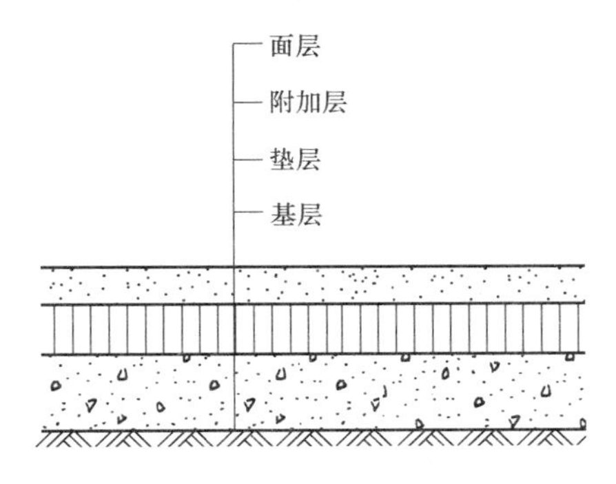

图 4-53　实铺地坪层构造

2）垫层是位于基层和面层之间的过渡层。其作用是满足面层铺设所要求的刚度和平整度，分为刚性垫层和非刚性垫层。刚性垫层一般采用强度等级为 C10 的混凝土，厚度为 60～100mm，适用于整体面层和小块料面层的地坪中，例如水磨石、水泥砂浆、陶瓷马赛克、缸砖等地面。非刚性垫层一般采用砂、碎石、三合土等散粒状材料夯实而成，厚度为 60～120mm，用于面层材料为强度高、厚度大的大块料面层地坪中，例如预制混凝土地面等。

3）基层是位于最下面的承重土壤。当地坪上部的荷载较小时，一般采用素土夯实；当地坪上部的荷载较大时，则需要对基层进行加固处理，例如灰土夯实、夯入碎石等。

（2）空铺地坪层

当房间要求地面能严格防潮或有较好的弹性时，可采用空铺地坪的做法，即在夯实的地垄墙上铺设预制钢筋混凝土板或木板层，其构造如图 4-54 所示。从图中可以看出，采用空铺地坪时，应在外墙勒脚部位及地垄墙上设置通风口，以便空气对流。

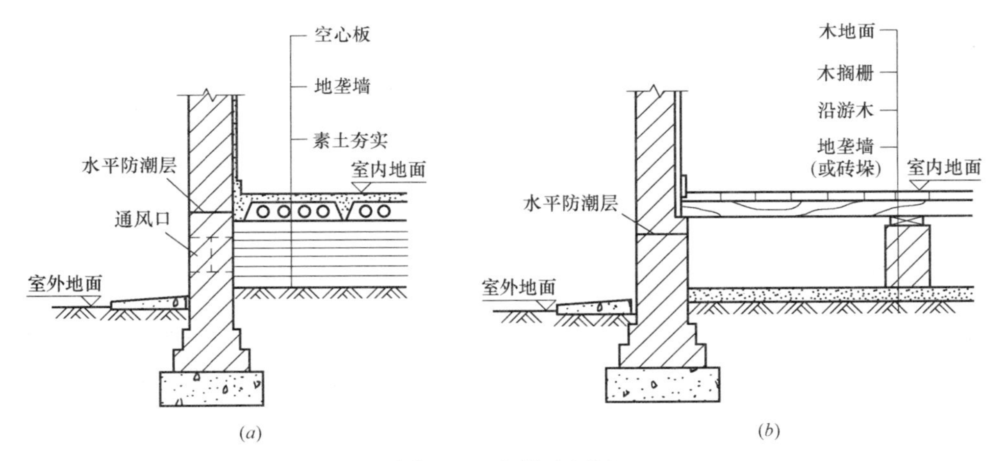

图 4-54　空铺地坪层

（a）钢筋混凝土预制板空心铺地层；（b）木板空铺地层

2. 楼地面构造

（1）整体类地面

1）水泥砂浆楼地面。水泥砂浆楼地面是在混凝土垫层或楼板上涂抹水泥砂浆而形成的面层，其构造比较简单，且坚固、耐磨、防水性能好，但导热系数大、易结露、易起灰、不易清洁，是一种被广泛采用的低档楼地面。水泥砂浆楼地面通常有单面层和双面层两种做法，如图 4-55 所示。

2）水磨石楼地面。水磨石楼地面多采用双层构造，如图 4-56 所示。施工时，底层

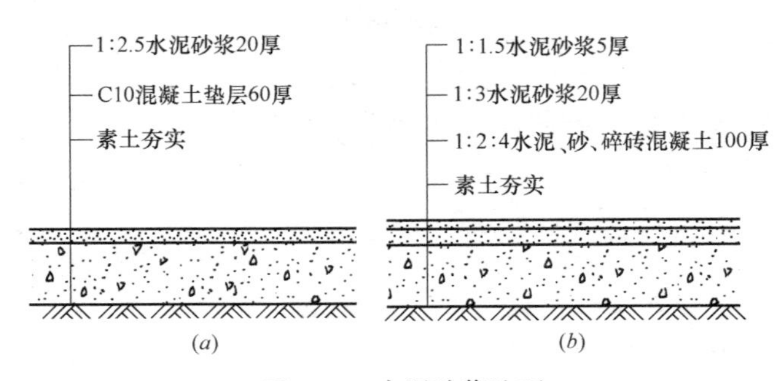

图 4-55 水泥砂浆地面

（a）底层地面单层做法；（b）底层地面双层做法

应先用 10～15mm 厚的水泥砂浆找平，然后按设计图案用 1∶1 的水泥砂浆固定分隔条，最后用 1：（1.5～2.5）的水泥石渣浆抹面，其厚度为 12mm，经养护一周后磨光打蜡形成。

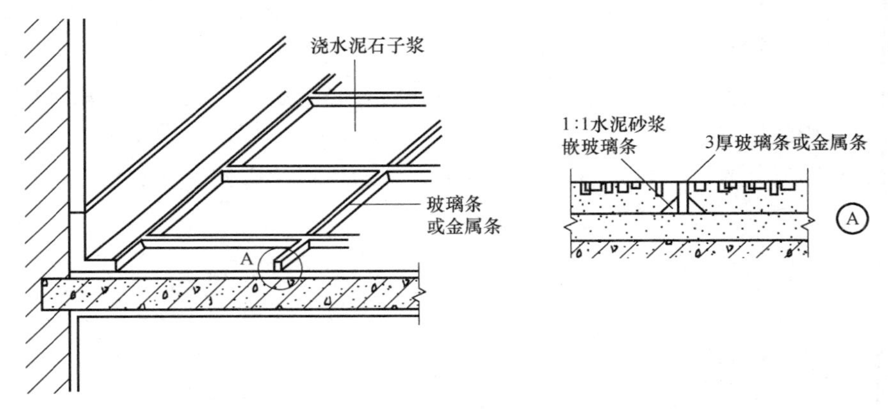

图 4-56 水磨石楼地面

（2）块料地面

块料地面是指以陶瓷地砖、陶瓷马赛克、缸砖、水泥砖以及各类预制板块、大理石板、花岗石石板、塑料板块等板材铺砌的地面。其特点是花色品质多样，经久耐用，防火性能好，易于清洁，且施工速度快，湿作业量少，因此被广泛应用于建筑中各类房间。但是，此类地面属于刚性地面，弹性、保温、消声等性能较差，造价较高。

1）大理石、花岗石石材地面。花岗石石材分天然石材和人造石材两种，具有强度高、耐腐蚀、耐污染、施工简便等特点，一般用于装修标准较高的公共建筑的门厅、休息厅、营业厅或要求较高的卫生间等房间地面。

天然大理石、花岗石板规格大小不一，一般为 20～30mm 厚。构造做法是在楼板或垫层上抹 30mm 厚 1∶3～1∶4 干硬性水泥砂浆，在其上铺石板，最后用素水泥浆填缝。用于有水的房间时，可以在找平层上做防水层。若为提高隔声效果和铺设暗管线的需要，可在楼板上做厚度 60～100mm 轻质材料垫层，如图 4-57 所示。

2）地砖地面。用于室内的地砖种类很多，目前常用的地砖材料有陶瓷马赛克、陶瓷地砖、缸砖等，规格大小也不尽相同。具有表面平整、质地坚硬、耐磨、耐酸碱、吸水率

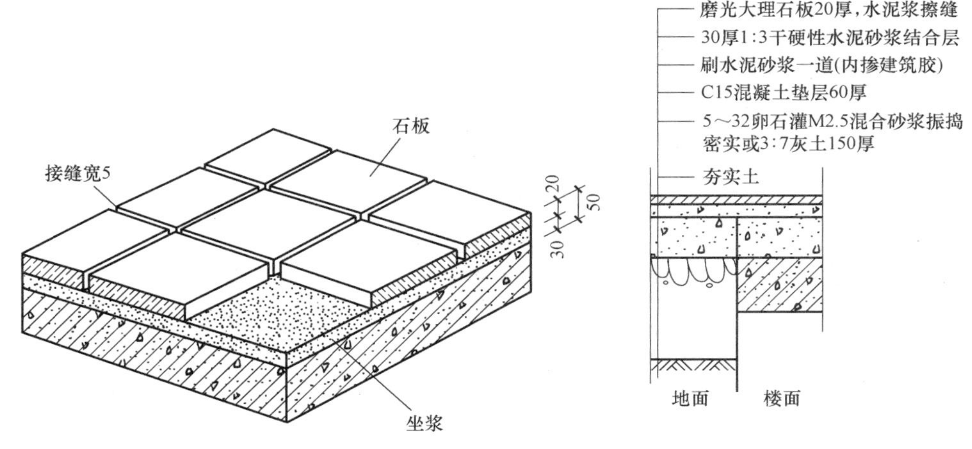

图 4-57　大理石地面构造

小、色彩多样、施工方便等特点，适用于公共建筑及居住建筑的各类房间。

有些材料的地砖，还可以做拼花地面。地面的表面质感有的光泽如镜面，也有的凹凸不平，可以根据不同的空间性质，选用不同形式及材料的地砖。一般以水泥砂浆在基层找平后直接铺装即可。

① 陶瓷马赛克地面。陶瓷马赛克是以优质瓷土烧制成 19～25mm 见方，厚 6～7mm 小块。出厂前，按设计图案拼成 300mm×300mm 或 600mm×600mm 的规格，反贴于牛皮纸上。具有质地坚硬、经久耐用、表面色泽鲜艳、装饰效果好，并且防水、耐腐蚀、易清洁的特点，适用于有水、有腐蚀性液体作用的地面。做法是 15～20mm 厚 1∶3 水泥砂浆找平；5mm 厚 1∶1.5～1∶1 水泥砂浆或 3～4mm 素水泥浆加 108 胶粘贴，用滚筒压平，使水泥浆挤入缝隙；待硬化后，用水洗去皮纸，再用干水泥擦缝，如图 4-58 所示。

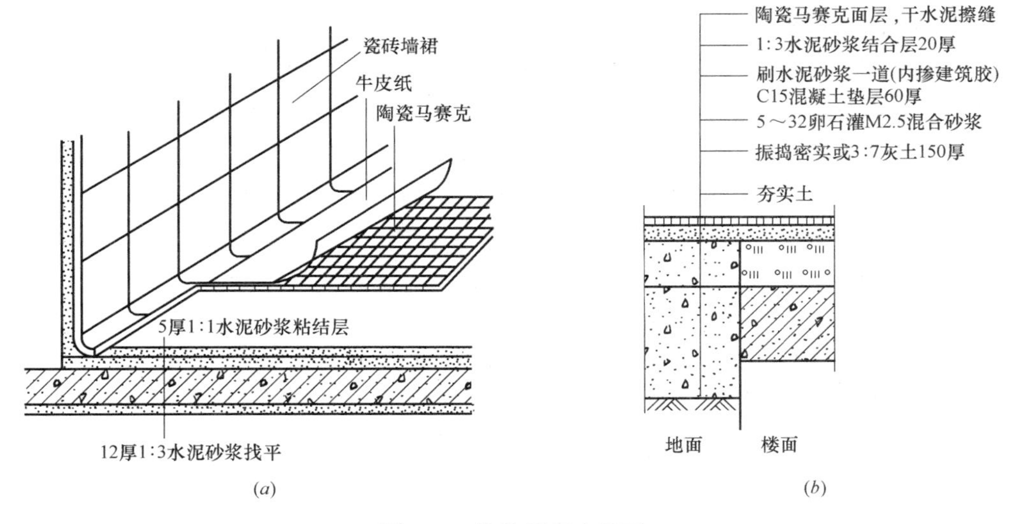

图 4-58　陶瓷马赛克地面

（a）平面图；（b）截面图

② 陶瓷地砖地面。陶瓷地砖分为釉面和无釉面两种。规格有 600～1200mm 不等，形状多为方形，也有矩形，地砖背面有凸棱，有利于地砖胶结牢固，具有表面光滑、坚硬耐磨、耐酸耐碱、防水性好、不易变色的特点。做法是在基层上做 10～20mm 厚 1∶3 水泥砂浆找平层，然后浇素水泥浆一道，铺地砖，最后用水泥砂浆嵌缝，如图 4-59 所示。对于规格较大的地砖，找平层要用干硬性水泥砂浆。

3）竹、木地面。竹、木地面是无防水要求房间采用较多的一类地面，具有不起灰、易清洁、弹性好、耐磨、热导率小、保温性能好、不返潮等优点，但耐火性差、潮湿环境下易腐朽、易产生裂缝和翘曲变形，常用于高级住宅、宾馆、剧院舞台等的室内装修中。

竹、木地面的构造做法分为空铺式、实铺式和粘贴式三种。

① 空铺式木地面。是将木地板用地垅墙、砖墩或钢木支架架空，具有弹性好、脚感舒适、防潮和隔声等优点，一般用于剧院舞台地面，如图 4-60 所示。

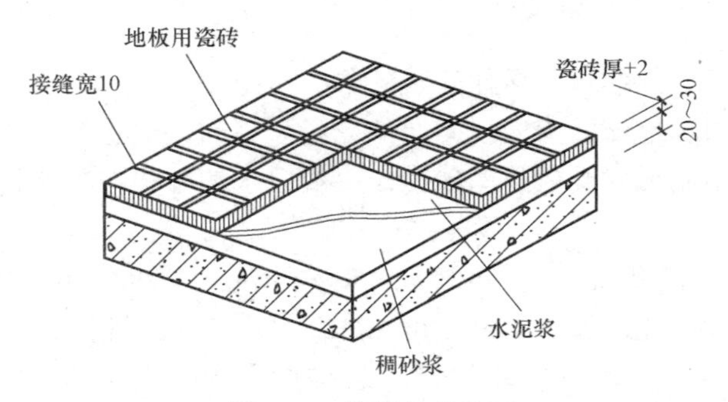

图 4-59 陶瓷地砖地面

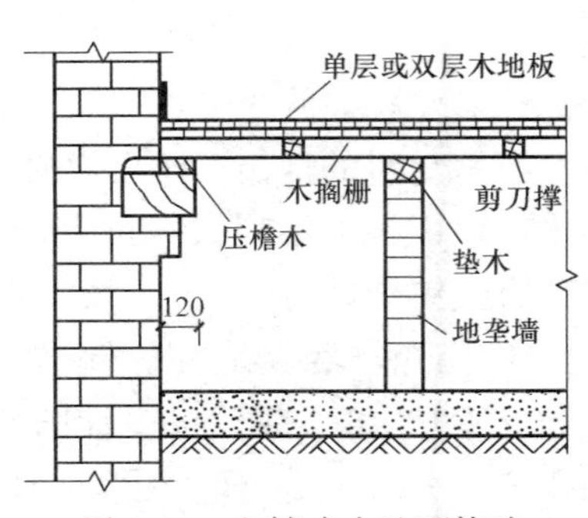

图 4-60 空铺式木地面构造

空铺式木地面做法是在地垄墙上预留 120mm×190mm 的洞口，在外墙上预留同样大小的通风口，为防止鼠类等动物进入其内，应加设铸铁通风箅子。木地板与墙体的交接处应做木踢脚板，其高度在 100～150mm 之间，踢脚板与墙体交接处还应预留直径为 6mm 的通风洞，间距为 1000mm。

② 实铺式木地面。是在结构基层找平层上固定木搁栅，再将硬木地板铺钉在木搁栅上，其构造做法分为单层铺钉和双层铺钉。

双层实铺木地面做法是在钢筋混凝土楼板或混凝土垫层内预留 Ω 形铁卡子，间距为 400mm，用 10 号镀锌钢丝将 50mm×70mm 木搁栅与铁鼻子绑扎。搁栅之间设 50mm×50mm 横撑，横撑间距 800mm（搁栅及横撑应满涂防腐剂）。搁栅上沿 45°或 90°铺钉 18～22mm 厚松木或杉木毛地板，拼接可用平缝或高低缝，缝隙不超过 3mm。面板背面刷氟化钠防腐剂，与毛板之间应衬一层塑料薄膜缓冲层。

单层做法与双层相同，只是不做毛板一层，如图 4-61（*a*）、（*b*）所示。

③ 粘贴式竹、木地面。是在钢筋混凝土楼板或混凝土垫层上做找平层。目前，多用大规格的复合地板；然后，用粘结材料将木地板直接粘贴其上，要求基层平整，如图 4-61（*c*）所示。具有耐磨、防水、防火、耐腐蚀等特点，是木地板中构造做法最简便的一种。

（3）卷材地面

1）塑料地毡。塑料类地毡包括油地毡、橡胶地毡、聚氯乙烯地毡等。聚氯乙烯地

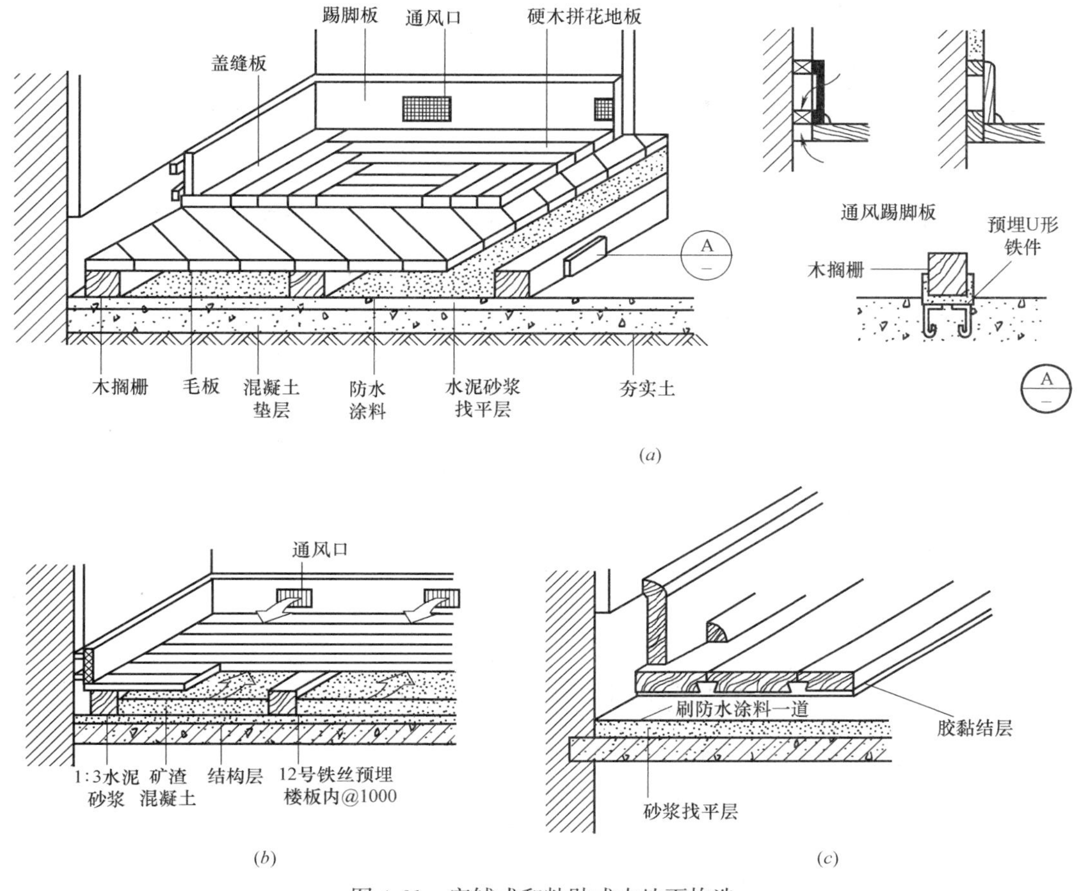

图 4-61 实铺式和粘贴式木地面构造

(a) 双层构造；(b) 单层构造；(c) 粘贴式

毡系列是塑料地面中最广泛使用的材料，优点是质轻、强度高、耐腐蚀、吸水率小、表面光滑、易清洁、耐磨，有不导电和较高的弹塑性能；缺点是受温度影响大，须经常做打蜡维护。聚氯乙烯地毡分为玻璃纤维垫层、聚氯乙烯发泡层、印刷层和聚氯乙烯透明层等。在地板上涂上水泥砂浆底层，等充分干燥后，再用胶粘剂将装修材料加以粘贴。

2）地毯。地毯可分为天然纤维和合成纤维地毯两类。天然纤维地毯是指羊毛地毯，特点是柔软、温暖、舒适、豪华、富有弹性，但是价格昂贵，耐久性又比合成纤维的差。合成纤维地毯包括丙烯酸、聚丙烯腈纶纤维地毯、聚酯纤维地毯、烯族烃纤维和聚丙烯地毯、尼龙地毯等，按面层织物的织法不同分为栽绒地毯、针扎地毯、机织地毯、编结地毯、粘结地毯、静电植绒地毯等。

地毯铺设方法分为固定与不固定两种，铺设分为满铺和局部铺设。不固定式是将地毯裁边、粘结拼缝成一整片，直接摊铺于地上。固定式则是将地毯四周与房间地面加以固定。固定方法如下：

① 用施工胶粘剂将地毯的四周与地面粘贴；

② 在房间周边地面上安装木质或金属倒刺板，将地毯背面固定在倒刺板。

3. 楼地层的细部构造

(1) 踢脚线构造

地面与墙面交接处的垂直部位，在构造上通常按地面的延伸部分来处理，这一部分称为**踢脚线**，也称踢脚板。其主要作用是遮盖墙面与楼地面的接缝，防止碰撞墙面或擦洗地面时弄脏墙面。可以将踢脚板看作是楼地面在墙面上的延伸，一般采用与楼地面相同的材料，有时采用木材制作，其高度一般为120～150mm，可以凸出墙面、凹进墙面或与墙面相平，如图4-62所示。

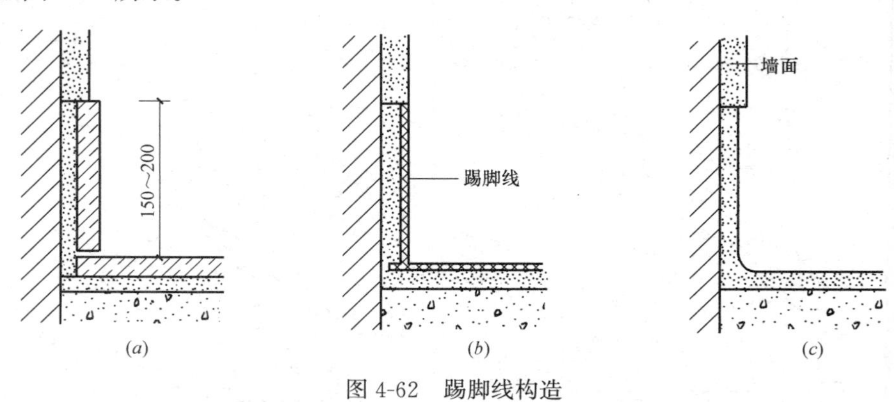

图4-62 踢脚线构造

(*a*) 凸出墙面；(*b*) 与墙面平齐；(*c*) 凹进墙面

(2) 楼地层防潮与防水构造

1) 楼地层防潮。楼地层与土层直接接触，土中的水分会因毛细现象作用上升引起地面受潮，严重影响室内卫生和使用。为有效防止室内受潮，避免地面因结构层受潮而破坏，需对地层做必要的防潮处理。主要做法如图4-63所示。

如图4-63 (*a*) 所示为架空式地坪，是将地坪底层架空，使地坪不接触土壤，形成通风间层，以改变地面的温度状况，同时带走地下潮气。如图4-63 (*b*) 所示，对地下水位低、地基土干燥的地区，可在水泥地坪以下铺设一层150mm厚1∶3水泥煤渣保温层，以降低地坪温度差。如图4-63 (*c*) 所示，在地下水位较高地区，可将保温层设在面层与混凝土结构层之间，并在保温层下铺防水层，上铺30mm厚细石混凝土层，最后做面层。如图4-63 (*d*) 所示为吸湿地面，是指采用烧结普通砖、大阶砖、陶土防潮砖来做地面的面层。由于这些材料中存在大量孔隙，当返潮时面层会暂时吸收少量冷凝水，待空气湿度较小时，水分又能自动蒸发掉，因此地面不会感到有明显的潮湿现象。

2) 楼地层排水与防水。在建筑物内部的厕所、盥洗室、淋浴间等，由于其使用功能的要求，往往容易积水。处理不当容易发生漏水、渗水现象，为了不影响房间的正常使用，应做好这些房间楼地层的排水与防水等构造。

① 楼地面排水。楼地面排水如图4-64所示。

为使楼地面排水畅通，需将楼地面设置一定的坡度，一般为1%～1.5%，并在最低处设置地漏。从图中可以看出，为防止积水外溢，用水房间的地面应比相邻房间或走道的地面低20～30mm，或在门口做20～30mm高的挡水门槛。

② 楼地面防水。楼地面防水如图4-65所示。

现浇楼板是楼地面防水的最佳选择，楼面面层应选择防水性能较好的材料，如防水砂浆、防水涂料、防水卷材等。

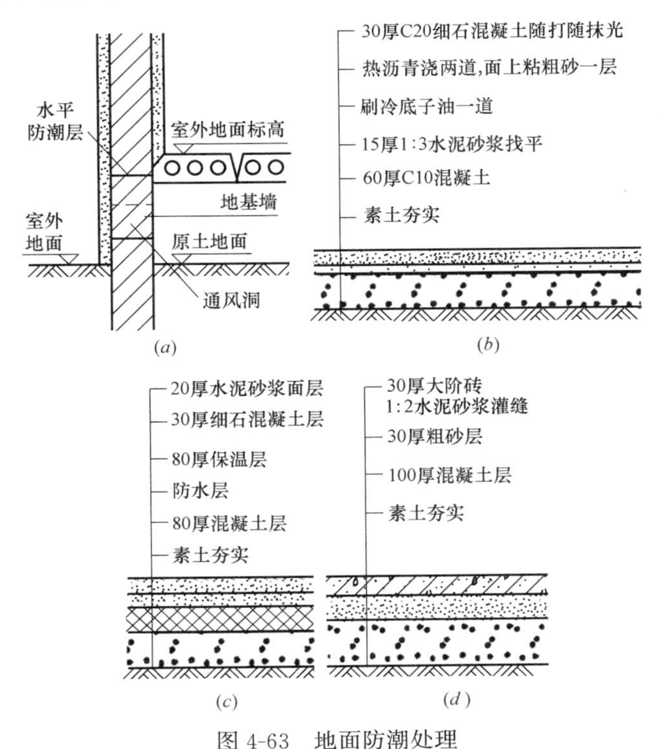

图 4-63　地面防潮处理

(*a*) 架空式地面；(*b*) 设防潮层；(*c*) 保温地面；(*d*) 吸湿地面

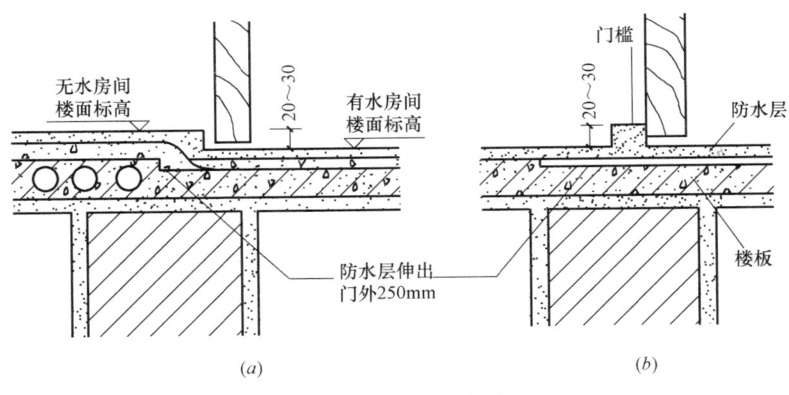

图 4-64　楼地面排水

(*a*) 地面降低；(*b*) 设置门槛

如图 4-65 (*a*) 所示，如果房间对防水要求较高，需要在结构层与面层之间增设一道防水层，同时将防水层沿四周墙身上升 150～200mm。

如图 4-65 (*b*)、(*c*) 所示，当有竖向设备管道穿越楼板层时，应在管线周围做好防水密封处理。一般在管道周围用 C20 干硬性细石混凝土密实填充，再用沥青防水涂料做密封处理。热力管道穿越楼板时，应在穿越处埋设套管（管径比热力管道稍大），套管高出地面约 30mm。

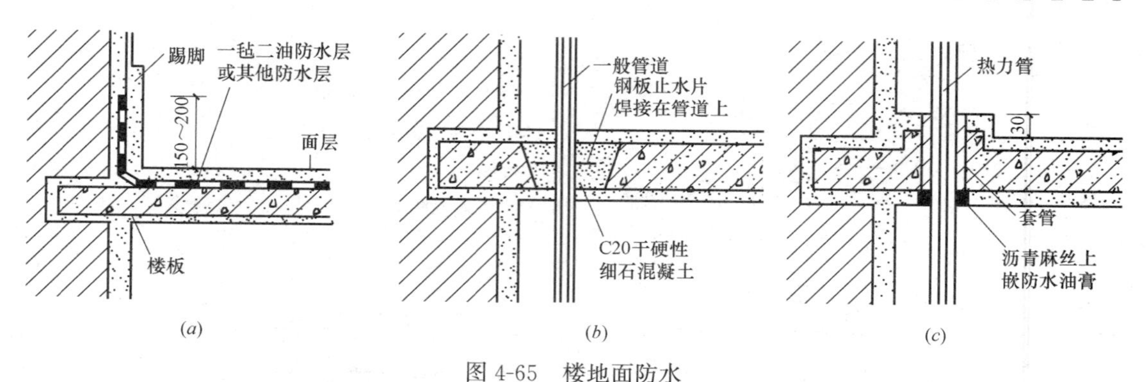

图 4-65　楼地面防水

(a) 楼板层与墙身防水；(b) 普通管道的处理；(c) 热力管道的处理

4.2.4　顶棚构造图识图

顶棚是楼板层下面的装修层。根据构造方式不同，顶棚可以分为直接式顶棚和吊顶棚两种。

1. 直接式顶棚

直接式顶棚是指在钢筋混凝土楼板下做饰面层而形成的顶棚。此种顶棚构造简单，施工方便，造价较低，适用于绝大多数房间。

(1) 直接喷刷涂料顶棚

当楼板底面平整、室内装饰要求不高时，楼板底部简单刮平后直接喷刷大白浆、石灰浆等涂料，以增加顶棚的反射光照作用。

(2) 抹灰喷刷涂料顶棚

当楼板底面不够平整或室内装饰要求较高时，可以在楼板底部抹灰后再喷刷涂料。找平层材料有：纸筋灰（混合砂浆打底）、水泥砂浆、混合砂浆、石膏腻子等。其中，纸筋灰应用最为普遍，如图 4-66 (a) 所示。

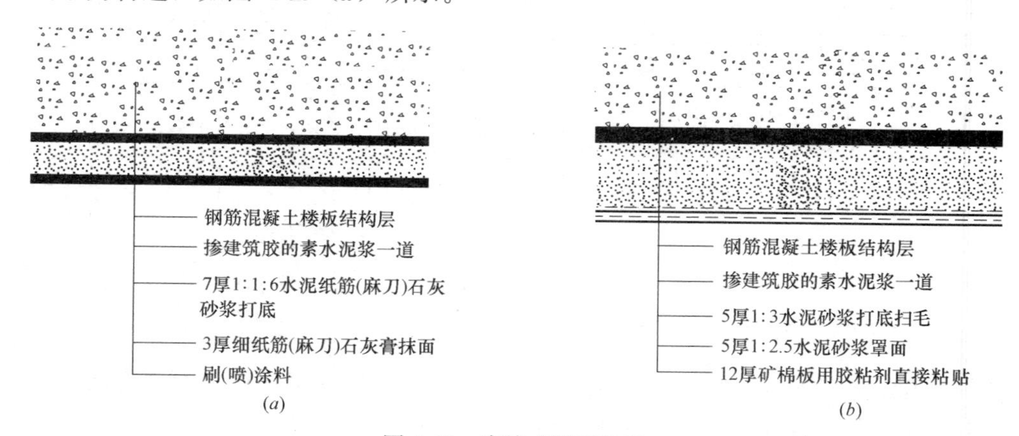

图 4-66　直接式顶棚构造

(a) 抹灰顶棚；(b) 贴面顶棚

(3) 贴面顶棚

对于有保温、隔热、吸声要求的房间，以及楼板底部不需要铺设管线、装饰要求高的

房间；可于楼板底面用水泥砂浆打底找平，再用胶粘剂粘贴墙纸、泡沫塑料板、铝塑板或装饰吸声板等，如图 4-66（*b*）所示。

2. 吊顶棚

吊顶棚是指悬挂在屋顶或楼板下，由骨架或面板所组成的顶棚。吊顶构造复杂、施工麻烦、造价较高，适用于装修标准较高而楼板底部不平或楼板下面铺设管线的房间以及有特殊要求的房间。

（1）吊顶的设计要求

1）吊顶应该有足够的净空高度，以便于各种设备管线的铺设；

2）合理安排灯具、通风口的位置，以符合照明、通风要求；

3）选择合适的材料和构造做法，使吊顶的燃烧性能和耐火极限满足防火规范要求；

4）便于制作、安装和维修；

5）对特殊房间，吊顶棚应满足隔声、音质、保温等特殊要求；

6）应满足美观和经济等方面的要求。

（2）吊顶构造

骨架系统一般是由吊筋、主龙骨、次龙骨等组成的，吊筋将主龙骨固定在楼板上，次龙骨固定在主龙骨上，面板固定在次龙骨上。

龙骨按照所用材料不同，分为金属龙骨和木龙骨。目前，常用的龙骨有薄钢带或铝合金制作的轻钢金属龙骨、木方龙骨。面板常用的有木质板、石膏板、铝合金板、PVC（聚氯乙烯）塑料扣板。

当需要设置吊顶的房间面积比较小或面板的面积比较小时，可以将吊顶的主龙骨直接固定在墙体上。如果吊顶的面积比较大，主龙骨的边缘可以固定在墙上，中间部分需要用吊筋固定在楼板上，如图 4-67 所示。

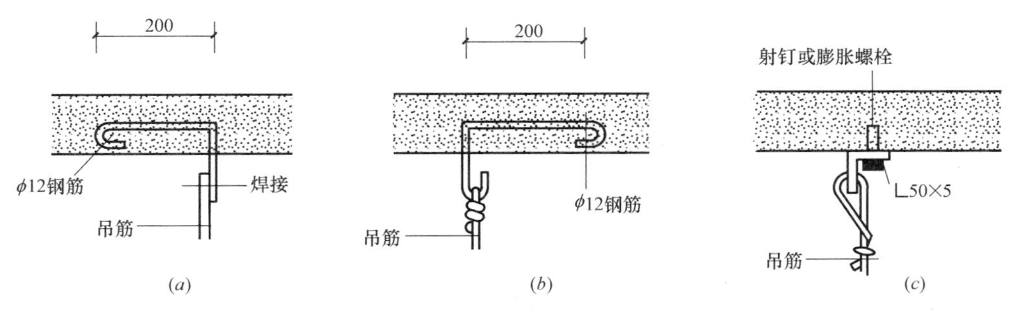

图 4-67 吊筋与楼板的固定方式

（*a*）固定方式一；（*b*）固定方式二；（*c*）固定方式三

1）木龙骨吊顶木龙骨吊顶的主龙骨截面一般为 50mm×70mm 方木，中距 900～1200mm，一般是单向排列。次龙骨截面为 40mm×40mm 方木，间距一般为 400～500mm，通过吊木吊在主龙骨下方，可单向布置，也可双向布置，如图 4-68 所示。

过去，木龙骨吊顶采用的面板常为抹灰面板，在次龙骨上先钉木板条，然后抹灰，最后做表面装修，价格低廉，但是作业量大。随着近些年来建筑材料的发展，目前常用的面板为胶合板、纤维板、木丝板、刨花板、石膏板、PVC 扣板等。

吊顶的形式可为满堂形式的，也可以在四周做窄吊顶，称为**边沿式吊顶**。

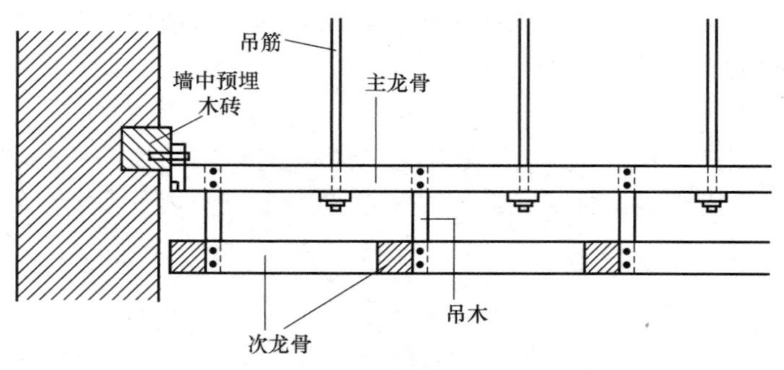

图 4-68　龙骨与墙体、吊筋之间的连接

2）金属龙骨吊顶。金属龙骨吊顶材料一般以轻钢或铝合金型材为龙骨，其特点是自重轻、刚度大、防火性能好、施工安装快、无湿作业，应用较为广泛。骨架系统的构造方式为：主龙骨截面有 U 形、倒 T 形、凹形等，一般是单向布置。次龙骨呈双向固定在主龙骨的下方，面板再固定在次龙骨上，如图 4-69 所示。

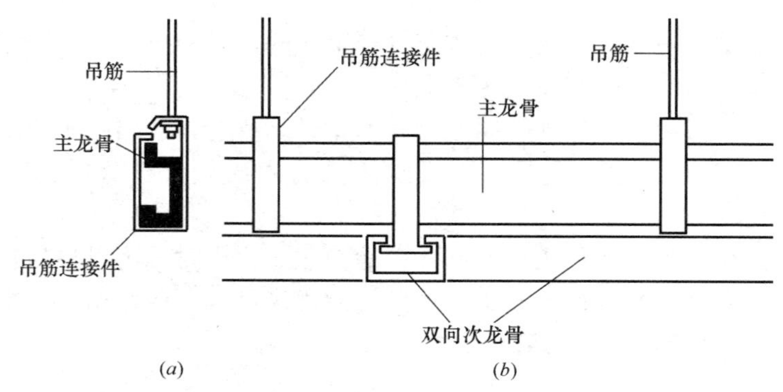

图 4-69　分主、次龙骨的金属龙骨系统

（a）截面图；（b）平面图

铝合金面板最后固定在次龙骨上，面板主要有人造非金属和金属面板，如图 4-70 所示。

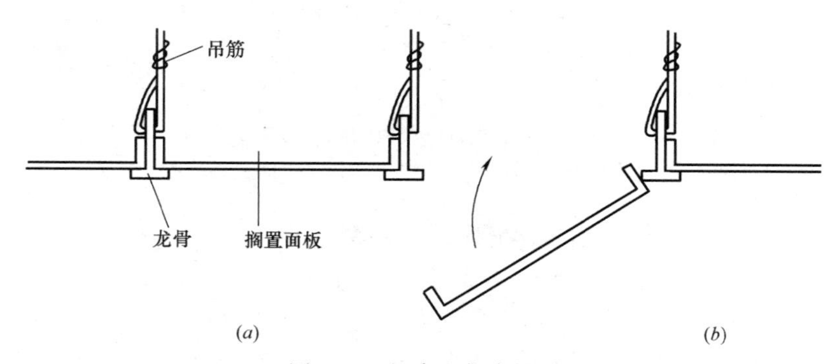

图 4-70　铝合金集成吊顶

（a）面板搁置位置；（b）面板搁置方法

人造板有纸面石膏板、浇筑石膏板、水泥石棉板、铝塑板；金属板有铝板、铝合金

板、不锈钢板等，面板的形状有条形、方形、长方形、折棱形、曲面形等，面板的固定方式有螺栓固定、直接搁置在龙骨上等。

4.2.5 阳台与雨篷构造图识图

1. 阳台

阳台是多层及高层建筑中供人们室外活动的平台，有生活阳台和服务阳台两种。生活阳台设在阳面或主立面，主要供人们休息、活动、晾晒衣物；服务阳台多与厨房相连，主要供人们从事家庭服务操作与存放杂物。阳台的设置大大改善了楼房的居住条件，同时又可点缀和装饰建筑立面。

阳台按照其与外墙的相对位置，分为凸阳台、凹阳台和半凸半凹阳台。凹阳台实为楼板层的一部分，构造与楼板层相同；而凸阳台的受力构件为悬挑构件，其挑出长度和构造做法一定要满足结构抗倾覆的要求。

（1）凸阳台的承重构件

凸阳台的承重构件目前均采用钢筋混凝土结构，按照施工方式有现浇钢筋混凝土结构和预制钢筋混凝土结构。

1）现浇钢筋混凝土凸阳台。现浇钢筋混凝土凸阳台有三种结构类型，如图 4-71 所示，多用于阳台形状特殊及抗震设防要求较高的地区。

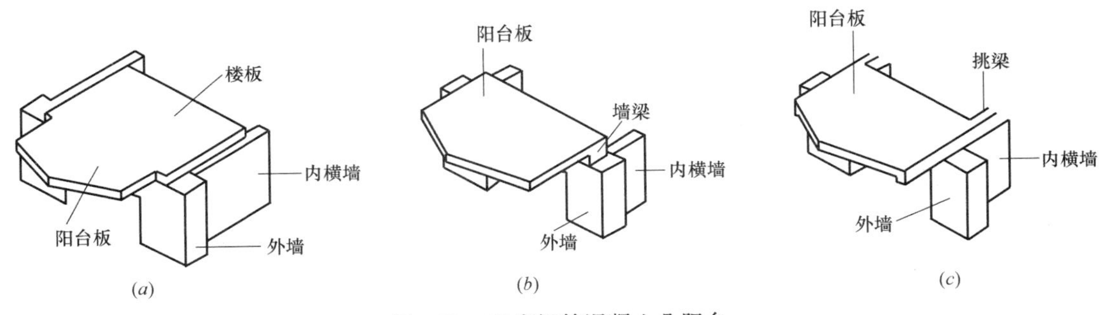

图 4-71 现浇钢筋混凝土凸阳台

(*a*) 挑板式；(*b*) 压梁式；(*c*) 挑梁式

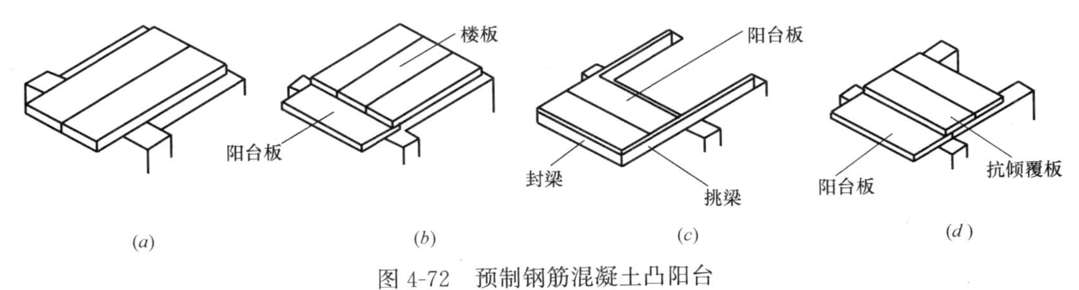

图 4-72 预制钢筋混凝土凸阳台

(*a*) 挑板外伸式；(*b*) 楼板压重式；(*c*) 挑梁式；(*d*) 抗倾覆板式

2）预制钢筋混凝土凸阳台。预制钢筋混凝土凸阳台有四种结构类型，如图 4-72 所示。这种阳台施工速度快，但抗震性能较差，通常用于抗震设防要求不高的地区。

（2）阳台的构造

1）栏杆（栏板）与扶手。栏杆（栏板）是为确保人们在阳台上活动安全而设置的竖向构件，要求坚固、可靠，舒适、美观。其净高应高于人体的重心，不宜小于 1.05m，也不得超过 1.2m。中高层、高层及严寒地区住宅的阳台，最好采用实体栏板。

栏杆通常由金属杆或混凝土杆制作，其垂直杆件间净距不得大于 110mm。它应上与扶手、下与阳台板连接牢固。金属栏杆一般由圆钢、方钢、扁钢或钢管组成，它与阳台板的连接有两种方法：第一种是直接插入阳台板的预留孔内，用砂浆灌注；第二种是与阳台板中预埋的通长扁钢焊牢。扶手与金属栏杆的连接，根据扶手材料的不同，有焊接、螺栓连接等。预制钢筋混凝土栏杆可以直接插入扶手和边梁上的预留孔中，也可以通过预埋件焊接固定，如图 4-73 所示。

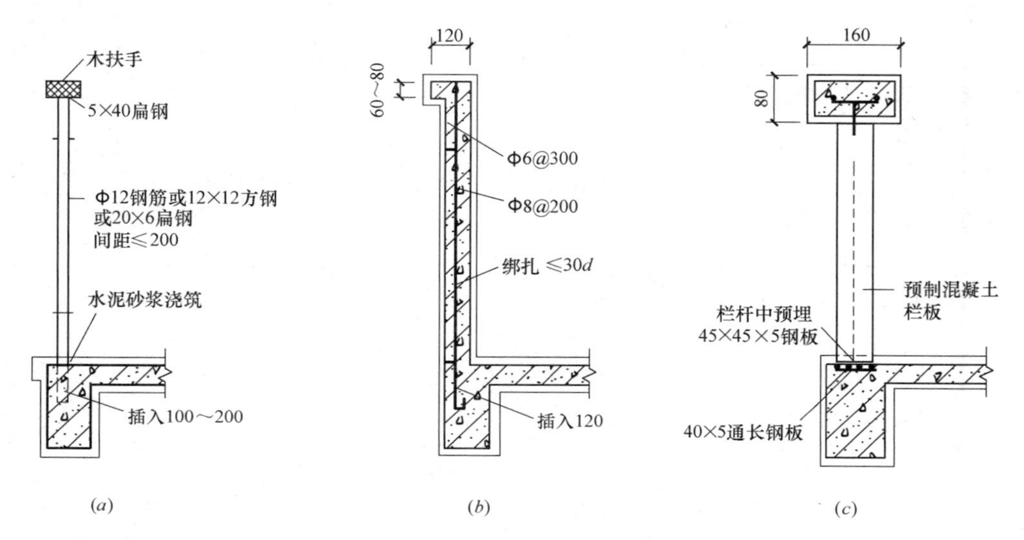

图 4-73 阳台栏杆（栏板）与扶手的构造
（*a*）金属栏杆；（*b*）现浇混凝土栏板；（*c*）预制钢筋混凝土栏板

栏板有钢筋混凝土栏板和玻璃栏板等。钢筋混凝土栏板可以与阳台板整浇在一起，也可以在地面预制成 300～600mm×1100mm 的预制板，借预埋铁件相互焊牢及与阳台板或边梁焊牢。玻璃栏板具有一定的通透性和装饰性，已逐渐应用于住宅建筑的阳台。

2）阳台排水。为排除阳台上的雨水和积水，阳台必须采取必要的排水措施。阳台排水有两种：外排水和内排水。阳台外排水适用于低层和多层建筑，具体做法是在阳台一侧或两侧设排水口，阳台地面向排水口做成 1%～2%的坡度，排水口内埋设ϕ40～ϕ50 镀锌钢管或塑料管（称水舌），外挑长度不少于 80mm，以免雨水溅到下层阳台，如图 4-74（*a*）所示。内排水适用于高层建筑和高标准建筑，具体做法是在阳台内设置排水立管和地漏，将雨水直接排入地下管网，确保建筑立面美观，如图 4-74（*b*）所示。

2. 雨篷

雨篷是建筑物入口处位于外门上部用以遮挡雨水、保护外门免受雨水侵害的水平构件，同时对建筑物立面效果也能起到很重要的作用。

雨篷多采用钢筋混凝土悬臂板，其悬挑长度一般为 1～1.5m，有板式和梁板式两种。为使雨篷底部平整，可将梁式雨篷的梁反到上部，呈反梁结构，并在梁间预留排水孔。

由于雨篷承受的荷载较小，因此雨篷板的厚度较薄，板外沿厚一般为 50～70mm。

雨篷的板面须作防水砂浆抹面，厚 20mm，为防止雨水沿墙边渗入室内，除尽量将过梁或圈梁与雨篷整浇在一起，并做在板的上部外，尚须将防水砂浆抹面沿墙身粉至雨篷面上 200mm 处，以形成泛水，如图 4-75 所示。

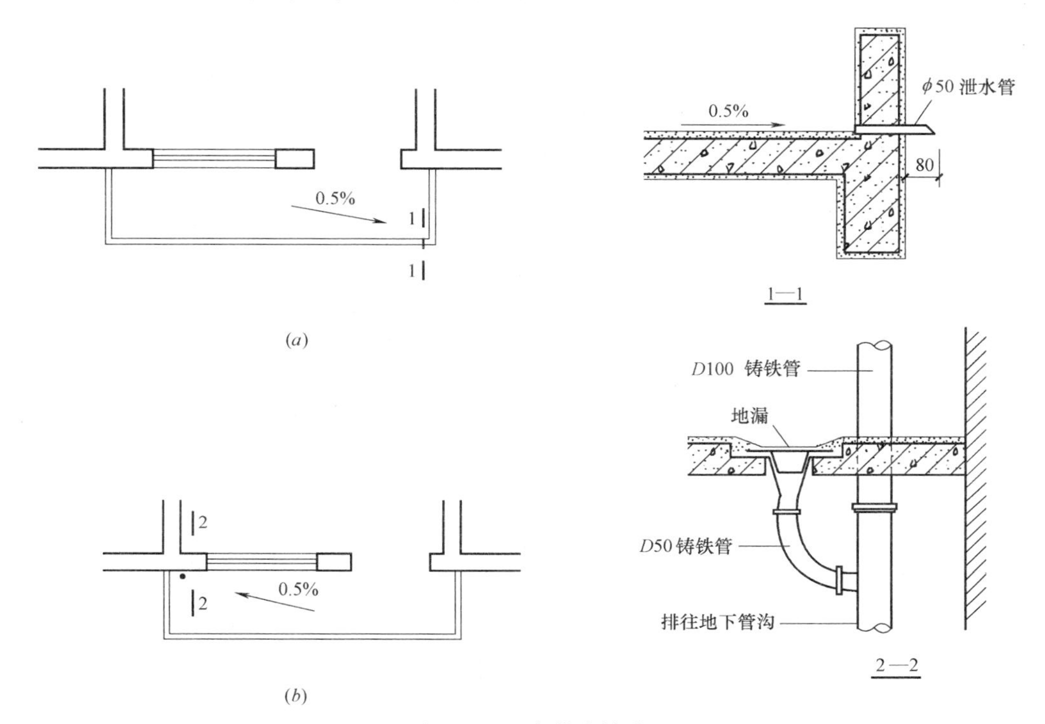

图 4-74　阳台排水构造
(a) 水舌排水；(b) 排水管排水

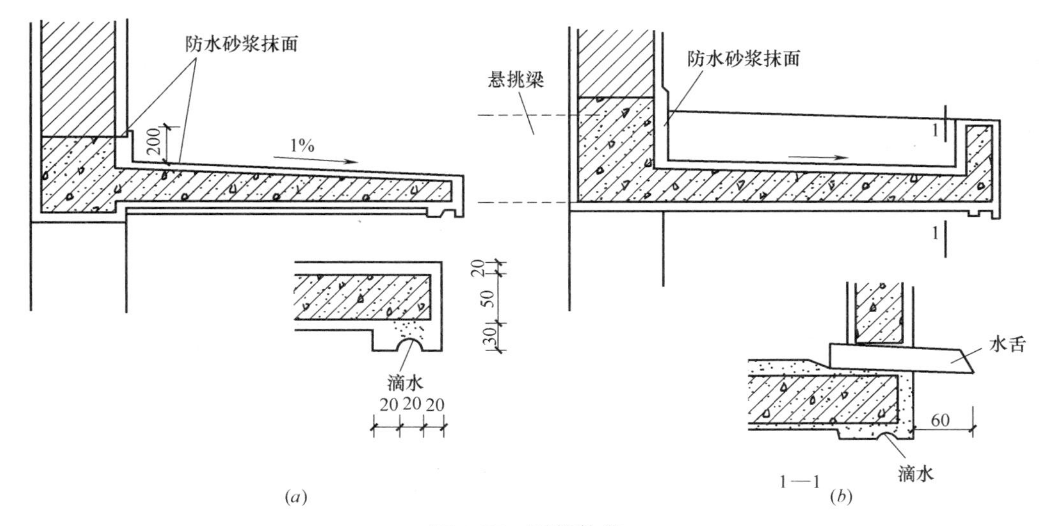

图 4-75　雨篷构造
(a) 板式雨篷；(b) 梁板式雨篷

4.3 楼梯与电梯施工图识图

4.3.1 楼梯的类型与组成

1. 楼梯的类型

建筑中楼梯的形式多种多样，根据建筑及使用功能的不同，有以下几种不同的分类方法：

（1）按照楼梯主要材料的不同，分为钢筋混凝土楼梯、钢楼梯、木楼梯等

（2）按照楼梯在建筑物中所处位置的不同，分为室内楼梯和室外楼梯

（3）按照楼梯使用性质的不同，分为主要楼梯、辅助楼梯、疏散楼梯、消防楼梯等

（4）按照楼梯间平面形式的不同，分为开敞楼梯间、封闭楼梯间和防烟楼梯间，如图 4-76 所示

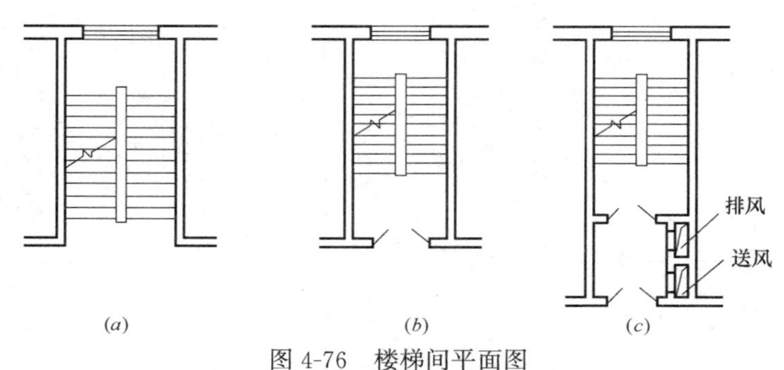

图 4-76 楼梯间平面图

（a）开敞楼梯间；（b）封闭楼梯间；（c）防烟楼梯间

（5）按照楼梯平面形式分类

楼梯的形式主要是由楼梯段（又称楼梯跑）与平台的组合形式来区分的，主要有直上楼梯、曲尺楼梯、双折楼梯（又称转弯楼梯、双跑楼梯）、三折楼梯、弧形楼梯、螺旋形楼梯、剪刀式和交叉式楼梯等。

1）直上楼梯。其楼梯跑与平台是布置在一条行走线上的，常用于居住建筑底层或在居住建筑中用作横跑楼梯时。在某些辅助建筑中也常采用直上楼梯。图 4-77（*a*）为用于居住建筑底层的直上楼梯；图 4-77（*b*）为在居住建筑中用作横跑楼梯的直上楼梯。此外，工厂建筑用于工作平台的楼梯以及消防梯，大多数采用直上楼梯。

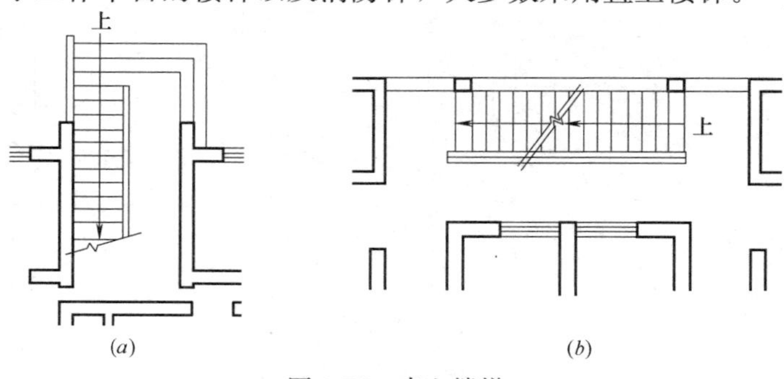

图 4-77 直上楼梯

2）曲尺楼梯。曲尺楼梯，一般用于面积紧凑处，如理发厅、小住宅等，使用较少，如图 4-78 所示。

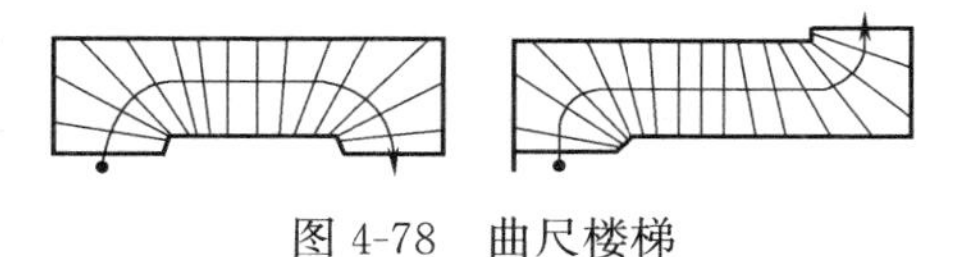

图 4-78　曲尺楼梯

3）双折楼梯（即双跑楼梯）。双折楼梯在公共建筑及居住建筑中最常见。图 4-79 为四种常见的双折楼梯。

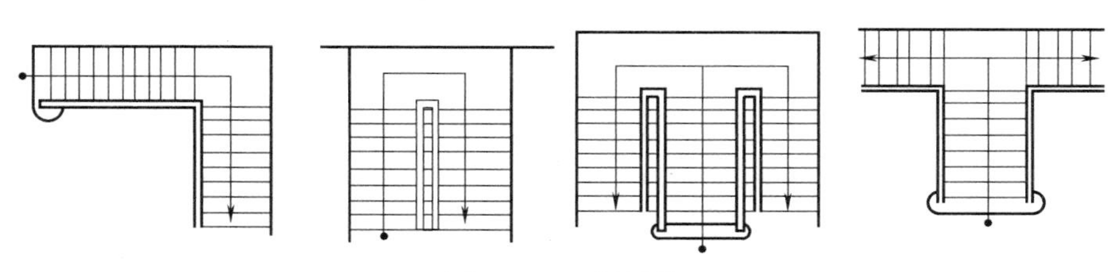

图 4-79　双折楼梯

4）三折式楼梯。常用于公共建筑中布置大厅作为主要楼梯，高层建筑以电梯为主要交通设施，三折式楼梯为辅助楼梯。图 4-80（a）为使用于大厅的楼梯，图 4-80（b）为使用于高层建筑与电梯组合的楼梯。

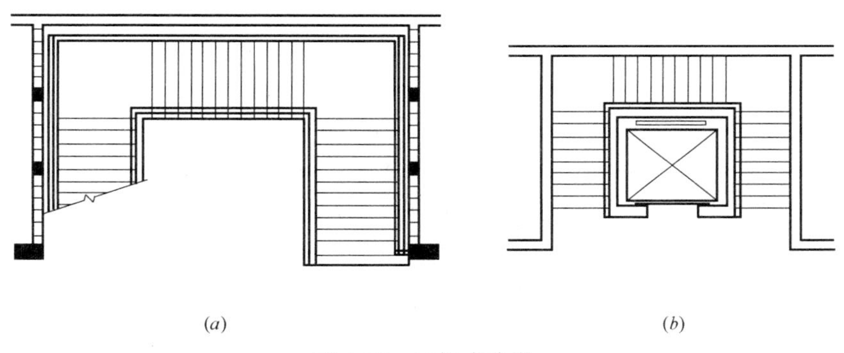

(*a*)　(*b*)

图 4-80　三折式楼梯

5）八角形、圆形、弧形、螺旋形楼梯。常用于庭园以及塔楼等特殊建筑中，螺旋形楼梯如图 4-81 所示，弧形楼梯如图 4-82 所示。

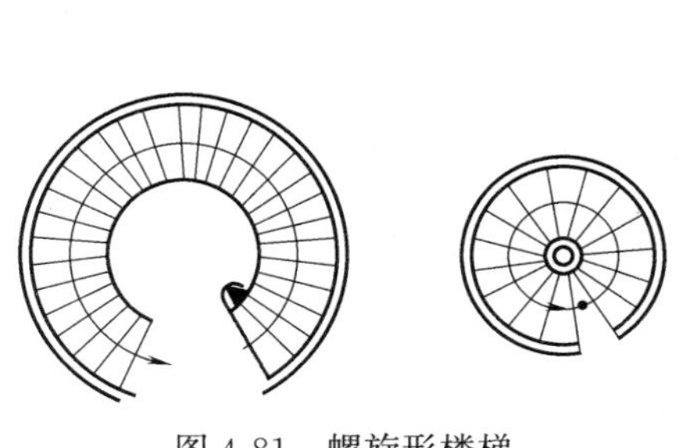

图 4-81　螺旋形楼梯

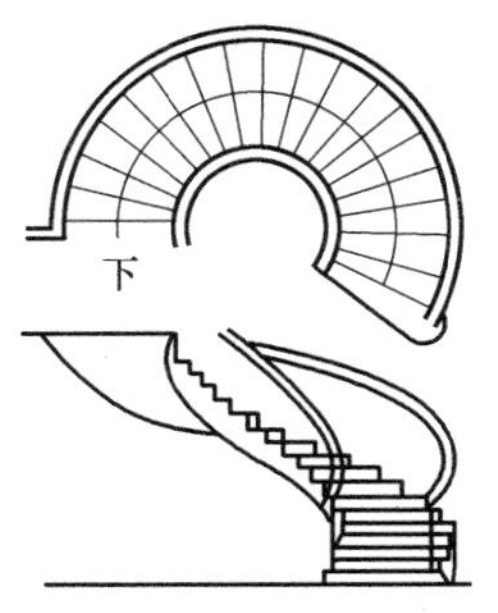

图 4-82　弧形楼梯

6）剪刀式和交叉式楼梯。常用于疏散密集的人群，例如体育馆、高等学校教学楼等。高层建筑常采用交叉式楼梯作安全楼梯（又称消防楼梯），作安全楼梯使用时应按防烟楼梯设计，根据防火规范要求有足够的开窗面积或设置排烟道。剪刀式楼梯如图 4-83 所示，交叉式楼梯如图 4-84 所示。

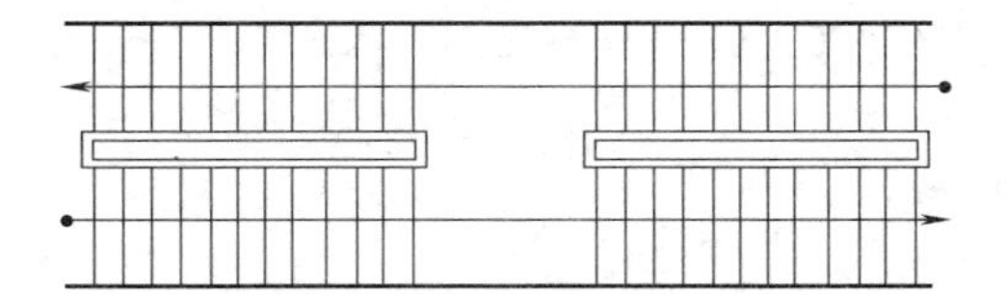

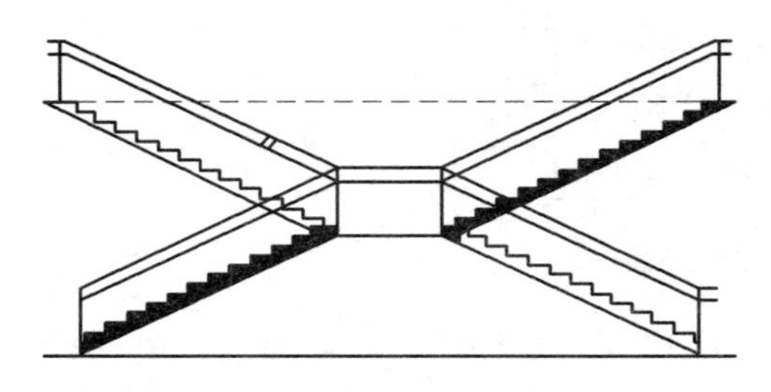

图 4-83 剪刀式楼梯

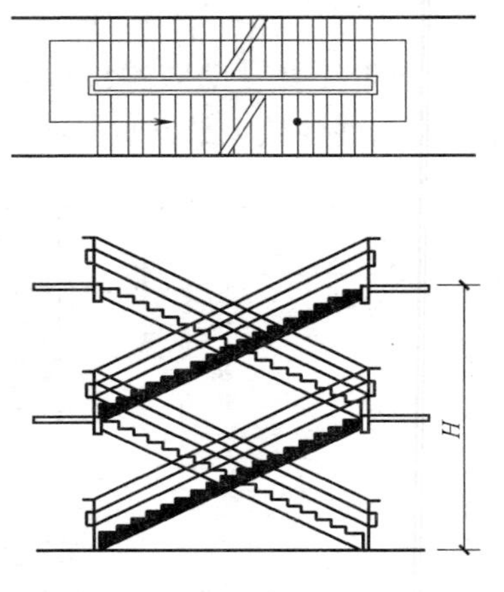

图 4-84 交叉式楼梯

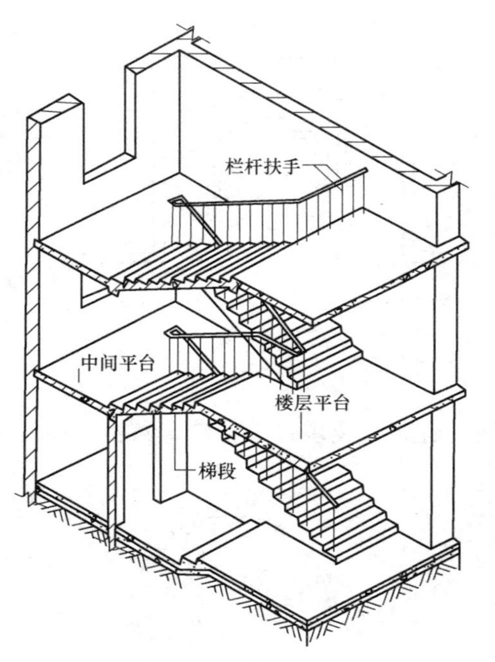

图 4-85 楼梯的组成

2. 楼梯的组成

楼梯的组成如图 4-85 所示。

(1) 楼梯段

楼梯段是楼梯的主要使用和承重部分，它由若干个连续的踏步组成。每个踏步又由两个互相垂直的面构成，水平面叫**踏面**，垂直面叫**踢面**。为免人们行走楼梯段时太过疲劳，每个楼梯段上的踏步数目不得超过 18 级，照顾到人们在楼梯段上行走时的连续性，每个楼梯段上的踏步数目不得少于 3 级。

(2) 楼梯平台

楼梯平台是楼梯段两端的水平段，主要是用来解决楼梯段的转向问题，并使人们在上下楼层时能够缓冲休息。楼梯平台按照其所处的位置，分为楼层平台和中间平台，与楼层相连的平台为楼层平台，处于上下楼地层之间的平台为中间平台。

相邻楼梯段和平台所围成的上下连通的空间称为**楼梯井**。楼梯井的尺寸根据楼梯施工时支模板的需要及满足楼梯间的空间尺寸来确定。

(3) 栏杆（栏板）和扶手

栏杆（栏板）是设置在楼梯段和平台临空侧的围护构件，应当有一定的强度和刚度，并应当在上部设置供人们手扶持用的扶手。公共建筑中，当楼梯段较宽时，常在楼梯段和平台靠墙一侧设置靠墙扶手。

4.3.2　钢筋混凝土楼梯构造图识图

1. 现浇钢筋混凝土楼梯

现浇钢筋混凝土楼梯是指在施工现场支模板、绑扎钢筋、浇筑混凝土而形成的整体楼梯。其具有整体性好、刚度好、坚固耐久等优点，但是耗用人工、模板较多，施工速度较慢，因此多用于楼梯形式复杂或抗震要求较高的房屋中。

现浇钢筋混凝土楼梯按梯段特点及结构形式的不同，可以分为板式楼梯和梁板式楼梯。

（1）板式楼梯

板式楼梯是指将楼梯段做成一块板底平整，板面上带有踏步的板，与平台、平台梁现浇在一起。作用在楼梯段上和平台上的荷载同时传给平台梁，然后由平台梁传到承重横墙上或柱上。板式楼梯也可不设平台梁，把楼梯段板和平台板现浇为一体，楼梯段和平台上的荷载直接传给承重横墙，如图 4-86 所示。此种楼梯构造简单、施工方便，但自重大、材料消耗多，较适用于荷载较小、楼梯跨度不大的房屋。

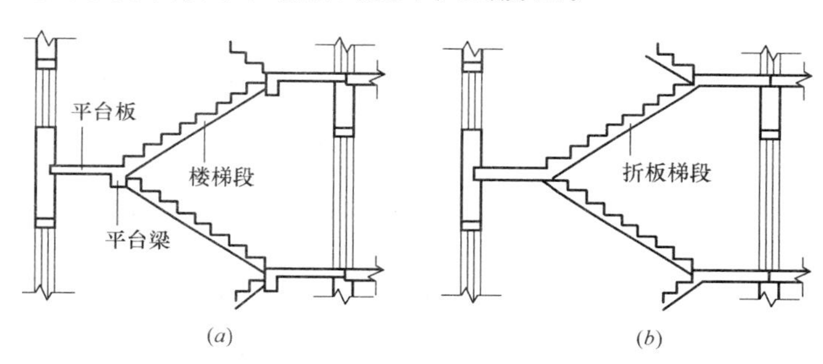

图 4-86　板式楼梯

（2）梁板式楼梯

梁板式楼梯是指在板式楼梯的楼梯段板边缘处设有斜梁的楼梯。作用在楼梯段上的荷载通过楼梯段斜梁传至平台梁，然后传到墙或柱上，如图 4-87 所示。根据斜梁与楼梯段位置的不同，分为明步楼梯段和暗步楼梯段两种。**明步楼梯段**是将斜梁设在踏步板之下；**暗步楼梯段**是将斜梁设在踏步板的上面，踏步包在梁内。此种楼梯传力线路明确、受力合理，较适用于荷载较大、楼梯跨度较大的房屋。

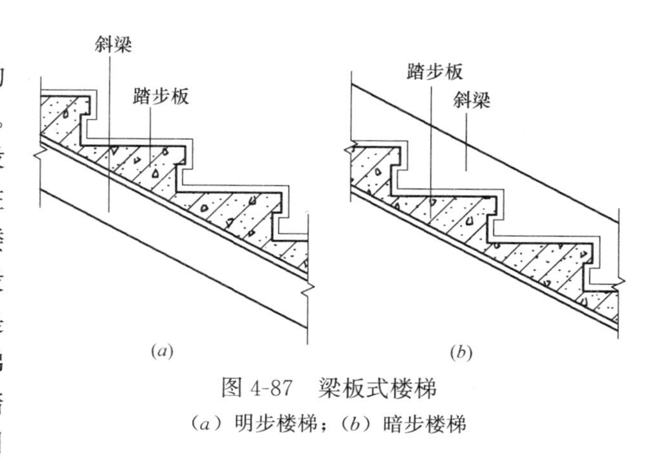

图 4-87　梁板式楼梯

（*a*）明步楼梯；（*b*）暗步楼梯

2. 预制装配式钢筋混凝土楼梯

预制装配式钢筋混凝土楼梯是指将组成楼梯的各个部分分成若干个小构件，在预制厂或施工现场进行预制的，施工时将预制构件进行焊接、装配。与现浇钢筋混凝土楼梯相比，其施工速度快，有利于节约模板，提高施工速度，减少现场湿作业，有利于建筑工业化，但刚度和稳定性较差，在抗震设防地区少用。

预制装配式钢筋混凝土楼梯按照构件尺寸的不同和施工现场吊装能力的不同，可分为小型构件装配式楼梯和中型及大型构件装配式楼梯。

（1）小型构件装配式楼梯

小型构件装配式楼梯的构件小，便于制作、运输和安装，但施工速度较慢，适用于施工条件较差的地区。

小型构件包括踏步板、斜梁、平台梁、平台板四种单个构件。预制踏步板的断面形式通常有一字形、“Γ”形和三角形三种。楼梯段斜梁一般做成锯齿形和L形，平台梁的断面形式通常为L形和矩形。

小型构件按其构造方式，可分为墙承式、梁承式和悬臂式。

1）墙承式。是指预制钢筋混凝土踏步板直接搁置在墙上的一种楼梯形式，这种楼梯由于在梯段之间有墙，搬运家具不方便，使得视线、光线受到阻挡，感到空间狭窄，整体刚度较差，对抗震不利，施工也较麻烦。

为了采光和扩大视野，可在中间墙上适当的部位留洞口，墙上最好装有扶手，如图4-88所示。

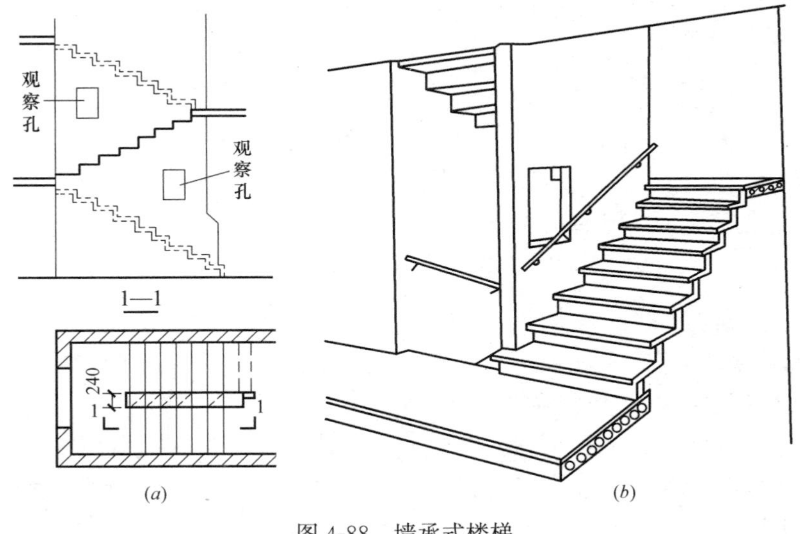

图 4-88 墙承式楼梯

2）梁承式。是指梯段有平台梁支承的楼梯构造方式，在一般民用建筑中较为常用。安装时，将平台梁搁置在两边的墙和柱上，斜梁搁在平台梁上，斜梁上搁置踏步。斜梁做成锯齿形和矩形截面两种，斜梁与平台用钢板焊接牢固，如图4-89所示。

3）悬臂式。是指预制钢筋混凝土踏步板一端嵌固于楼梯间侧墙上，另一端悬挑的楼梯形式，如图4-90所示。

悬臂式钢筋混凝土楼梯无平台梁和梯段斜梁，也无中间墙。楼梯间空间较空透，结构占空间少，但是楼梯间整体刚度较差，不能用于有抗震设防要求的地区。其施工较麻烦，现已很少采用。

（2）中型、大型构件装配式楼梯

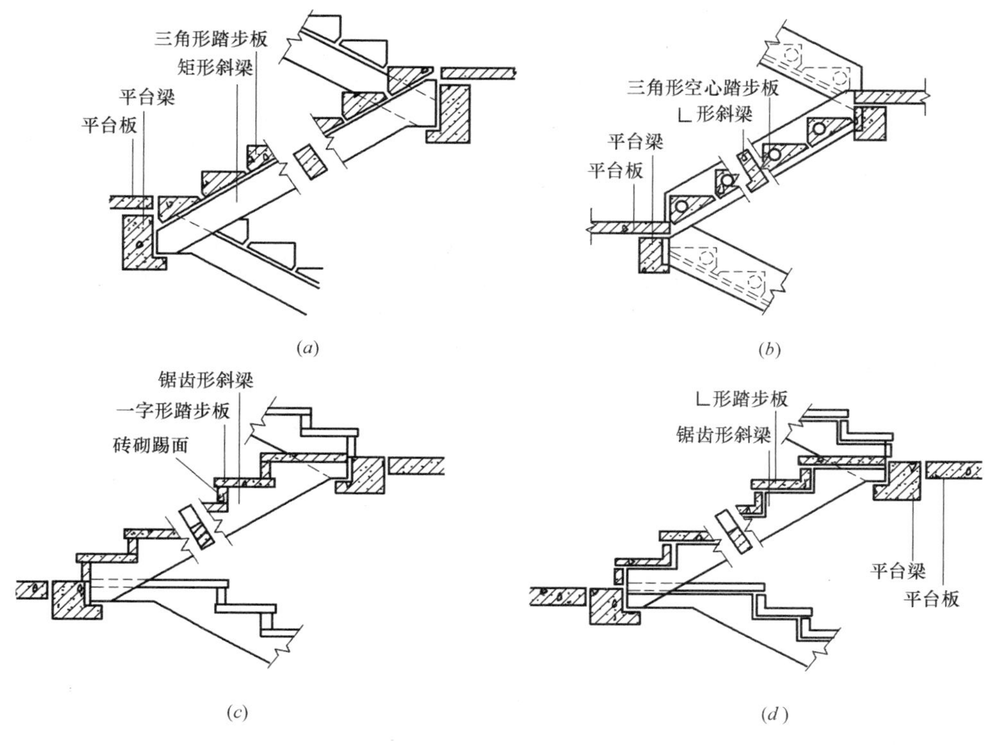

图 4-89　梁承式楼梯

（a）三角形踏步板矩形斜梁；（b）三角形踏步板 L 形斜梁；

（c）一字形踏步板锯齿形斜梁；（d）L 形踏步板锯齿形斜梁

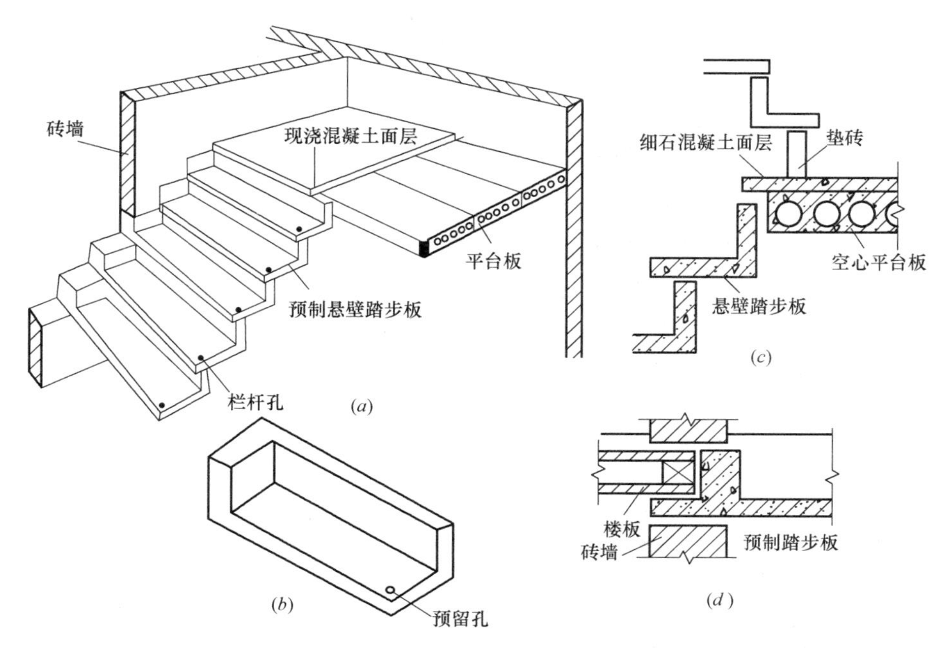

图 4-90　悬臂式楼梯

（a）悬臂踏步楼梯示意；（b）踏步构件；（c）平台转换处剖面；（d）预制楼板处构件

中型构件装配式楼梯，构件数量少，施工速度快。中型构件装配式楼梯一般由平台板和楼梯段两个构件组成。

1）平台板根据需要，采用钢筋混凝土空心板、槽板和平板。在平台上有管道井处，不应布置空心板。平台板平行于平台梁布置，利于加强楼梯间的整体刚度；垂直布置时，常用小平板，如图 4-91 所示。

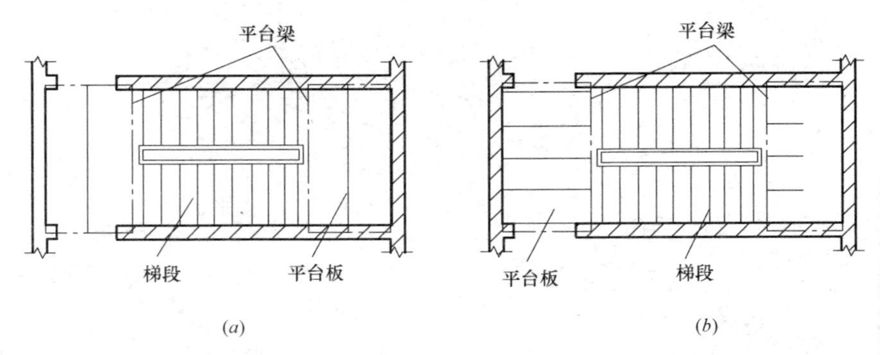

图 4-91 平台板布置方式

（a）平台板平行于平台梁；（b）平台板垂直于平台梁

2）梯段按构造形式不同，分为板式和梁式两种，构造如图 4-92 所示。

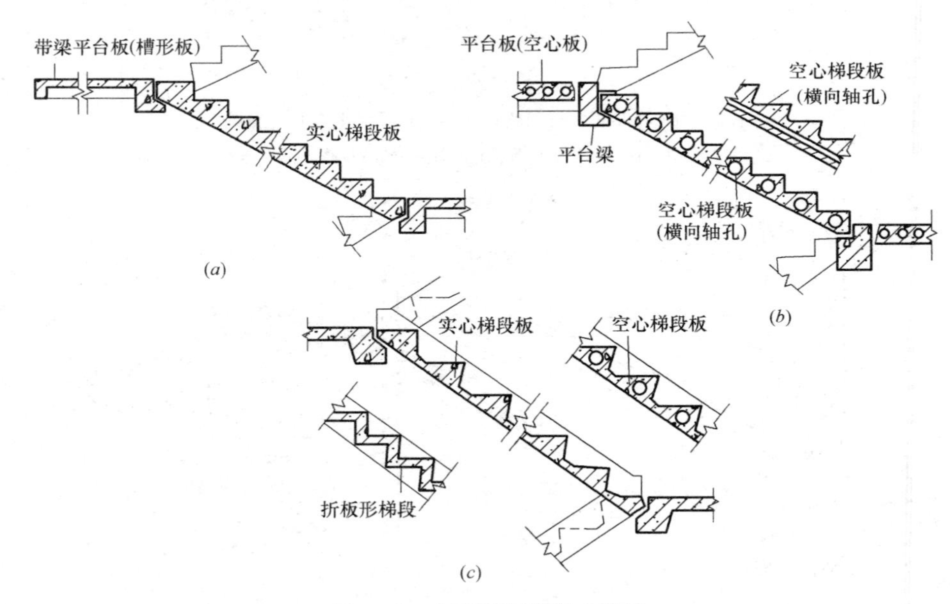

图 4-92 中型预制装配式楼梯

（a）板式楼梯（实心梯段与带梁平台板）；（b）板式楼梯（空心梯段与平台梯、平台板）；（c）梁式梯段

板式梯段有空心和实心之分，实心楼梯加工简单，但是自重较大；空心梯段自重较小，多为横向留孔。板式梯段的底面平整，适用于住宅、宿舍建筑中使用。

梁式梯段是把踏步板和边梁组合成一个构件，多为槽板式。为了节约材料、减轻其自重，对踏步截面进行改造，主要采取踏步板内留孔，把踏步板踏面和踢面相交处的凹角处理成小斜面，做成折板式踏步等措施。

大型构件装配式楼梯是将楼梯段和两个平台连在一起组成一个构件。每层楼梯由两个相同的构件组成。这种楼梯的装配化程度高、施工速度快，但是需要大型吊装设备，常用于预制装配式建筑。

4.3.3 楼梯细部构造图识图

1. 踏步面层及防滑构造

(1) 踏步面层

楼梯踏步要求面层耐磨、防滑、便于清洁，构造做法一般与地面相同，例如水泥砂浆面层、水磨石面层、缸砖贴面、大理石和花岗石等石材贴面、塑料铺贴或地毯铺贴等，如图 4-93 所示。

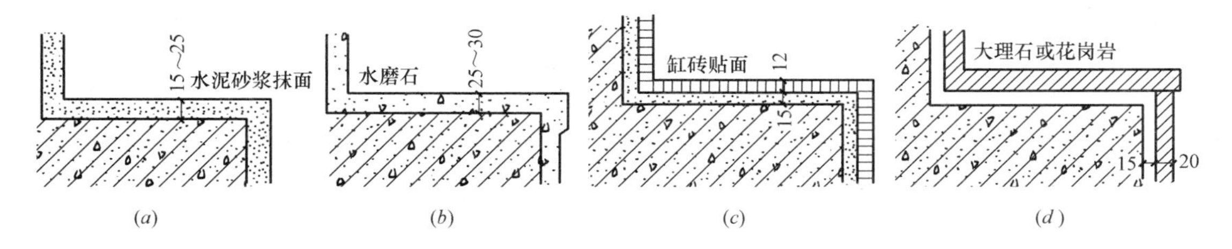

图 4-93 踏步面层构造

(a) 水泥砂浆踏步面层；(b) 水磨石踏步面层；(c) 缸砖踏步面层；(d) 大理石或花岗石踏步面层

(2) 防滑构造

在人流集中且拥挤的建筑中，为免行走时滑跌，踏步表面应采取相应的防滑措施。通常，是在踏步口留 2～3 道凹槽或设防滑条，防滑条长度一般按照踏步长度每边减去 150mm。常用的防滑材料有金刚砂、水泥铁屑、橡胶条、塑料条、金属条、马赛克、缸砖、铸铁和折角铁等，如图 4-94 所示。

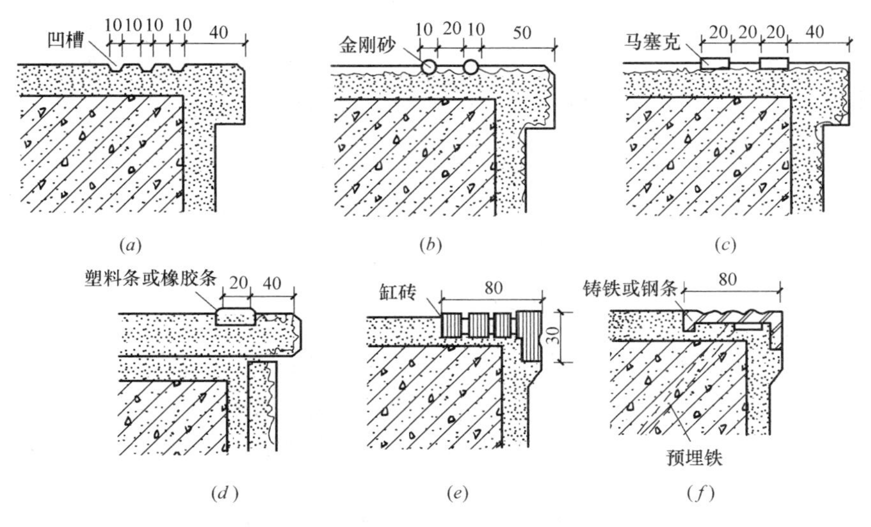

图 4-94 踏步防滑构造

(a) 防滑凹槽；(b) 金刚砂防滑条；(c) 贴马赛克防滑条；

(d) 嵌塑料或橡胶防滑条；(e) 缸砖包口；(f) 铸铁或钢条包口

2. 栏杆、栏板与扶手

（1）栏杆和栏板

栏杆应有足够的强度，能够保证使用时的安全，一般采用方钢、圆钢、扁钢、钢管等制作成各种图案，既起安全防护作用又有一定的装饰效果，如图 4-95（*a*）所示。其垂直杆件间的净间距不应超过 110mm。

栏板多采用钢筋混凝土或配筋的砖砌体。钢筋混凝土栏板一般采用现浇栏板，比较坚固、安全、耐久。配筋的砖砌体栏板用烧结普通砖侧砌，每隔 1.0～1.2m 加设钢筋混凝土构造柱或在栏板外侧设钢筋网加固，如图 4-95（*b*）所示。

还有一种组合栏杆，是将栏杆和栏板组合在一起的一种栏杆形式。栏杆部分一般采用金属杆件，栏板部分可采用预制混凝土板材、有机玻璃、钢化玻璃、塑料板等，如图 4-95（*c*）所示。

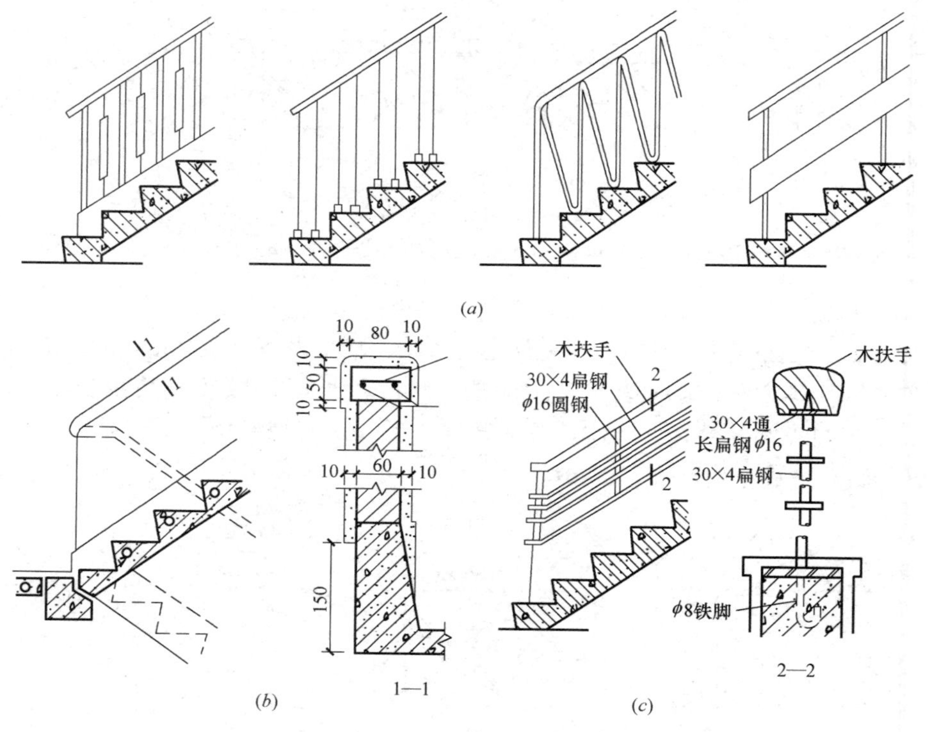

图 4-95 栏杆与栏板构造

（*a*）栏杆形式举例；（*b*）1/4 砖砌栏板；（*c*）组合式栏杆

栏杆与楼梯段的连接方式有多种：一种是栏杆与楼梯段上的预埋件焊接，如图 4-96（*a*）所示；一种是栏杆插入楼梯段上的预留洞中，用细石混凝土、水泥砂浆或螺栓固定，如图 4-96（*b*）、（c）所示；也可在踏步侧面预留孔洞或预埋铁件进行连接，如图 4-96（*d*）、（*e*）所示。

（2）扶手　扶手材料一般有硬木、金属管、塑料、水磨石、天然石材等，其断面形状和尺寸除考虑造型外，应以方便手握为宜，顶面宽度一般不大于 90mm，如图 4-97 所示。

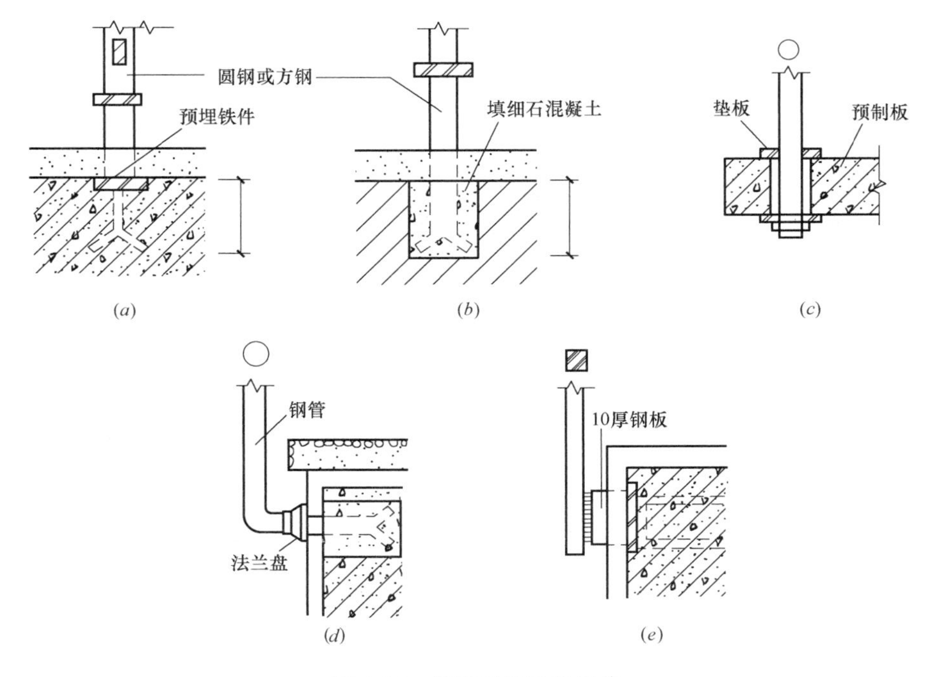

图 4-96　栏杆与梯段的连接

（*a*）梯段内预埋铁件；（*b*）梯段预留孔砂浆固定；（*c*）预留孔螺栓固定；
（*d*）踏步侧面预留孔；（*e*）踏步侧面预埋铁件

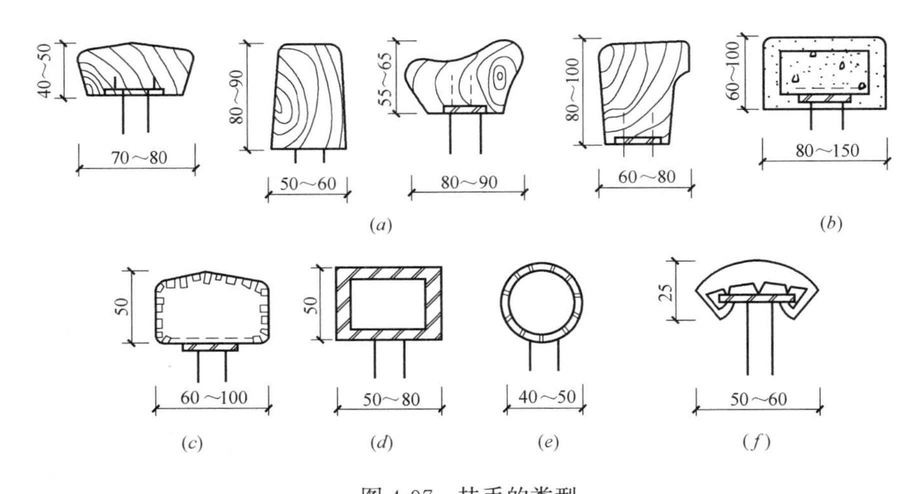

图 4-97　扶手的类型

（*a*）木扶手；（*b*）混凝土扶手；（*c*）水磨石扶手；（*d*）角钢或扁铁扶手；
（*e*）金属管扶手；（*f*）聚氯乙烯扶手

顶层平台上的水平扶手端部应与墙体有可靠的连接。一般是在墙上预留孔洞，将连接栏杆和扶手的扁钢插入洞中，用细石混凝土或水泥砂浆填实，如图 4-98（*a*）所示；也可将扁钢用木螺钉固定在墙内预埋的防腐木砖上，如图 4-98（*b*）所示；当为钢筋混凝土墙或柱时，则可预埋铁件焊接，如图 4-98（*c*）所示。

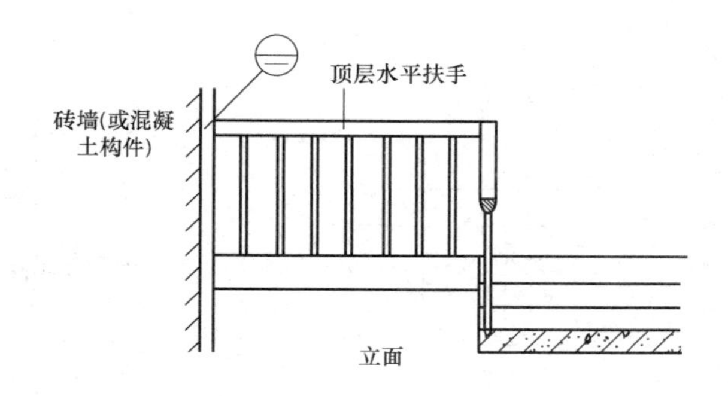

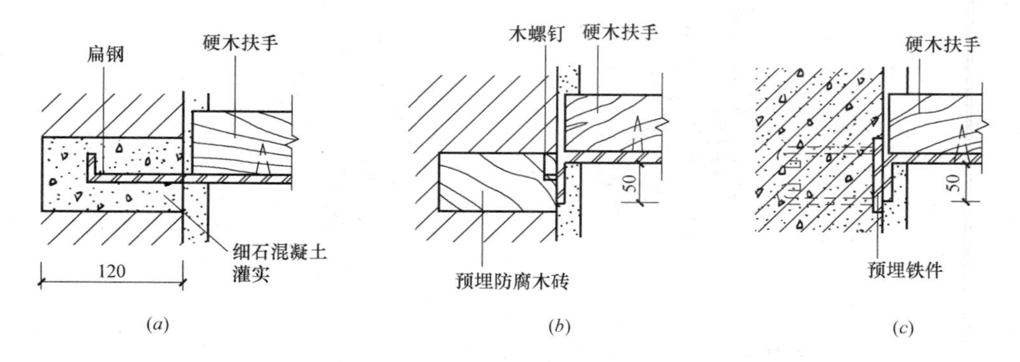

图 4-98 扶手端部与墙（柱）的连接

（*a*）预留孔洞插接；（*b*）预埋防腐木砖木螺钉连接；（*c*）预埋铁件焊接

4.3.4 电梯及自动扶梯构造图识图

1. 电梯

电梯是多层与高层建筑中常用的设备。部分高层及超高层建筑为了满足疏散和救火的需要，还要专门设置消防电梯。

（1）电梯的分类

电梯根据动力拖动的方式，可以分为交流拖动电梯、直流拖动电梯和液压电梯。电梯根据用途，可以分为乘客电梯、病房电梯、载货电梯和小型杂物电梯等，如图 4-99 所示。

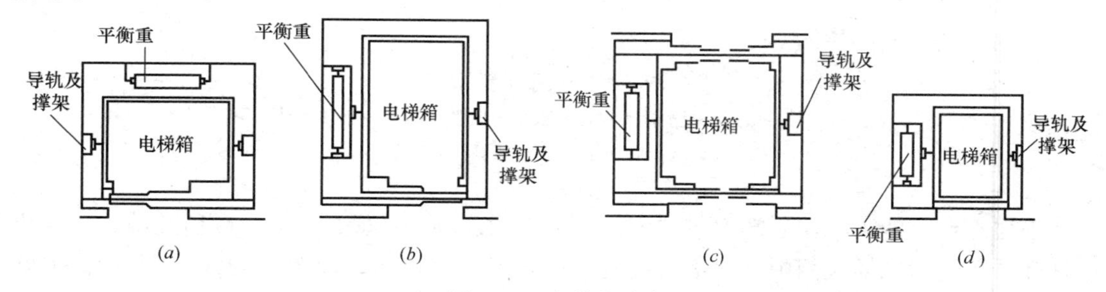

图 4-99 电梯的分类

（*a*）客梯（双扇推拉门）；（*b*）病床梯（双扇推拉门）；（*c*）货梯（中分双扇推拉门）；（*d*）小型杂物梯

（2）电梯的规格　电梯的载重量是用来划分电梯规格的常用标准，例如 400kg、1000kg 和 2000kg 等。

电梯按运行速度的不同，可分为低速电梯（$v \leqslant 1.0$m/s）、快速电梯（1.0m/s$< v \leqslant$ 2m/s）、高速电梯（2m/s$< v \leqslant$5m/s）和超高速电梯（$v \leqslant$5m/s）。

（3）电梯的组成

电梯由轿厢、电梯井道和运载设备组成，如图 4-100 所示。轿厢要求坚固、耐用和美观；电梯井道属土建工程内容，涉及井道、地坑和机房三部分，井道的尺寸由轿厢的尺寸确定；运载设备包括动力、传动和控制系统。

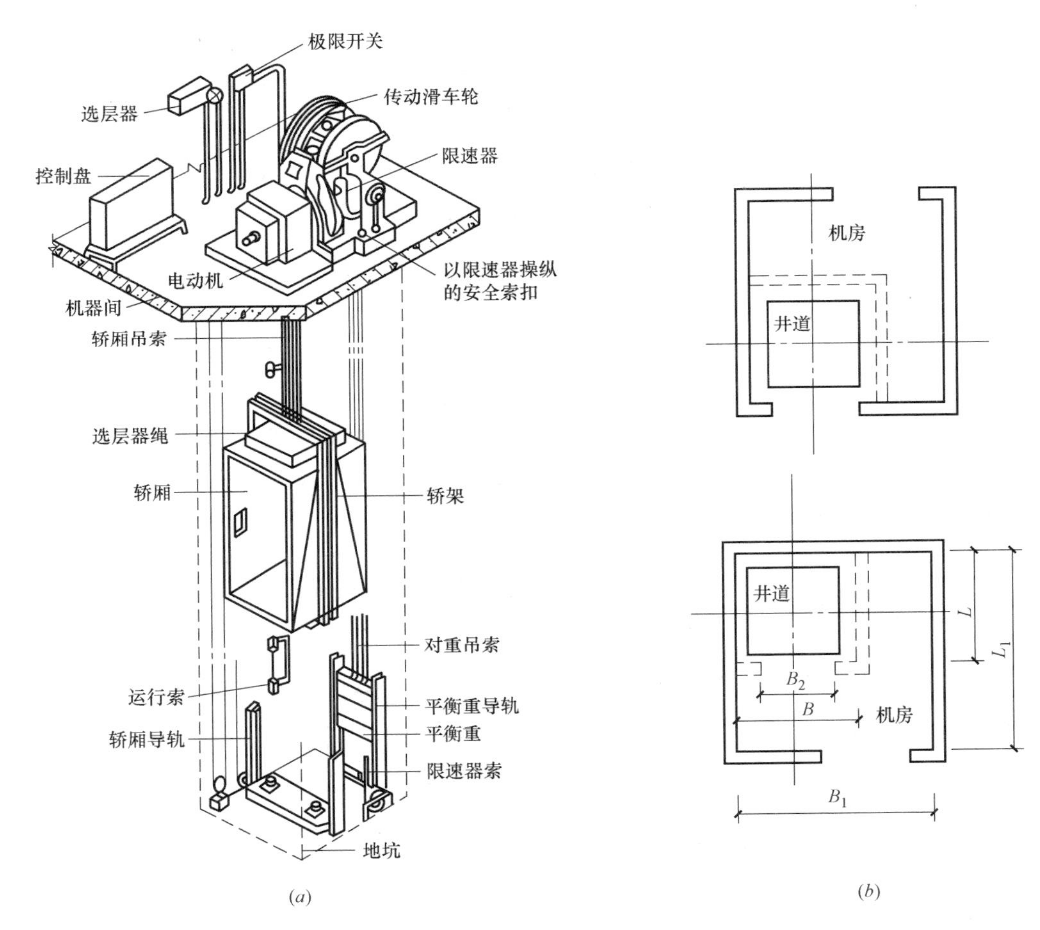

图 4-100　电梯的组成
（a）电梯井道；（b）井道平面

（4）电梯的设计要求

1）电梯井道是电梯轿厢的运行通道，它包括有导轨、平衡重、缓冲器等设备。电梯井道多数为现浇钢筋混凝土墙体，也可用砖砌筑，但应当采取加固措施，如每隔一段设置钢筋混凝土圈梁。电梯井道内不允许布置无关的管线，要解决好防火、隔声、通风和检修等问题。

① 井道防火：井道犹如建筑物内的烟囱，能够迅速将火势向上蔓延。井道一般采用钢

筋混凝土材料，电梯门应当采用甲级防火门，构成封闭的电梯井，隔断火势向楼层的传播。

② 井道隔声：井道隔声主要是避免机房噪声沿井道传播。一般的构造措施是在机座下设置弹性垫层，隔断振动产生的固体传声途径；或者，在紧邻机房地井道中设置 1.5～1.8m 高的夹层，隔绝井道中空气传播噪声的途径，如图 4-101 所示。

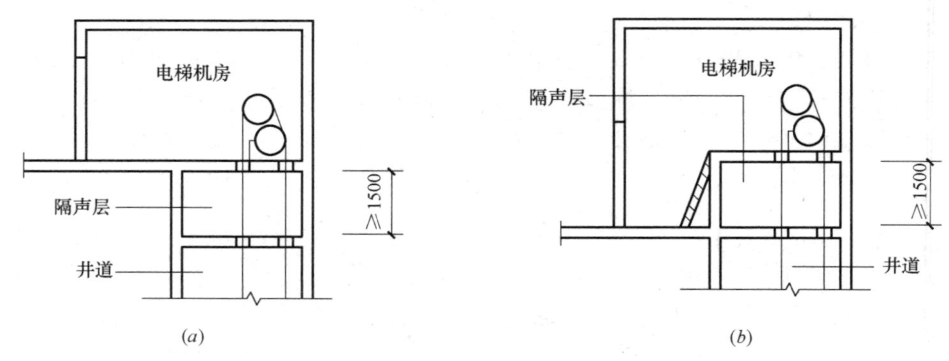

图 4-101 机房隔声层

③ 井道通风：在地坑与井道中部和顶部，分别设置面积大于或等于 300mm×600mm 的通风孔，解决井道内的排烟和空气流通问题。

④ 井道检修：为了设备安装和检修方便，井道的上下应留有必要的空间。空间的大小与轿厢运行速度等有关，可以参照电梯型号确定。

2）电梯机房一般设在电梯井道的顶部，也有少数电梯将机房设在井道底层的侧面，如液压电梯。电梯机房的高度在 2.5～3.5m 之间，面积应当大于井道面积。机房平面位置可向井道平面相邻两个方向伸出，如图 4-102 所示。

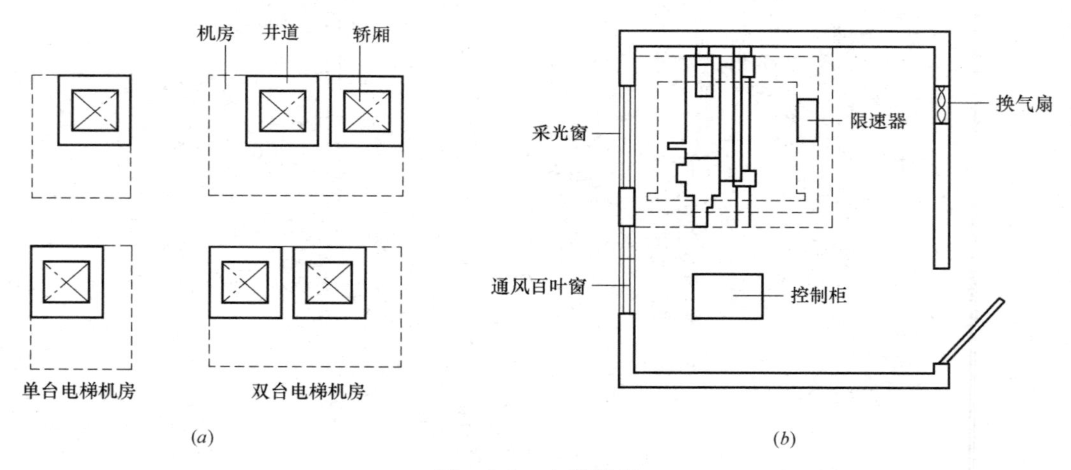

图 4-102 电梯机房

（a）电梯机房与井道的关系；（b）电梯机房平面图

2. 自动扶梯

自动扶梯的连续运输效率高，多用于人流较大的场所，例如商场、火车站和机场等。自动扶梯的坡度平缓，通常为 30°左右，运行速度为 0.5～0.7m/s。自动扶梯的宽度有单人和双人两种，其规格见表 4-1。

自动扶梯型号规格　　表 4-1

梯型	输送能力(人/h)	提升高度(m)	速度(m/s)	扶梯宽度	
				净宽度 B(mm)	外宽 B_1(mm)
单人梯	5000	3～10	0.5	600	1350
双人梯	8000	3～8.8	0.5	1000	1750

自动扶梯有正、反两个运行方向，它由悬挂在楼板下面的电机牵动踏步板与扶手同步运行。自动扶梯的组成如图 4-103 所示。

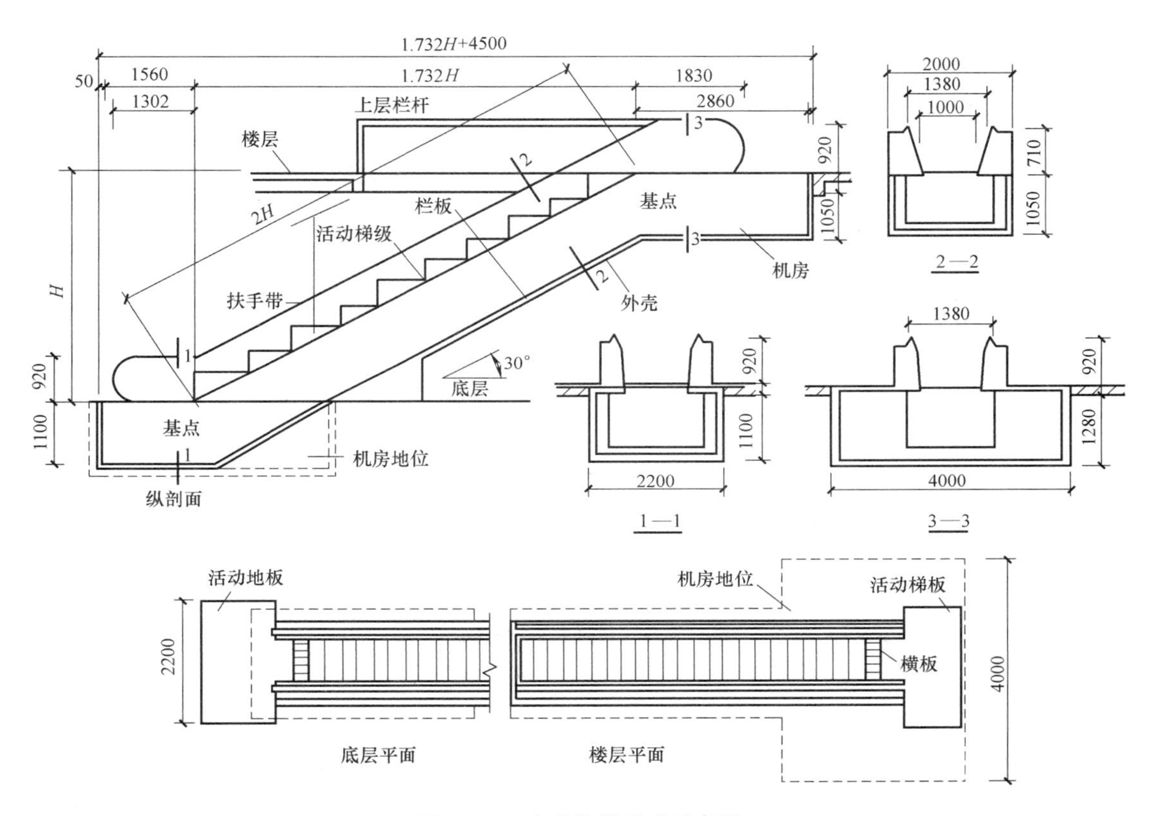

图 4-103　自动扶梯组成示意图

4.3.5　室外台阶与坡道构造图识图

1. 台阶的构造

台阶由踏步和平台组成。其形式有单面踏步式、三面踏步式等。台阶坡度较楼梯平缓，每级踏步高为 100～150mm，踏面宽为 300～400mm。

室外台阶的平台应与室内地坪有一定高差，一般为 40～50mm。台阶构造与地坪构造相似，由面层和结构层构成。结构层材料应采用抗冻、抗水性能好且质地坚实的材料，常见的台阶基础有就地砌造、勒脚挑出和桥式三种。台阶踏步有砖砌踏步、混凝土踏步、钢筋混凝土踏步和石踏步四种。高度在 1m 以上的台阶需考虑设栏杆或栏板，如图 4-104 所示。面层应采用耐磨、抗冻材料。常见的有水泥砂浆、水磨石、缸砖以及天然石板等。

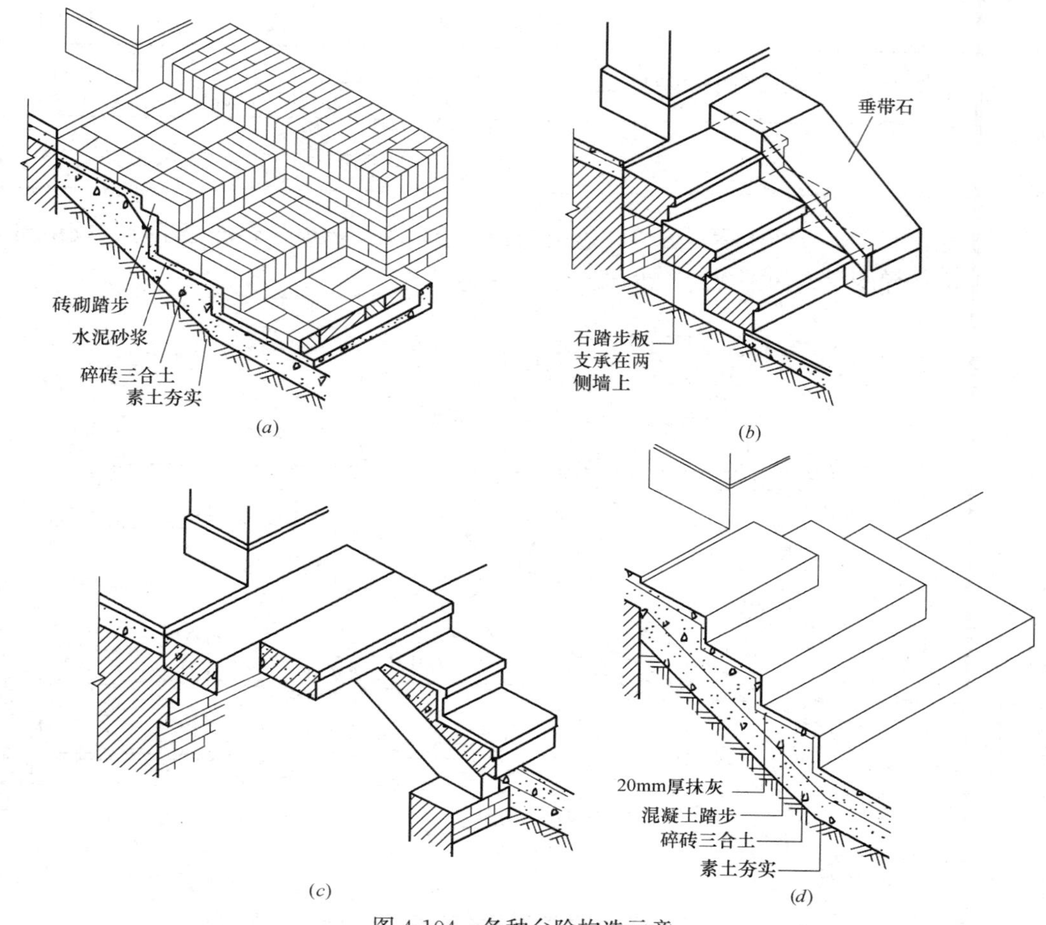

图 4-104 各种台阶构造示意

（a）砖台阶；（b）石台阶；（c）桥式台阶；（d）混凝土台阶

2. 坡道的构造

坡道坡度应以有利推车通行为佳，一般为 1/10～1/8。有些大型公共建筑，为考虑汽车能在大门入口处通行，常采用台阶与坡道相结合的形式。

坡道材料常见的有混凝土或石块等，面层也以水泥砂浆居多。对经常处于潮湿、坡度较陡或采用水磨石做面层的，在其表面必须做防滑处理，其构造如图 4-105（c）、（d）所示。

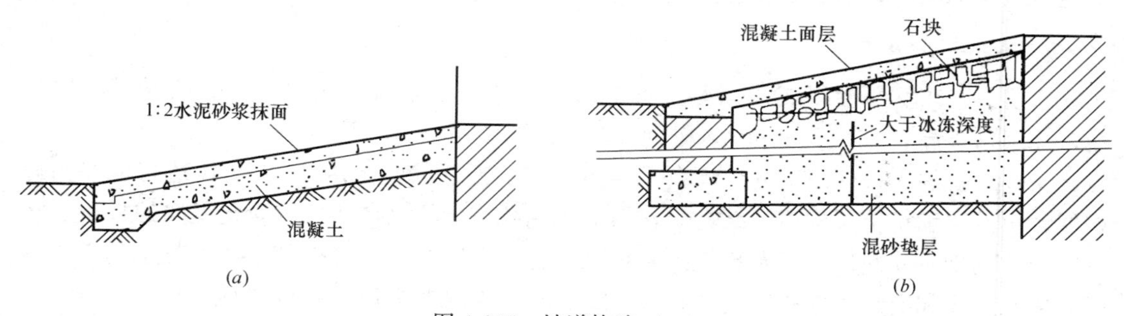

图 4-105 坡道构造（一）

（a）混凝土坡道；（b）块石坡道

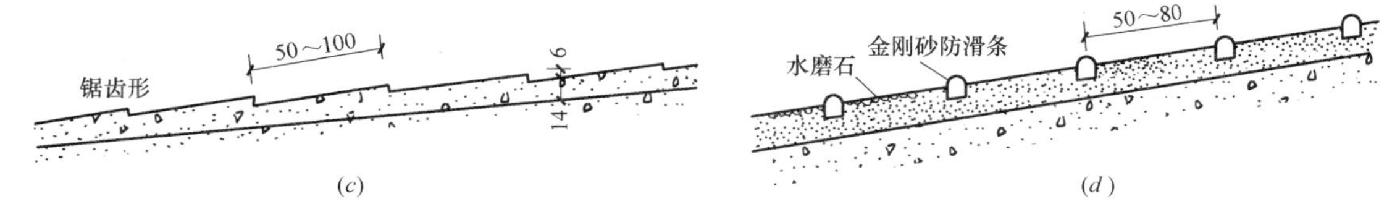

图 4-105 坡道构造（二）
（c）防滑锯齿槽坡面；（d）防滑条坡面

4.4 屋顶施工图识图

4.4.1 屋顶的类型与组成

1. 屋顶的类型

按照屋顶的排水坡度和构造形式，屋顶分为平屋顶、坡屋顶和曲面屋顶三种类型。

（1）平屋顶

通常是指排水坡度小于5%的屋顶，常用坡度为2%～3%。平屋顶形式如图4-106所示。

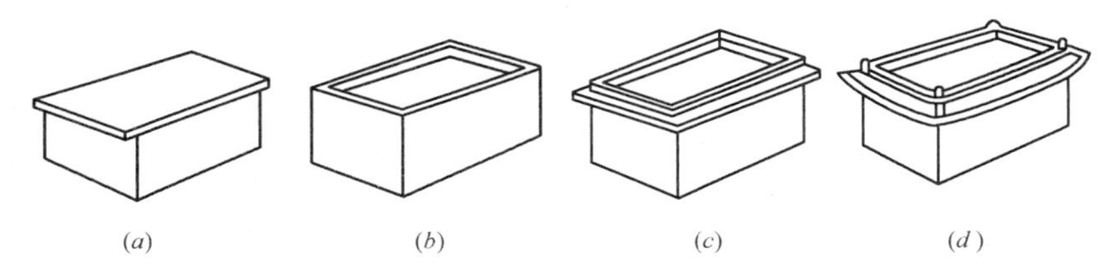

图 4-106 平屋顶的形式
（a）挑檐平屋顶；（b）女儿墙平屋顶；（c）挑檐女儿墙平屋顶；（d）盝顶平屋顶

（2）坡屋顶

通常是指屋面坡度较陡的屋顶，其坡度一般大于10%。坡屋顶形式如图4-107所示。

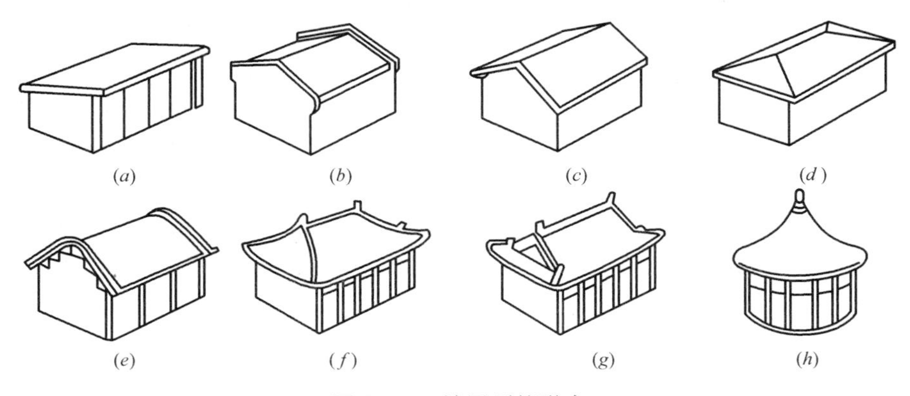

图 4-107 坡屋顶的形式
（a）单坡顶；（b）硬山两坡顶；（c）悬山两坡顶；（d）四坡顶；
（e）卷棚顶；（f）庑殿顶；（g）歇山顶；（h）圆攒尖顶

（3）曲面屋顶

通常是由各种薄壳结构、悬索结构以及网架结构等作为屋顶承重结构的屋顶。曲面屋顶形式如图 4-108 所示。

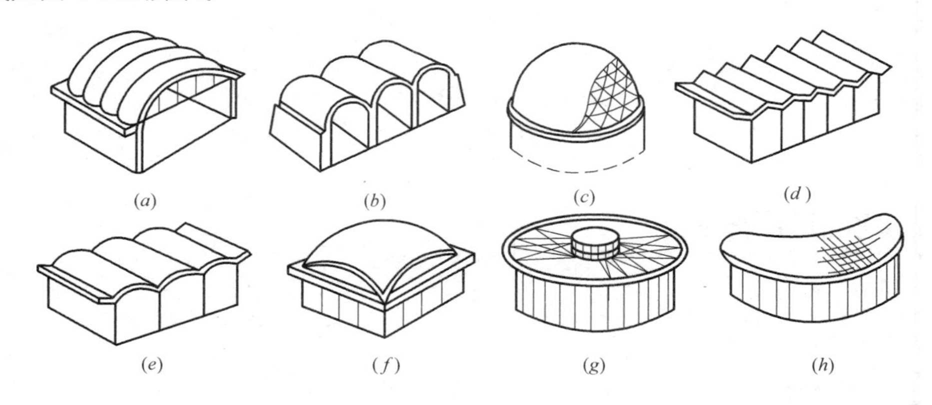

图 4-108 曲面屋顶的形式

（a）双曲拱屋顶；（b）砖石拱屋顶；（c）球形网壳屋顶；（d）V 形折板屋顶；（e）筒壳屋顶；（f）扁壳屋顶；（g）车轮形悬索屋顶；（h）鞍形悬索屋顶

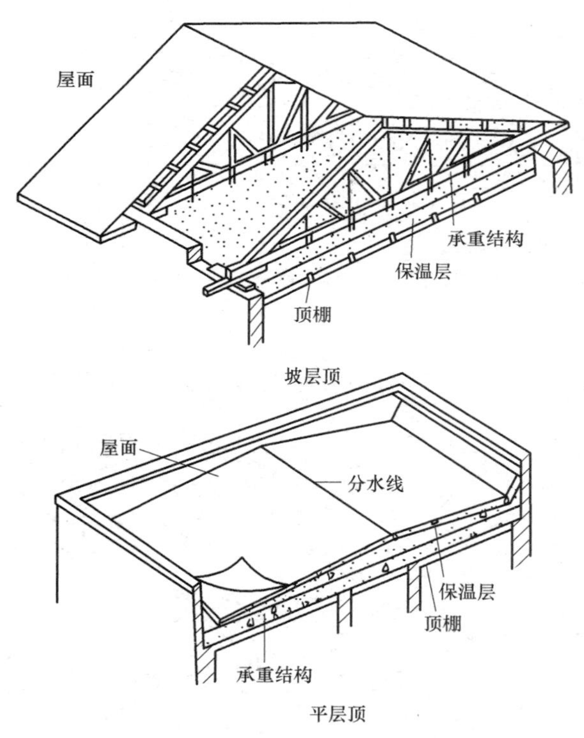

图 4-109 屋顶的组成

2. 屋顶的构造组成

屋顶一般由屋面、承重结构和顶棚三个基本部分组成。当对屋顶有保温隔热要求时，需在屋顶设置保温隔热层，如图 4-109 所示。

（1）屋面

屋面是屋顶构造中最上面的表面层次，要承受施工荷载和使用时的维修荷载，以及自然界风吹、日晒、雨淋、大气腐蚀等的长期作用，因此屋面材料应有一定的强度、良好的防水性和耐久性能。屋面也是屋顶防水排水的关键层次，所以又叫屋面防水层。在平屋顶中，人们一般根据屋面材料的名称对其进行命名，如卷材防水屋面、刚性防水屋面、涂料防水屋面等。

（2）承重结构

承重结构承受屋面传来的各种荷载和屋顶自重。平屋顶的承重结构一般采用钢筋混凝土屋面板，其构造与钢筋混凝土楼板类似；坡屋顶的承重结构一般采用屋架、横墙、木构架等；曲面屋顶的承重结构则属于空间结构。

（3）顶棚

顶棚位于屋顶的底部，用来满足室内对顶部的平整度和美观要求。按照顶棚的构造形式不同，分为直接式顶棚和悬吊式顶棚。

（4）保温隔热层

当对屋顶有保温隔热要求时，需要在屋顶中设置相应的保温隔热层，防止外界温度变化对建筑物室内空间带来影响。

4.4.2　平屋顶构造图识图

1. 平屋顶排水构造

（1）平屋顶排水坡度的形成

平层顶排水坡度形成如图 4-110 所示。平屋顶常用排水坡度为 1%～3%，坡度形成有材料找坡和结构找坡两种。

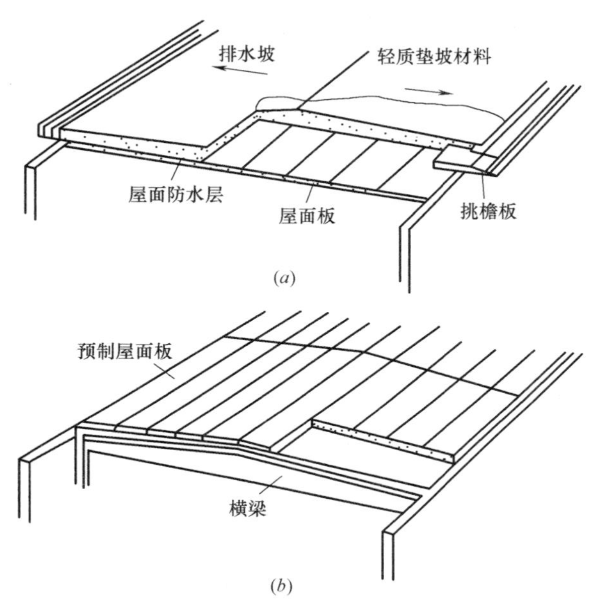

图 4-110　平屋顶排水坡度的形成
（*a*）材料找坡；（*b*）结构找坡

1）材料找坡。又叫垫置坡度，是将屋面板水平搁置，然后在上面铺设炉渣等廉价轻质材料形成坡度。这种找坡方式结构底面平整，容易保证室内空间的完整性，但垫置坡度不宜太大；否则，会使找坡材料用量过大，增加屋顶荷载。在北方地区，当屋顶设置保温层时，常利用保温层兼作找坡层，但这种做法保温材料消耗多，会使屋顶造价升高。

2）结构找坡。又叫搁置坡度，是将屋面板搁置在顶部倾斜的梁上或墙上形成屋面排水坡度的方法。结构找坡不须再在屋顶上设置找坡层，屋面其他层次的厚度也不变化，减轻了屋面荷载，施工简单、造价低，但这种做法使屋顶结构底面倾斜，一般多用于生产类建筑和做悬吊顶棚的建筑。

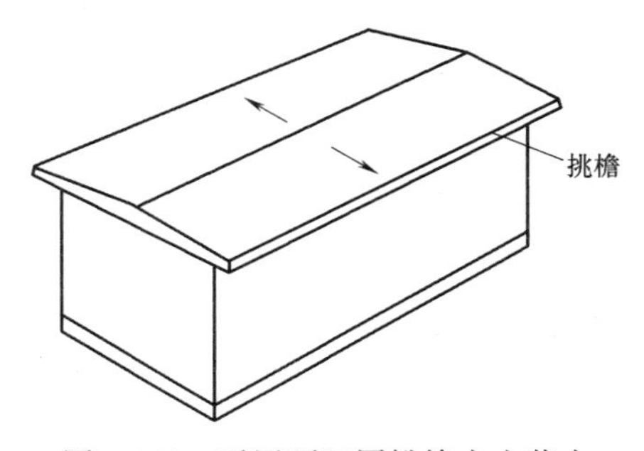

图 4-111　平屋顶四周挑檐自由落水

（2）平屋顶的排水方式

平屋顶的排水方式，分为无组织排水和有组织排水两大类。

1）无组织排水。当平屋顶采用无组织排水时，需把屋顶在外墙四周挑出，形成挑檐，屋面雨水经挑檐自由下落至室外地坪，这种排水方式称无组织排水，如图 4-111 所示。无组织排水不需在屋顶上设置排水装置，构造简单、造价低，但沿檐口下落的雨水会溅湿墙脚，有风时雨水还会污染墙面。所以，无组织排水一般适用于低层或次要建筑及降雨量较小地区的建筑。

2）有组织排水。有组织排水如图 4-112 所示。是在屋顶设置与屋面排水方向相垂直的纵向天沟，汇集雨水后，将雨水由雨水口、雨水管有组织地排到室外地面或室内地下排水系统，这种排水方式称有组织排水。有组织排水的屋顶构造复杂、造价高，但避免了雨水自由下落对墙面和地面的冲刷及污染。

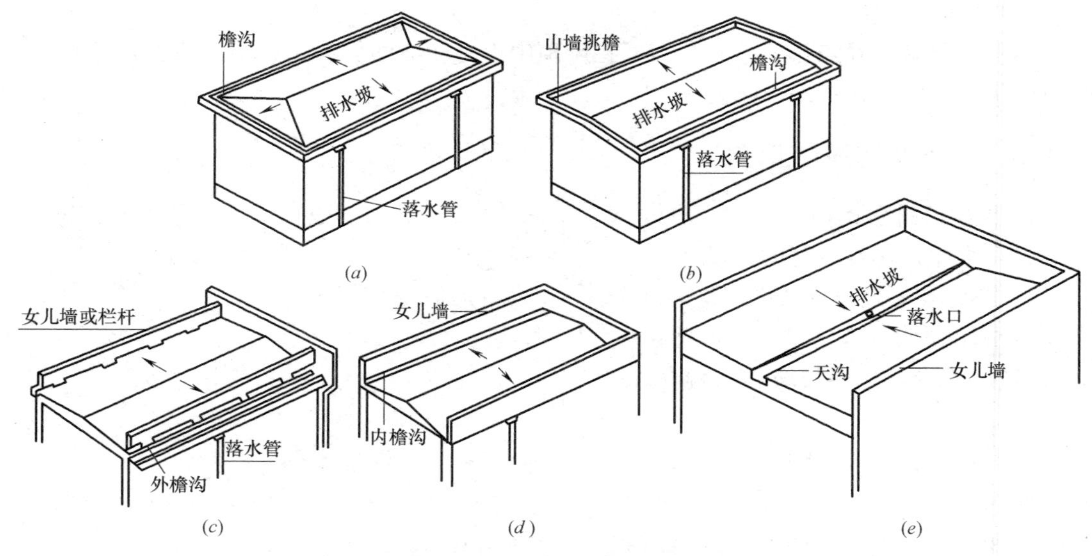

图 4-112　平屋顶有组织排水

(*a*) 沿屋面四周设檐沟；(*b*) 沿纵墙设檐沟；(*c*) 女儿墙外设檐沟；(*d*) 女儿墙内设檐沟；(*e*) 平屋顶内排水

按照雨水管的位置，有组织排水分为外排水和内排水。

① 外排水。外排水是屋顶雨水由室外雨水管排到室外的排水方式。这种排水方式构造简单、造价较低，应用最广。按照檐沟在屋顶的位置，外排水的屋顶形式有：沿屋顶四周设檐沟、沿纵墙设檐沟、女儿墙外设檐沟、女儿墙内设檐沟，如图 4-112 (*a*)、(*b*)、(*c*)、(*d*) 所示。

② 内排水。内排水是屋顶雨水由设在室内的雨水管排到地下排水系统的排水方式。这种排水方式构造复杂，造价及维修费用高，而且雨水管占室内空间，一般适用于大跨度建筑、高层建筑、严寒地区及对建筑立面有特殊要求的建筑，如图 4-112 (*e*) 所示。

2. 平屋顶防水构造

按防水层的做法不同，平屋顶的防水构造分为柔性防水屋面、刚性防水屋面和涂膜防水屋面等。

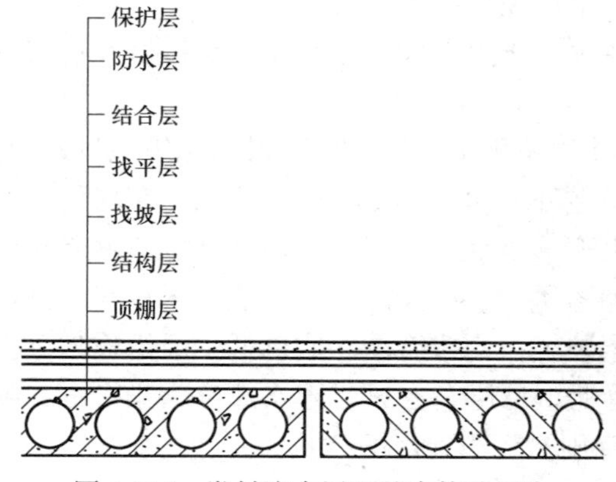

图 4-113　卷材防水屋面基本构造层次

(1) 柔性防水屋面

柔性防水屋面是指用柔性防水卷材与胶粘剂结合，粘贴在屋面上形成密实防水构造层的屋面，又称卷材防水屋面。这种防水屋面具有良好的延伸性，能较好地适应结构变形和温度变化。卷材防水屋面由多层材料叠合而成，其基本构造层次按构造要求由结构层、找坡层、找平层、结合层、防水层和保护层组成，如图 4-113 所示。

1) 结构层：通常为预制或现浇钢筋混凝

土屋面板。

2）找坡层：当屋顶采用材料找坡时，应选用轻质材料形成所需要的排水坡度，通常是在结构层上铺 1：（6～8）的水泥焦渣或水泥膨胀蛭石等。

3）找平层：一般为 20～30mm 厚的 1：3 水泥砂浆、细石混凝土和沥青砂浆，厚度根据防水卷材的种类而定。

4）结合层：所用材料应根据卷材防水层材料的不同来选择。沥青卷材胶粘剂的结合层材料主要有冷底子油和沥青胶等。高聚物改性沥青卷材、高分子卷材的结合层材料主要为溶剂型胶粘剂。

5）防水层：由胶结材料与卷材粘合而成。

6）保护层。保护层的材料及做法，应该根据防水层所使用的防水材料和屋面的利用情况而定。保护层有两种不同做法：一种是不上人屋面保护层，即不考虑人在屋顶上的活动情况；另一种是上人屋面保护层，即屋面上要承受人的活动荷载。

（2）刚性防水屋面

刚性防水屋面是指以刚性材料作为防水层的屋面，如防水砂浆、细石混凝土、配筋细石混凝土防水屋面等。其主要优点是施工方便，节约材料，便于维修。但对温度变化和基层结构变形的适应性较差，较易产生裂缝而出现渗漏，故仅适用于日温差较小的南方地区。设保温层的屋面也不适用，也不宜用于有高温、有振动、基础有较大不均匀沉降的建筑物。

刚性防水屋面一般由结构层、找平层、隔离层和防水层构成，如图 4-114 所示。

1）结构层。刚性防水屋面的结构层一般采用现浇钢筋混凝土楼板或预制装配式混凝土楼板。当采用预制钢筋混凝土屋面板时，应加强对板缝的处理。刚性防水屋面的排水坡度一般采用结构找坡，所以结构层施工时要考虑倾斜搁置。

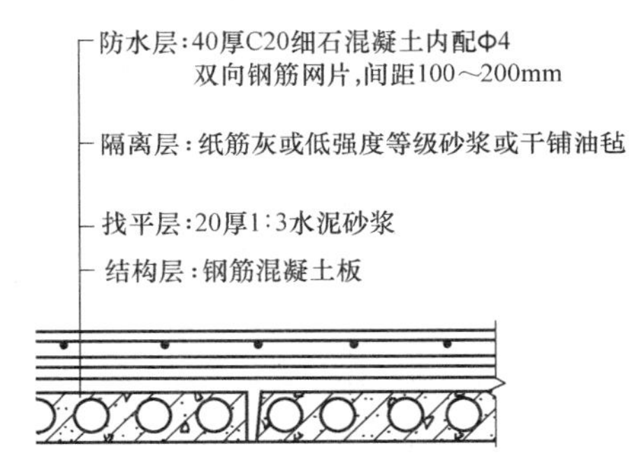

图 4-114　刚性防水屋面基本构造层次

2）找平层。为了使刚性防水层便于施工、厚度均匀，当结构层为预制装配式混凝土楼板时，应做找平层。找平层采用 1：3 水泥砂浆，厚度为 10～20mm。采用现浇钢筋混凝土整体结构时，可不设找平层。

3）隔离层。当结构层在荷载作用下产生挠曲变形，或在温度变化时产生伸缩变形，均会拉裂防水层。为了减小结构层变形对防水层的影响，应在防水层下设置隔离层。隔离层一般采用麻刀灰、纸筋灰、低强度等级的水泥砂浆或干铺一层油毡等做法。如果防水层中加有膨胀剂，其抗裂性较好，则不需再设隔离层。

4）防水层。刚性防水层一般应采用不低于 C25 的细石混凝土整体浇筑，其厚度不应小于 40mm，并在混凝土中配置 $\phi4@100～200$ 的双向钢筋网片，以防止混凝土产生温度裂缝。钢筋网片应位于防水层中间偏上的位置，上面保护层的厚度不小于 10mm。为了提高混凝土的抗裂和抗渗性能，在细石混凝土防水层中，应掺入外加剂。

（3）涂膜防水屋面

涂膜防水屋面是指用可塑性和粘结力较强的高分子防水涂料，直接涂刷在屋面基层

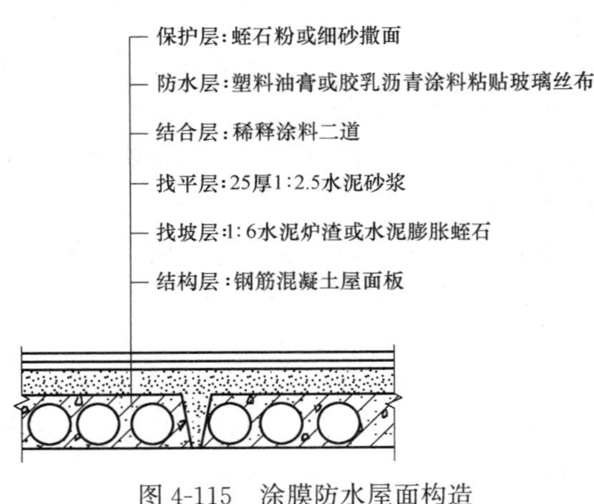

图 4-115　涂膜防水屋面构造

上，形成一层不透水的薄膜层，以达到防水目的的一种屋面做法。防水涂料具有防水性好、粘结力强、延伸性大、耐腐蚀、不易老化、施工方便、容易维修等优点。

涂膜防水屋面的构造层次及做法与柔性防水屋面基本相同，都是由结构层、找平层、找坡层、结合层、防水层和保护层等组成，如图 4-115 所示。

涂膜防水层的构造做法是在平整干燥的找平层上，分多次涂刷。乳化型防水涂料，涂 3 遍，厚 1.2mm；溶剂型防水涂料，涂 4～5 遍，厚度大于 1.2mm。涂膜表面采用细砂、浅色涂料、水泥砂浆等做保护层。

3. 平屋顶细部构造

平屋顶的构造主要包括泛水构造、檐口构造、雨水口构造等。

（1）泛水构造

1）卷材防水屋面。将屋面的卷材防水层继续铺至垂直面上，形成卷材泛水，泛水高度不得小于 250mm；在屋面与垂直面的交接处再加铺一层附加卷材，为防止卷材断裂，转角处应用水泥砂浆抹成圆弧形或 45°斜面；泛水上口的卷材应做收头固定，如图 4-116 所示。

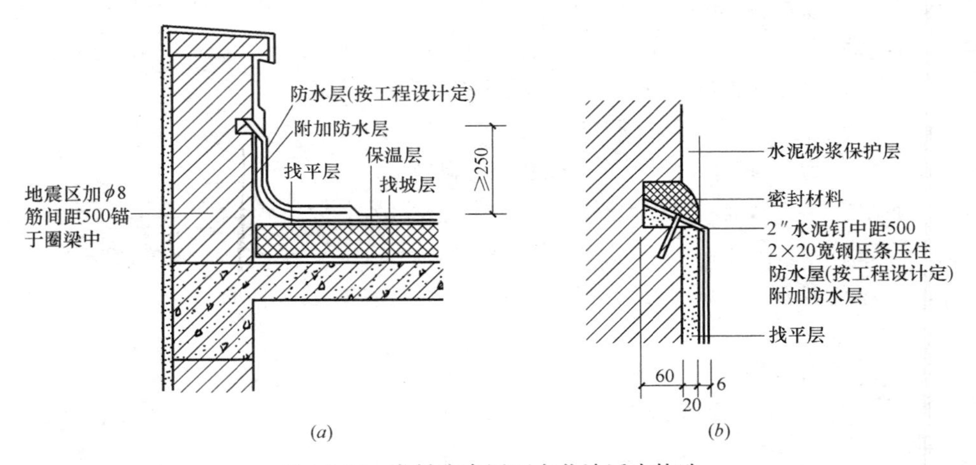

图 4-116　卷材防水屋面女儿墙泛水构造

（a）剖面图；（b）截面图

卷材防水屋面泛水的构造主要包括下列四个要点：

① 泛水与屋面相交处的基层须用水泥砂浆或混凝土做成 $R=50$～150mm 的圆弧或钝角，防止卷材粘贴时，因直角转弯而折断或不能铺实。

② 卷材在竖直面的粘贴高度不应小于 250mm。

③ 泛水处的卷材与屋面卷材相连接，并在底层加铺一层。

④ 泛水上端应固定在墙上并有挡雨措施，以免卷材的下滑剥落。

2）刚性防水屋面。泛水的构造要点与卷材防水屋面相同。不同之处是女儿墙与刚性防水层间应留分格缝，缝内用油膏嵌缝，缝外用附加卷材铺贴至泛水所需高度并做好压缝收头处理，避免雨水渗透进缝内，如图 4-117 所示。

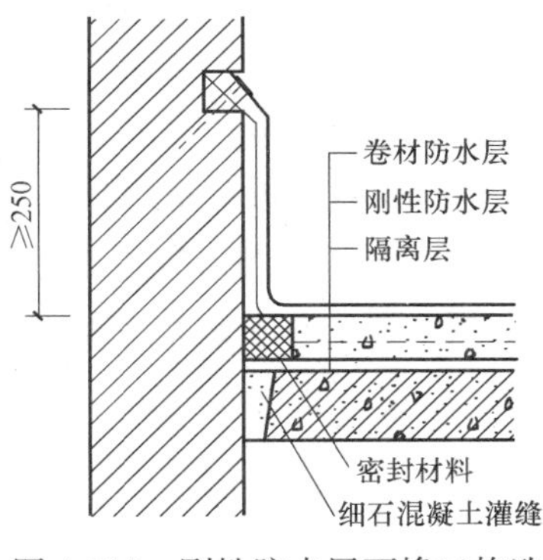

图 4-117　刚性防水屋面檐口构造

（2）檐口构造

檐口构造是指屋顶与墙身交接处的构造做法，包括挑檐檐口、女儿墙檐口、女儿墙带挑檐檐口等。

1）挑檐檐口

① 无组织排水挑檐檐口。即自由落水檐口，当平屋顶采用无组织排水时，为了雨水下落时不至于淋湿墙面，从平屋顶悬挑出不小于 400mm 宽的板。

a. 卷材防水屋面。防止卷材翘起，从屋顶四周漏水，檐口 800mm 范围内卷材应采取满粘法，将卷材收头压入凹槽，采用金属压条钉压，并用密封材料封口，檐口下端应抹出鹰嘴和滴水槽，如图 4-118 所示。

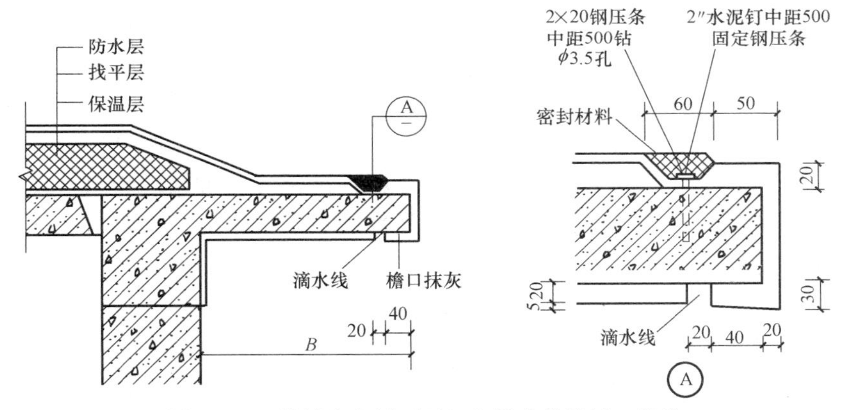

图 4-118　卷材防水屋面无组织排水挑檐檐口构造

b. 刚性防水屋面。当挑檐较短时，可将混凝土防水层直接悬挑出去形成挑檐口；当所需挑檐较长时，为了保证悬挑结构的强度，应采用与屋顶圈梁连为一体的悬臂板形成挑檐，如图 4-119 所示。

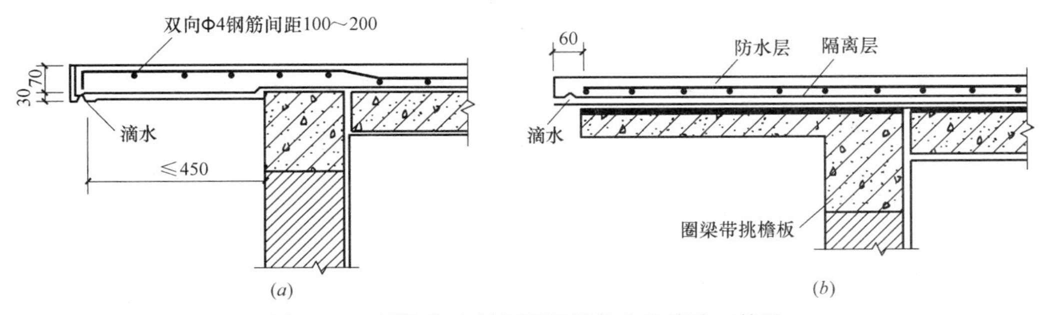

图 4-119　刚性防水屋面无组织排水挑檐檐口构造

（a）混凝土防水层悬挑檐口；（b）挑檐板檐口

② 有组织排水挑檐檐口。即檐沟外排水檐口，也称为檐沟挑檐。

a. 卷材防水屋面。有组织排水挑檐檐口在檐沟沟内应加铺一层卷材，以增强防水能力。当采用高聚物改性沥青防水卷材或高分子防水卷材时，宜采用防水涂膜增强层；卷材防水层应由沟底翻上至沟外檐顶部，在檐沟边缘应用水泥钉固定压条，将卷材压住，再用密封材料封严；为防卷材在转角处断裂，檐沟内转角处应用水泥砂浆抹成圆弧形；檐口下端应抹出鹰嘴和滴水槽，如图 4-120 所示。

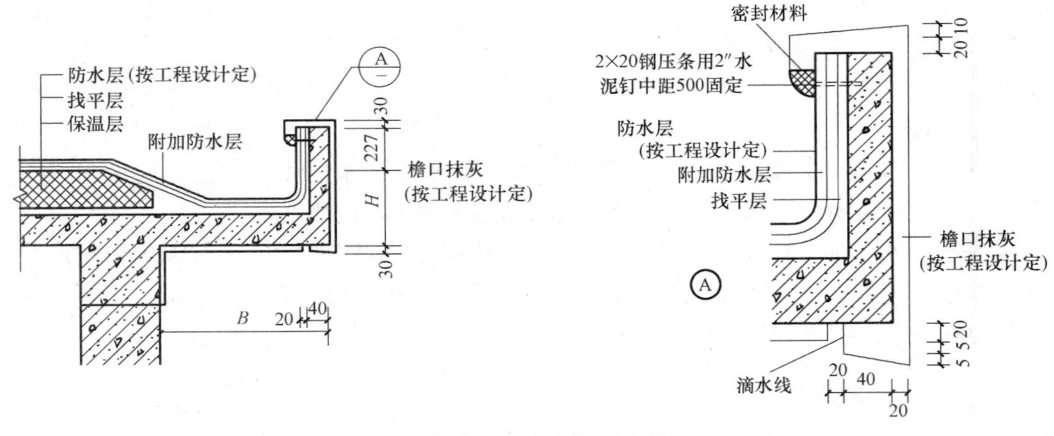

图 4-120 卷材防水屋面有组织排水挑檐檐口构造

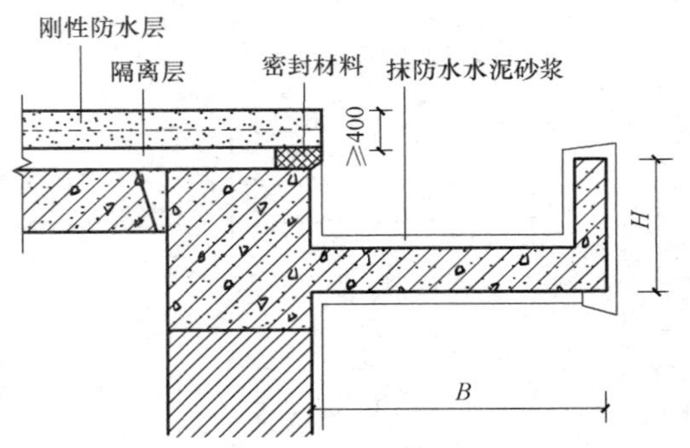

图 4-121 刚性防水屋面有组织排水挑檐檐口构造

b. 刚性防水屋面。刚性防水层应挑出 50mm 左右滴水线或直接做到檐沟内，设构造钢筋，以防止爬水，如图 4-121 所示。

2）女儿墙檐口。上人平屋顶女儿墙用以保护人员安全，对于其高度，低层、多层建筑不应小于 1.05m；高层建筑应为 1.1～1.2m。不上人屋顶女儿墙，抗震设防烈度为 6、7、8 度地区无锚固女儿墙的高度，不应超过 0.5m；超过时，应加设构造柱及钢筋混凝土压顶圈梁，构造柱间距不应大于 3.9m。位于出入口上方的女儿墙，应加强抗震措施。

砌块女儿墙厚度不宜小于 200mm，其顶部应设大于等于 60mm 厚的钢筋混凝土压顶，实心砖女儿墙厚度不应小于 240mm。

女儿墙檐口包括女儿墙内檐沟檐口和女儿墙外檐沟檐口，如图 4-122 所示。

3）女儿墙带挑檐檐口。是将前面两种檐口相结合的构造处理。女儿墙与挑檐之间用盖板（混凝土薄板或其他轻质材料）遮挡，形成平屋顶的坡檐口，如图 4-123 所示。由于挑檐的端部加大了荷载，结构和构造设计都应特别注意处理悬挑构件的抗倾覆问题。

（3）雨水口构造

雨水口是屋面雨水汇集并排至雨水管的关键部位，满足排水通畅、防止渗漏和堵塞的要求。雨水口包括水平雨水口和垂直雨水口两种形式。

1）水平雨水口。采用直管式铸铁或 PVC 漏斗形的定型件，用水泥砂浆埋嵌牢固，雨

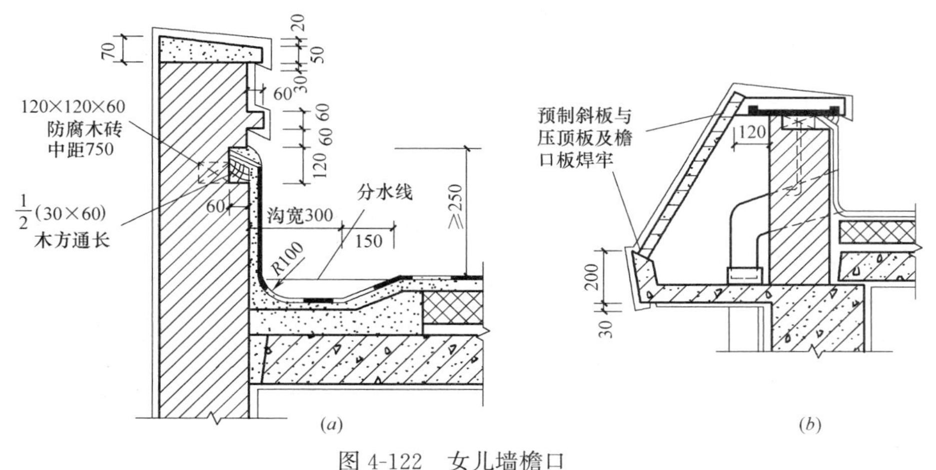

(a)　(b)

图 4-122　女儿墙檐口

(a) 女儿墙内檐沟檐口；(b) 女儿墙外檐沟檐口

水口四周须加铺一层卷材并铺到漏斗口内，用沥青胶贴牢。缺口及交接处等薄弱环节可用油膏嵌缝，再用带箅铁罩压盖，如图 4-124 (a) 所示。雨水口埋设标高应考虑雨水口设防时增加的附加层和柔性密封层的厚度及排水坡度加大的尺寸。雨水口周围直径 500mm 范围内坡度不应小于 5%，并用防水涂料或密封材料涂封，其厚度不小于 2mm。

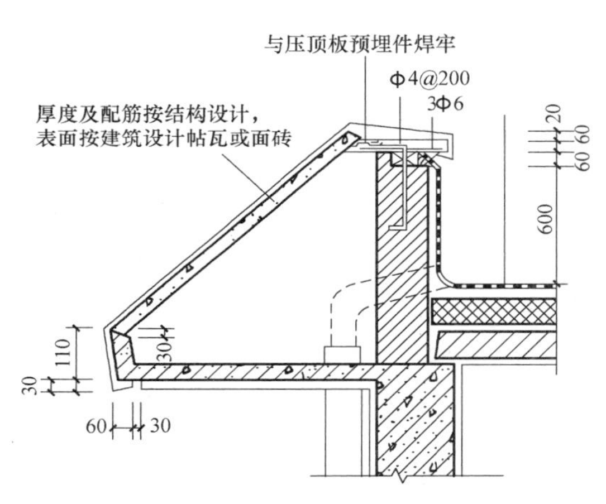

图 4-123　女儿墙带挑檐檐口构造

2) 垂直雨水口是穿过女儿墙的雨水口。采用侧向铸铁雨水口或 PVC 雨水口放入女儿墙所开洞口，并加铺一层卷材铺入雨水口 50mm 以上，用沥青胶贴牢，再加盖铁箅，如图 4-124 (b) 所示。雨水口埋设标高要求同水平雨水口。

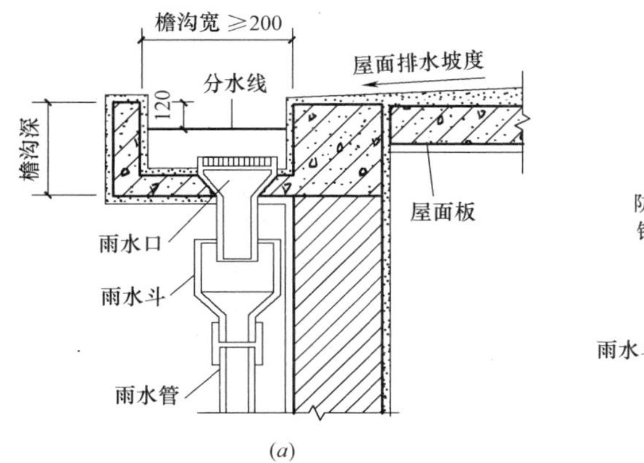

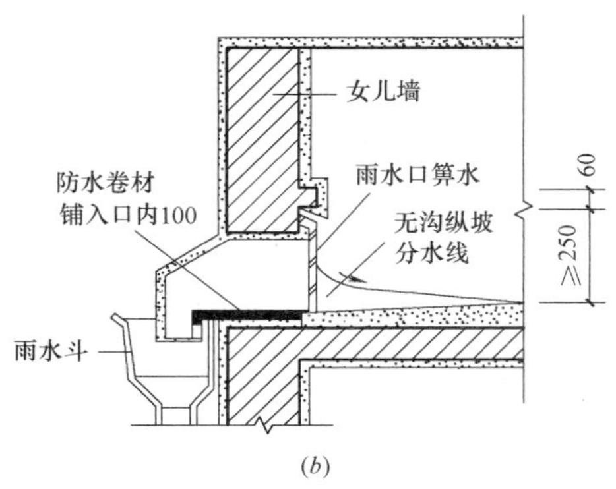

(a)　(b)

图 4-124　雨水口构造

(a) 水平雨水口；(b) 垂直雨水口

4.4.3　坡屋顶构造图识图

1. 坡屋顶的承重结构

坡屋顶中常用的承重结构有横墙承重、屋架承重和梁架承重，如图 4-125 所示。

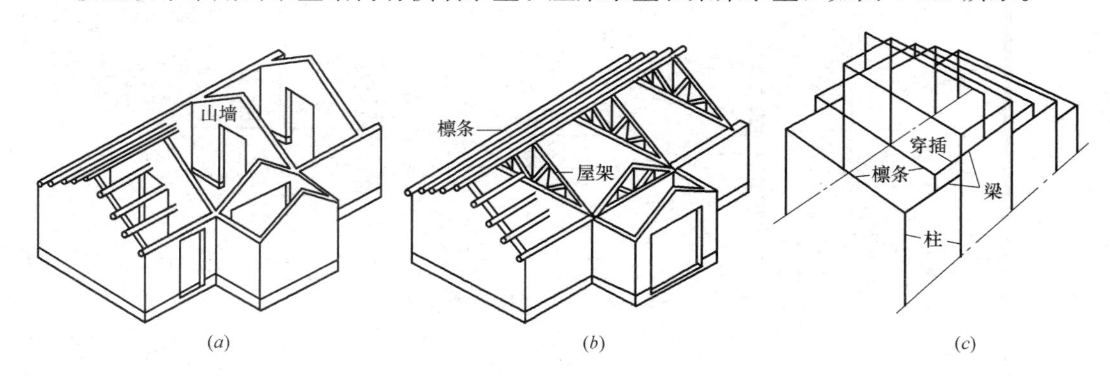

图 4-125　坡屋顶的承重结构

(a) 横墙承重；(b) 屋架承重；(c) 梁架承重

2. 坡屋顶的平瓦屋面

平瓦又称机平瓦，有黏土瓦、水泥瓦、琉璃瓦等，一般尺寸为：长 380～420mm，宽 240mm，净厚 20mm，适宜的排水坡度为 20%～50%。根据基层的不同做法，平瓦屋面有下列不同的构造类型。

(1) 冷摊瓦屋面

冷摊瓦屋面是平瓦屋面中最简单的做法，即在檩条上钉固挂瓦条后在挂瓦条上直接挂瓦，如图 4-126 所示。此做法构造简单，但雨、雪易从瓦缝中飘入室内，通常用于质量要求不高的建筑。

(2) 木望板瓦屋面

木望板瓦屋面是在檩条上铺钉 15～20mm 厚的木望板（也称屋面板），在木望板上平行于屋脊方向干铺一层油毡，在油毡上顺着屋面水流方向钉 10mm×30mm、中距 500mm 的顺水条；然后，在顺水条上面平行于屋脊方向钉挂瓦条并挂瓦，如图 4-127 所示。这种做法比冷摊瓦屋面的防水、保温隔热效果要好，但耗用木材多、造价高，多用于质量要求较高的建筑物中。

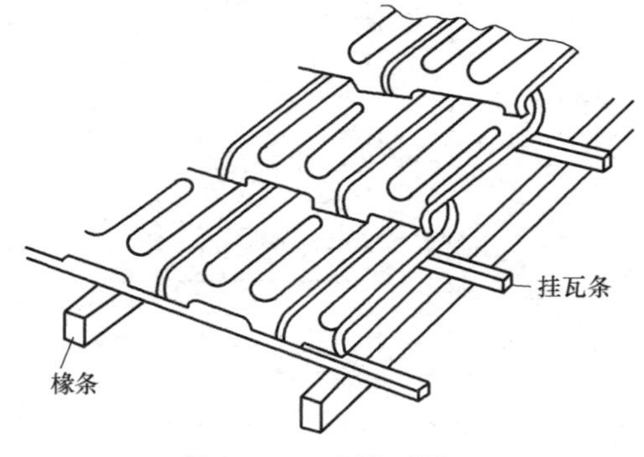

图 4-126　冷摊瓦屋面

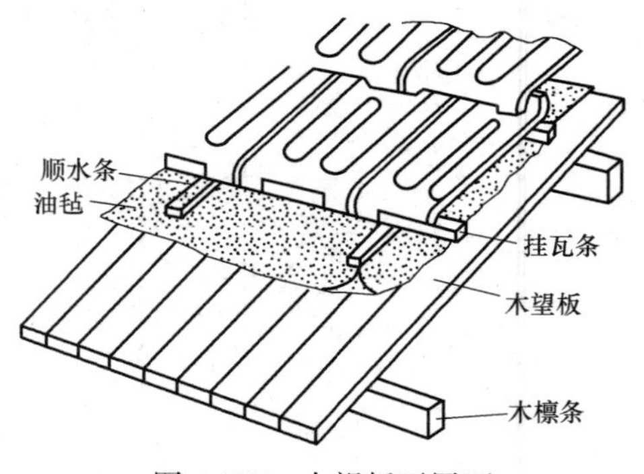

图 4-127　木望板瓦屋面

(3) 钢筋混凝土板瓦屋面

瓦屋面由于保温、防火或造型等的需要，可将钢筋混凝土板作为瓦屋面的基层盖瓦。盖瓦的方式有两种：一种是在找平层上铺油毡一层，用压毡条钉在嵌在板缝内的木楔上，再钉挂瓦条挂瓦，如图 4-128（*a*）所示；另一种是在屋面板上直接粉刷防水水泥砂浆并贴瓦或陶瓷面砖或平瓦，如图 4-128（*b*）、（*c*）所示。

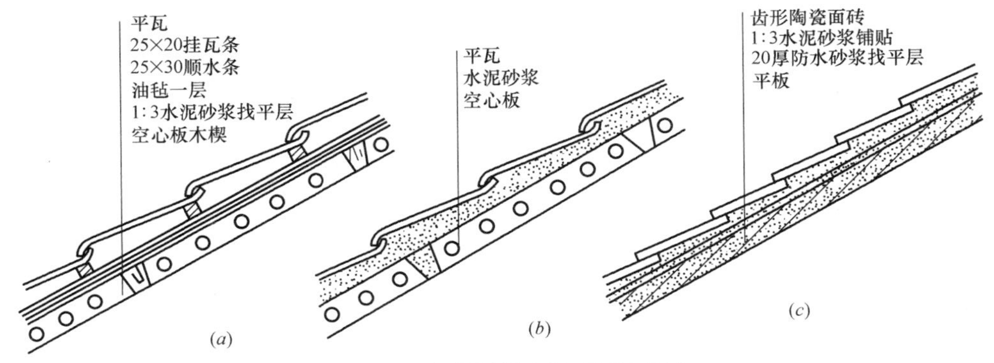

图 4-128　钢筋混凝土板瓦屋面构造

（*a*）木条挂瓦；（*b*）砂浆贴瓦；（*c*）砂浆贴面砖

3. 平瓦屋面细部构造

平瓦屋面应做好檐口、天沟等部位的细部处理。

(1) 纵墙檐口

1) 无组织排水檐口。当坡屋顶采用无组织排水时，应当将屋面伸出外纵墙形成挑檐，挑檐的构造做法包括砖挑檐、椽条挑檐、挑梁挑檐和钢筋混凝土挑板挑檐等，如图 4-129 所示。

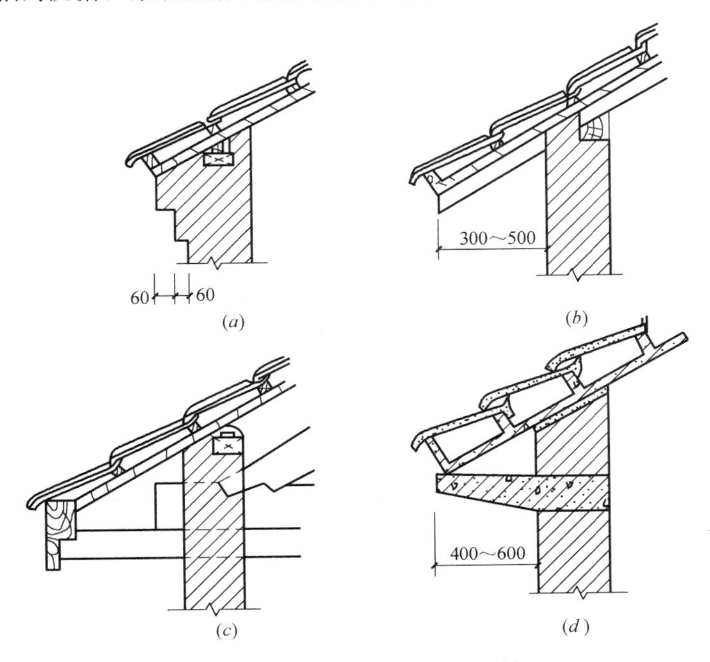

图 4-129　无组织排水纵墙挑檐

（*a*）砖挑檐；（*b*）椽条挑檐；（*c*）挑梁挑檐；（*d*）钢筋混凝土挑板挑檐

2）有组织排水檐口。当坡屋顶采用有组织排水时，通常多采用外排水，需在檐口处设置檐沟，檐沟的构造形式一般包括钢筋混凝土挑檐沟和女儿墙内檐沟，如图 4-130 所示。挑檐沟多采用钢筋混凝土槽形天沟板，其排水和沟底防水构造与平屋顶相似。

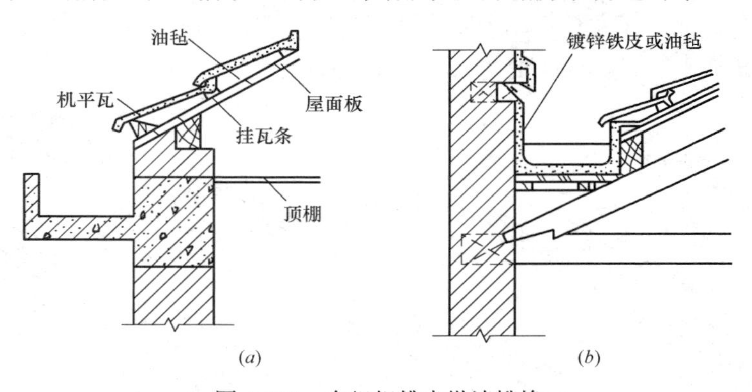

图 4-130 有组织排水纵墙挑檐

(a) 钢筋混凝土挑檐；(b) 女儿墙封檐构造

(2) 山墙檐口 双坡屋顶山墙檐口的构造有硬山和悬山两种。

1）硬山是将山墙升起包住檐口，女儿墙与屋面交接处应做泛水，通常用砂浆粘结小青瓦或者抹水泥石灰麻刀砂浆泛水，如图 4-131 所示。

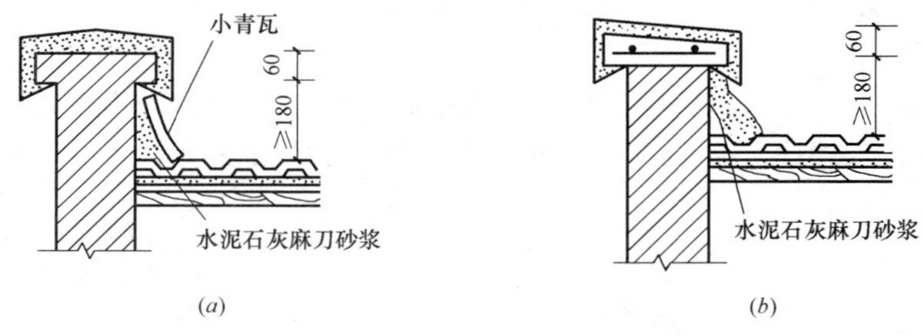

图 4-131 硬山檐口构造

(a) 小青瓦泛水；(b) 砂浆泛水

2）悬山是指将钢筋混凝土屋面板伸出山墙挑出，上部的瓦片用水泥砂浆抹出披水线，进行封固，如图 4-132 所示。如果屋面为木基层时，将檩条挑出山墙，檩条的端部设封檐板（又叫博风板），下部可以做顶棚处理。

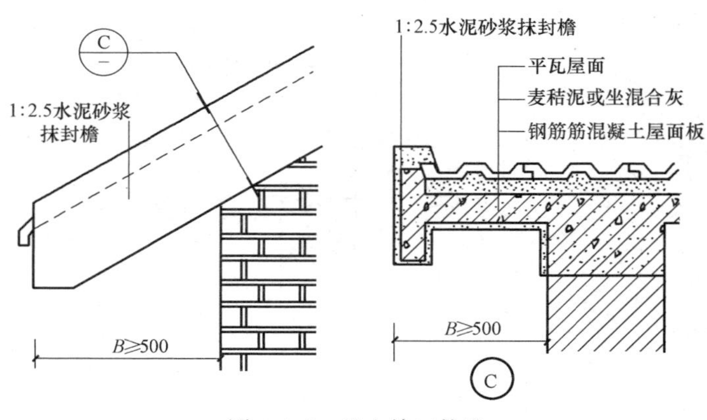

图 4-132 悬山檐口构造

(3) 屋脊、天沟和斜沟 互为相反的坡面在高处相交形成屋脊，屋脊处应当用 V 形脊瓦盖缝，如图 4-133 (a) 所示。在等高跨和高低跨屋面互为平行的坡面相交处形成天沟；两个互相垂直的屋面相交处，会形成斜沟。天沟和斜沟应当保证有一定的断面尺寸，上口宽度不宜小于 500mm，沟底应用整体性好的材料（例如，防水卷材、镀锌薄钢板等）作防水层，并压入屋面瓦材或油毡下面，如图 4-133（*b*）所示。

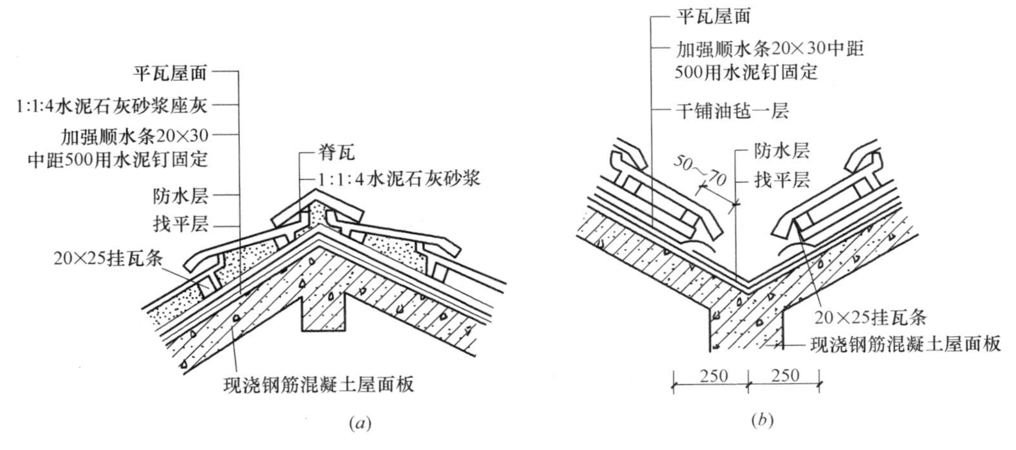

图 4-133 屋脊、天沟和斜沟构造

（*a*）屋脊；（*b*）天沟和斜沟

5

建筑施工图识图实例

5.1 建筑总平面图识图实例

实例1：某住宅小区总平面图识图

某住宅小区总平面图如图5-1所示，从图中可以看出：

1）该图为某住宅小区的总平面图，图的比例为1∶500。

2）看指北针或风向玫瑰图。从指北针可以看出，该小区内的建筑均为一个朝向，坐北朝南，这是房屋布置的最好朝向，因为南向有利于夏季避免日晒而且在冬季也可以利用日照。

3）熟悉总平面图中的各种图例的意义，了解新建建筑物、已建建筑物的位置及出入口与城市道路之间的位置关系。可以看出，小区内共有三栋建筑：位于小区最北部的是一栋已建成的五层高的住宅楼，它的轮廓线用细实线来表示；前面两栋1号、2号楼为新建建筑物，它们的轮廓线用粗实线来表示。该小区共设有两个出入口：主入口设置在新规划道路上，次入口设在城市主干道××大道。

4）新建建筑的定位。本小区在城市主干道与新规划道路的东北侧，它们的定位参照道路中心线。1号楼的南侧后退8m是56m宽的××大道，在西侧以用地边界作为界线。2号楼在1号楼向北19.94m，西侧以用地边界作为界线。

5）新建房屋的平面布置、层数、标高以及外围尺寸等。1号楼是一栋七层的综合性的底商住宅楼，即一层为商业用房，临近城市主干道，上面六层为住宅楼。住宅部分长度为53840mm，宽度为13840mm。设有三个楼梯间，将每层平面分为六户。一层的商业用房部分除住宅楼占用的13840mm外，北向还多出6200mm的宽度，其入口对准小区内部，作为车库使用，车库的屋顶作为二层的绿化平台。另外，在1号楼的北面，设有一个室外公共楼梯，以作为1号楼住宅部分的交通疏散通道。通过楼梯上到车库顶（即屋面平台处），再进入二层住宅部分的楼梯间，通向以上各层楼层。

1号楼、2号楼底层的右侧是一个过道，作为次入口的疏散通道。新建的2号楼位于

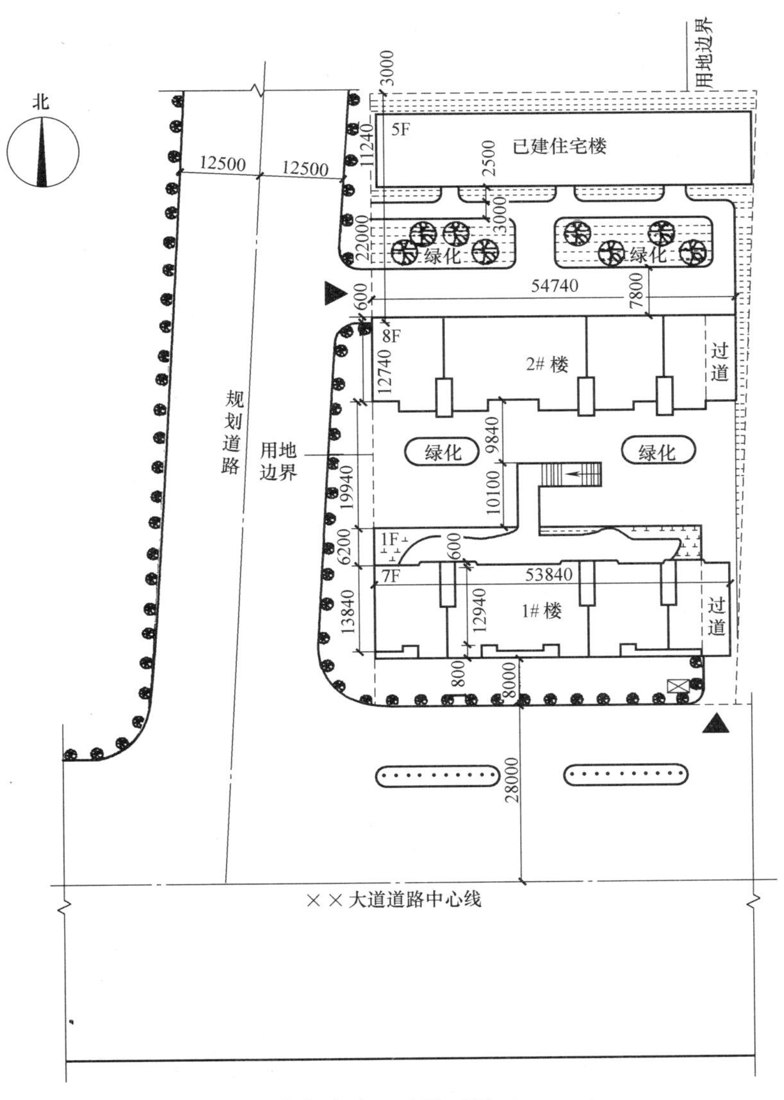

图 5-1 某住宅小区总平面图（1∶500）

1 号楼与已建建筑之间，是一栋 8 层的纯住宅楼。它的宽度为 12740mm，长度为 54740mm。每层均有三个楼梯间，共六户。

6）总平面图中的道路、绿化。该住宅小区位于城市主干道的北侧，新规划道路的东侧，交通十分方便。小区内布置绿化有多处，沿围墙一圈及两栋建筑之间都设有绿化带，而在 1 号楼的一层屋顶平台上也布置有草坪等。

用一个假想的水平面将一栋房屋的略高于窗台以上的部分切掉，并将剩余部分正投影而得到的水平投影图称为建筑平面图。

建筑平面图实质上是房屋各层的水平剖面图。就一般而言，房屋有几层，就应画出几个平面图，并在图形的下方标明相应的图名、比例等。沿房屋底层窗洞口剖切所得到的平面图称为底层平面图，而最上面一层的平面图则称为顶层平面图。顶层平面图是屋面在水平面上的投影，不需剖切。中间各层若平面布置相同，则可只画一个平面图表示，称为标准层平面图。但对于工业厂房类的建筑，层高较高，一般还有一层高窗，这时就需要用多个平面图来表述不同标高位置处的情况。

实例 2：某住宅工程总平面图识图

某住宅工程总平面图如图 5-2 所示，从图中可以看出：

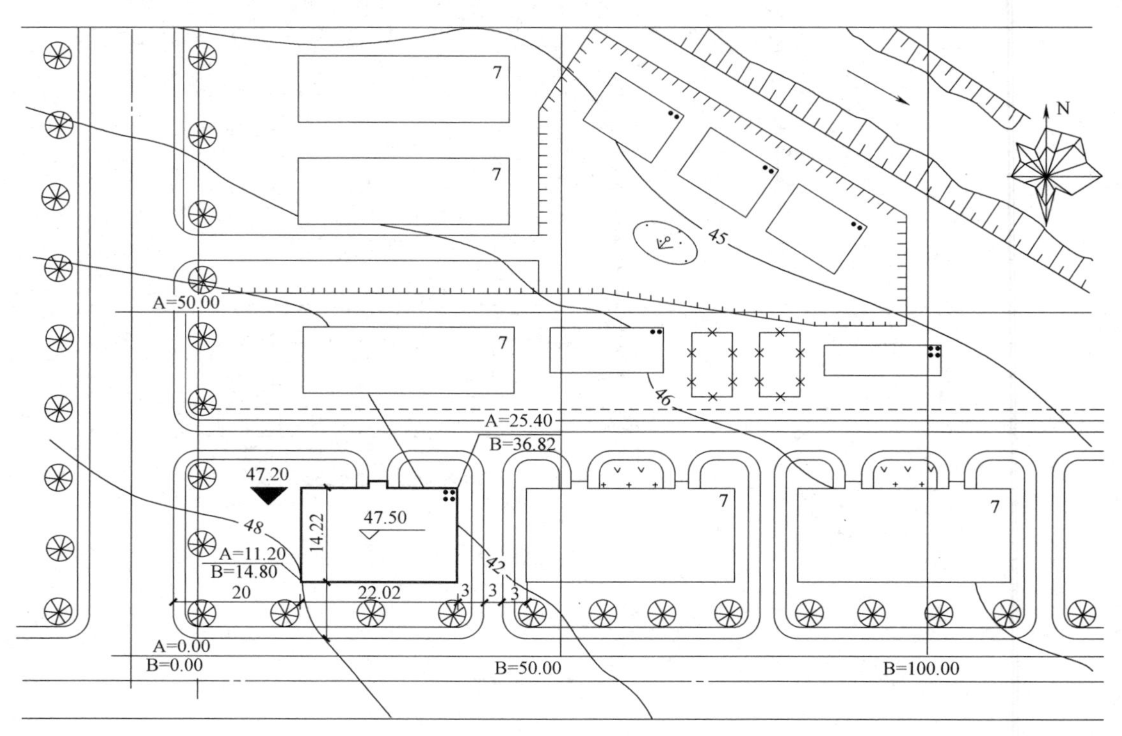

图 5-2 某住宅工程总平面图（1：1000）

1）拟建建筑的平面图是采用粗实线表示的，而该建筑的层数则用小黑点或数字表示，图中拟建建筑为 4 层。新建住宅两个相对墙角的坐标为$\frac{A=11.20}{B=14.80}$、$\frac{A=25.40}{B=36.82}$。可知建筑的总长度为 36.82－14.80＝22.02m，总宽度为 25.40－11.20＝14.22m。原有建筑则用细实线表示，而其中打叉的则是应拆除的建筑。原有道路则用带有圆角的平行细实线表示。拟建建筑平面图形的凸出部分是建筑的入口。每个入口均有道路连接，在道路或建筑物之间的空地设有绿化带，而在道路两侧均匀地植有阔叶灌木。

2）从图中的等高线可以知道：西南地势较高，坡向东北，在东北部有一条河从西北流向东南，河的两侧有护坡。河的西南侧有三座二层别墅，楼前有一花坛。

3）由风向频率玫瑰图可以知道：该地区常年主导风向是东北风，而夏季主导风向则是东南风。

实例 3：某小区新建别墅总平面图识图

某小区新建别墅总平面图如图 5-3 所示，从图中可以看出：

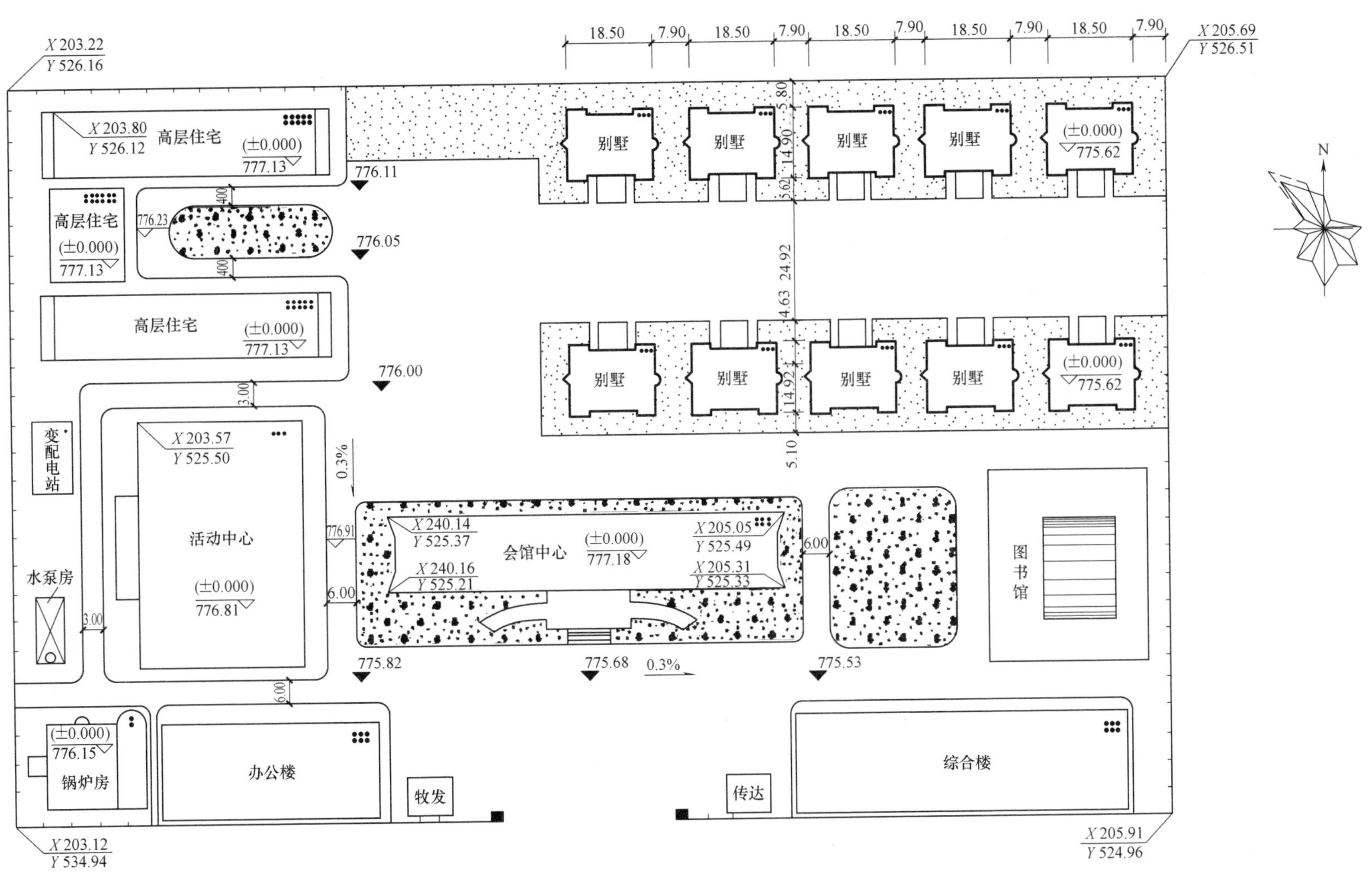

图 5-3 某小区新建别墅总平面图（1：1000）

1）图名、比例及文字说明。从图中可以看出这是某小区新建别墅的总平面图，比例为1∶1000。

2）总平面图的各种图例。由于总平面图的绘制比例较小，许多物体不可能按原状绘出，因而采用了图例符号来表示。

3）新建房屋的平面位置、标高、层数及其外围尺寸等。新建房屋平面位置在总平面图上的标定方法有两种：对小型工程项目，一般根据邻近原有永久性建筑物的位置为依据，引出相对位置；对大型的公共建筑，往往用城市规划网的测量坐标来确定建筑物转折点的位置。

图中，新建10幢相同的低层别墅。它的西北角有三幢高层住宅；它的前向从东至西设有图书馆、会馆中心、活动中心以及变配电站、水泵房；紧临大门围墙以北，东向有传达室、综合楼；西向有收发室、办公楼及锅炉房；四周设有砖围墙。

新建别墅的轮廓投影用粗实线画出，其首层主要地面的相对标高为±0.000m，相当于绝对标高为775.62m；该楼总长和总宽分别为18.50m和14.90m，以北围墙和东围墙为参照进行定位。

4）新建房屋的朝向和主要风向。风向频率玫瑰图中离中心最远的点表示全年该风向风吹的天数最多，即主导风向。虚线多边形表示夏季6月、7月、8月三个月的风向频率情况，从图中可看到该地区全年的主导风向为西北风。

5）绿化、美化的要求和布置情况以及周围的环境。

6）道路交通及管线布置情况。

5.2 建筑平面图识图实例

实例4：某建筑首层平面图识图

某建筑首层平面图如图5-4所示，从图中可以看出：

1）从图名可了解该图是哪一层的平面图，以及该图的比例。本例画的是首层平面图，比例是1∶100。

2）在首层平面图左下角，画有一个指北针的符号，说明房屋的朝向。从图中可知，本例房屋坐北朝南。

3）从平面图的形状与总长总宽尺寸，可计算出房屋的用地面积。

4）从图中墙的分隔情况和房间的名称，可了解到房屋内部各房间的配置、用途、数量及其相互间的联系情况。

5）从图中定位轴线的编号及其间距，可了解到各承重构件的位置及房间的大小。本例的横向轴线为①～⑪，纵向轴线为Ⓐ～Ⓓ。此房屋是框架结构，图中轴线上涂黑的部分是钢筋混凝土柱。

6）图中注有外部和内部尺寸。从各道尺寸的标注，可了解到各房间的开间、进深、外墙与门窗及室内设备的大小和位置。

① 外部尺寸。为便于读图和施工，一般在图形的下方及左侧注写三道尺寸：

第一道尺寸，表示外轮廓的总尺寸，即指从一端外墙边到另一端外墙边的总长和总宽

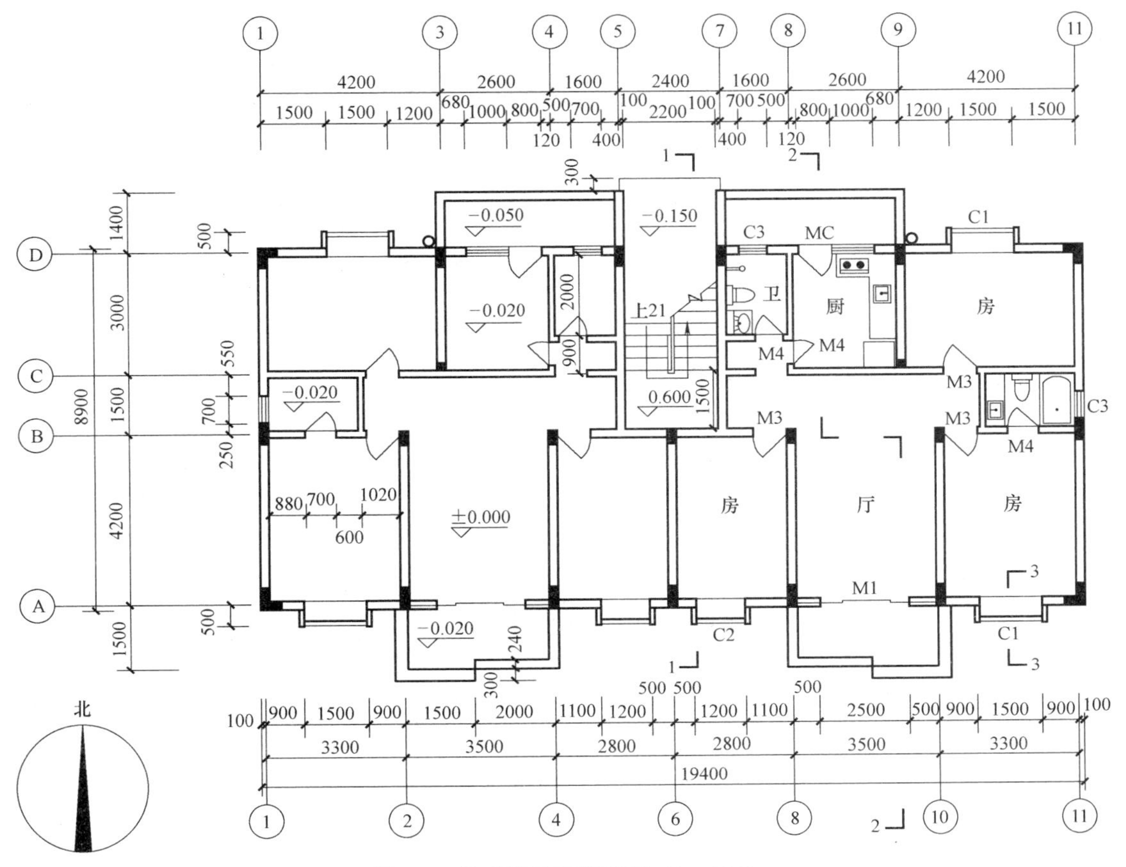

图 5-4 某建筑首层平面图（1∶100）

尺寸。

第二道尺寸，表示轴线间的距离，用以说明房间的开间及进深的尺寸。本例房间的开间有 3.30m、3.50m、2.80m 和 4.20m 等，南面房间的进深是 4.20m，北面房间的进深是 3.00m。

第三道尺寸，表示各细部的位置及大小，如门窗洞宽和位置、墙柱的大小和位置等。标注这道尺寸时，应与轴线联系起来，如①～②轴和⑩～⑪轴房间的窗 C1，宽度为 1.50m，窗边距离轴线为 0.90m。

另外，台阶（或坡道）、花池及散水等细部的尺寸，可单独标注。

三道尺寸线之间应留有适当距离（一般为 7～10mm，但第三道尺寸线应离图形最外轮廓线 10～15mm），以便注写尺寸数字。如果房屋前后或左右不对称时，则平面图上四边都应注写尺寸。如有部分相同，另一些不相同，可只注写不同的部分。如有些相同尺寸太多，可省略不注出，而在图形外用文字说明，如：各墙厚尺寸均为 200。

② 内部尺寸。为了说明房间的净空大小和室内的门窗洞、孔洞、墙厚和固定设施（例如厕所、盥洗室、工作台、搁板等）的大小与位置，以及室内楼地面的高度，在平面图上应清楚地注写出有关的内部尺寸和楼地面标高。楼地面标高是表明各房间的楼地面对标高零点（注写为±0.000）的相对高度，亦称**相对标高**（relative elevation）。标高符号

与总平面图中的室内地坪标高相同。通常首层主要房间的地面定为标高零点。而厨房和卫生间地面标高是-0.020，即表示该处地面比客厅和房间地面低 20mm。

其他各层平面图的尺寸，除标注出轴线间的尺寸和总尺寸外，其余与底层平面相同的细部尺寸均可省略。

7）从图中门窗的图例及其编号，可了解到门窗的类型、数量及其位置。门的代号（legend）是 M，窗的代号是 C，在代号后面写上编号，如 M1、M2…和 C1、C2…，如图 3-12 所示。同一编号表示同一类型的门窗，它们的构造和尺寸都一样（在平面图上表示不出的门窗编号，应在立面图上标注）。从所写的编号可知，门窗共有多少种。一般情况下，在首页图或在与平面图同页图纸上，附有一门窗表，表中列出了门窗的编号、名称、尺寸、数量及其所选标准图集的编号等内容。至于门窗的具体做法，则要看门窗的构造详图。

要注意的是，门窗虽然用图例表示，但门窗洞的大小及其形式都应按投影关系画出。如窗洞有凸出的窗台时，应在窗的图例上画出窗台的投影。门窗立面图例按实际情况绘制。

图例中的高窗，是指在剖切平面以上的窗，按投影关系它是不应画出的。但是，为了表示其位置，往往在与它同一层的平面图上用虚线表示。门窗立面图例上的斜线，表示门窗扇开关方向（一般在设计图上不需表示）。实线表示外开，虚线表示内开。在各门窗立面图例之下方为平面图，左方为剖面图（当图样比例较小时，中间的窗线可用单粗实线表示）。

8）从图中还可了解其他细部（如楼梯、搁板、墙洞和各种卫生设备等）的配置和位置情况。

9）图中还表示出室外台阶、散水和雨水管的大小与位置。有时散水（或排水沟）在平面图上可不画出，或只在转角处部分表示。

10）在首层平面图，还画出剖面图的剖切符号，如 1-1、2-2 等，以便与剖面图对照查阅。

实例 5：建筑底层平面图识图

建筑底层平面图如图 5-5 所示，从图中可以看出：

1）从平面图的图名、比例可知，是一层平面图，比例为 1∶100；从指北针可看出，建筑物的朝向是背面朝北、正面朝南。

2）从轴线尺寸及其编号，了解承重墙、柱的位置。在图中横向定位轴线有 5 根，纵向定位轴线有 2 根。房屋的总宽度为 12400mm，总进深为 5040mm。除楼梯间轴线尺寸开间为 2260mm 外，其余房间的轴线尺寸开间都是 3300mm，进深都为 4800mm。

在每一条轴线上都设置有承重墙，厚度为 240mm。在横向轴线与纵向轴线的交点处都设有构造柱，尺寸为 240mm×240mm。

3）看房间的内部平面布置与外部设施，了解房间的分布、功能、数量及其相互关系。

该图平面形状为矩形，其入口设置在南向，楼梯间设置在右侧（即东面）。楼梯间上行的梯段被水平剖切面所剖断，用倾斜 45°的折断线来表示。两侧的房间作为休息室，而中间房间则作为起居室。在房屋四周设有散水，散水宽度为 900mm。在房屋南侧设置有

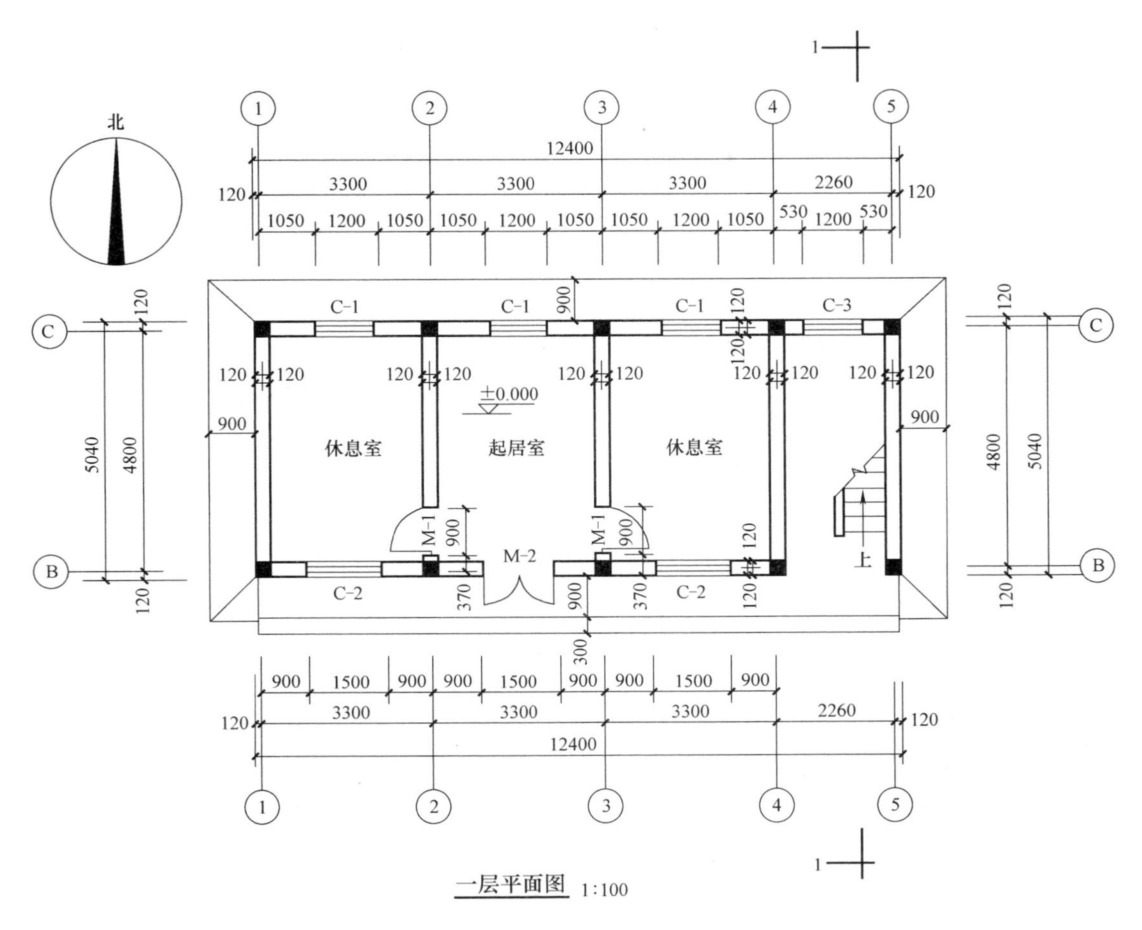

图 5-5 底层平面图

两阶台阶，其踏面宽度分别为 300mm 与 900mm。

4）读门、窗及其他配件的图例及编号，了解它们的位置、类型以及数量等情况。门、窗的代号分别为 M、C（即汉语拼音的第一个字母大写）。M-1 为休息室的门，宽度为 900mm，共有 2 个；M-2 为起居室的大门，宽度为 1500mm，有 1 个；C-1 为北向房间的窗户，宽度为 1200mm，共有 3 个；C-2 为南向房间的窗户，宽度为 1500mm，共有 2 个；C-3 为北向楼梯间的窗户，宽度为 1200mm，有 1 个。另外，要注意的是，C-1 和 C-3 宽度均为 1200mm，初学者会感到疑惑，为什么不把它们合并为一种窗，在读图时不仅要看平面图，更要结合立面看，再对应门窗表，就可以清楚地知道 C-1 的高度较低，只有 600mm，它位于底层后墙。为了安全考虑，设置成了高窗。因此，遇到问题的时候一定要静下心，前后对照图纸，弄清楚其中的原因。

5）看平面的标高，底层平面标高通常会设为±0.000m。

6）读剖切符号，了解剖切平面的位置、编号以及投影方向。本图中，房间布局比较简单，剖切符号设置在楼梯间的位置上，其编号为 1-1。读索引符号，了解详图的出处、选用的图集代号等。

实例 6：建筑二层平面图识图

建筑二层平面图如图 5-6 所示，从图中可以看出：

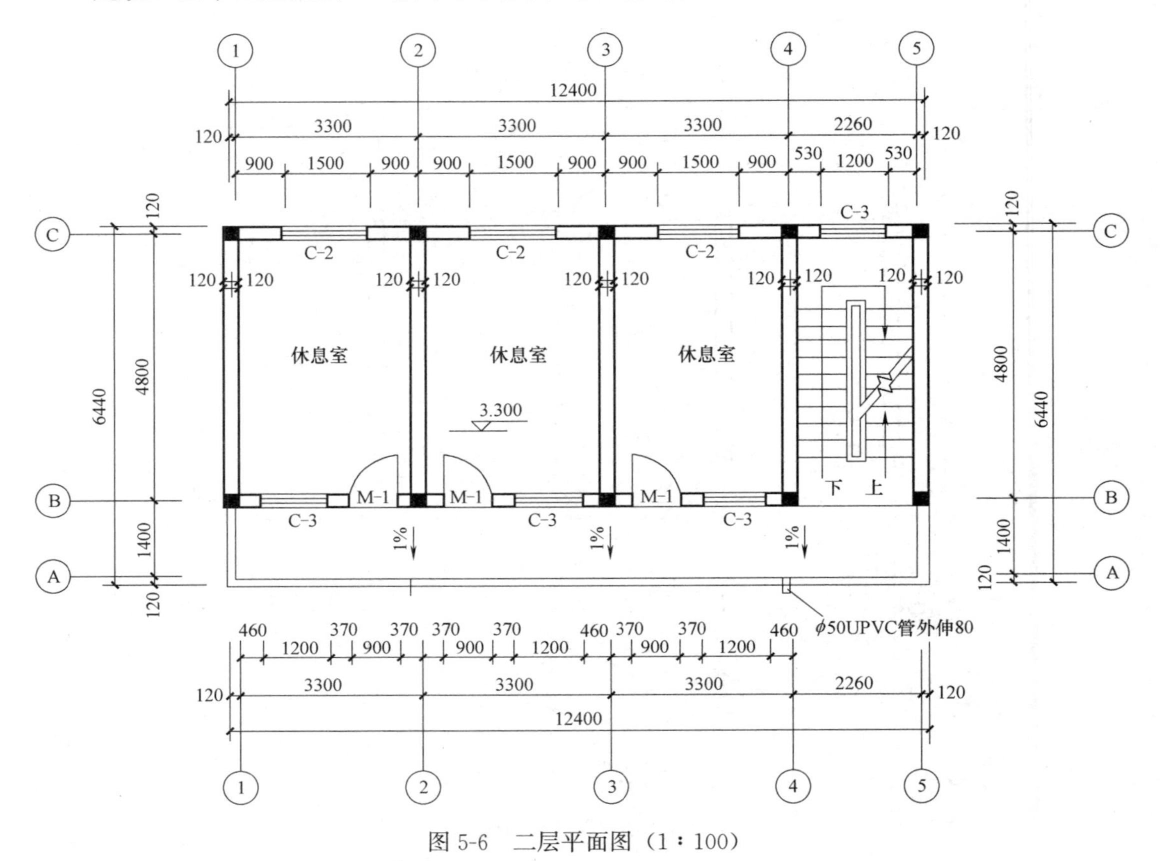

图 5-6　二层平面图（1：100）

二层平面图的图示内容和方法与底层平面图（图 5-5）轴线尺寸及编号均相同，而它们的不同之处如下所述：

1）一层平面图已显示过的指北针、剖切符号以及室外地面上的散水等，在二层平面图中不必再画出。

2）一层平面图中南向设有台阶，而在二层相应位置则改为设有栏板的走廊。走廊设置在①～⑤轴间，Ⓐ～Ⓑ轴间。以Ⓑ轴为界，房间内部的标高都是 3.3mm，走廊处从Ⓑ轴到Ⓐ轴做成 1%的坡度。在②轴和④轴间设有+50mm 的 UPVC 雨水管外伸 80mm。

3）看房间的内部平面布置与外部设施。一层平面图中的起居室在二层平面图中，改为了休息室。楼梯间的梯段仍被水平剖切面所剖断，用倾斜 45°的折断线来表示。但是，折断线改为了两根，这是因为它剖切的不只是上行的梯段，在二层还有下行的梯段。下行的梯段是完整存在的，并且还有部分踏步与上行的部分踏步投影重合。

4）看门、窗及其他配件的图例与编号，在二层平面图中门窗有了较大变动。M-1 仍为休息室的门，但所设置的位置都改在了Ⓑ轴线处。一层平面图中 C-1 的位置都改为了 C-2，但其数量不变。南向房间的门窗，原 M-2 与 C-2 都改为了 M-1 与 C-3，每间各一个。

楼梯间的窗户没有变化。

5）看平面的标高，二层平面标高改为 3.300m。

实例 7：建筑屋顶平面图识图

建筑屋顶平面图如图 5-7 所示，从图中可以看出：

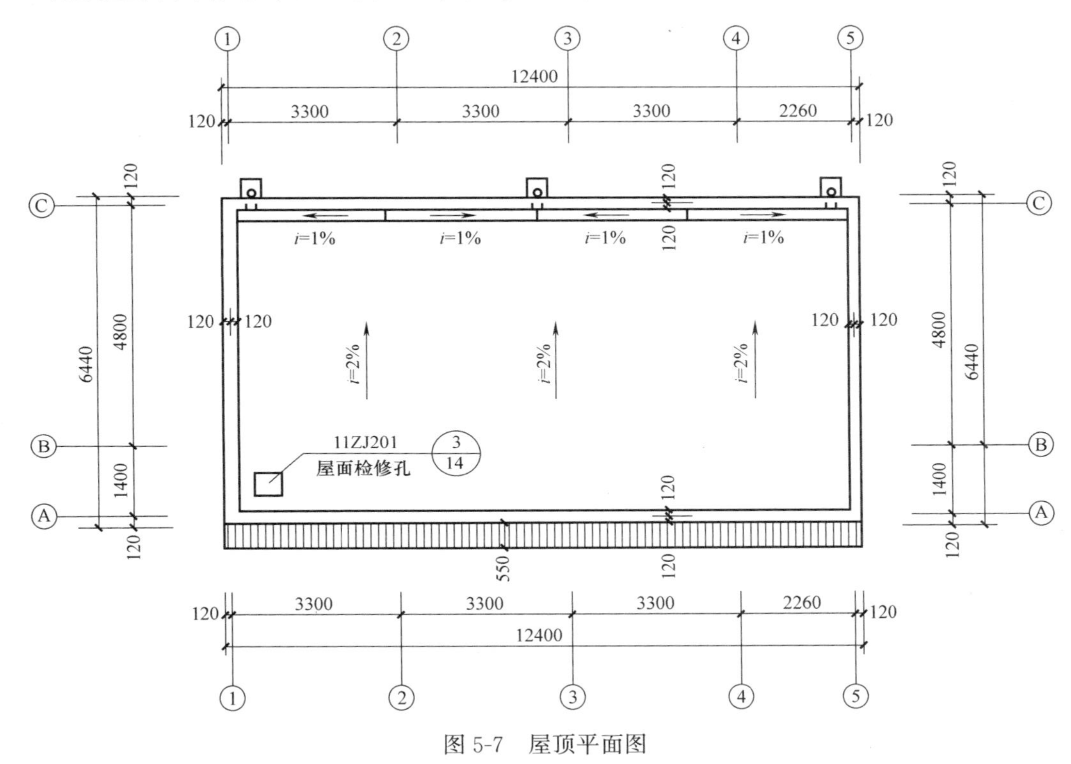

图 5-7 屋顶平面图

（1）在屋顶平面图中，可以看出屋面的排水方向（用箭头表示）是由Ⓐ轴坡向Ⓑ轴，坡度为 2%。在Ⓒ轴线的下方设置有天沟，将屋面上的雨水全都汇集在天沟之内。在天沟内的一定位置处，设有不同方向的且坡度为 1%的坡。在①轴、③轴、⑤轴与Ⓒ轴线的交接处，各设有一雨水管。天沟内聚集的雨水将会顺雨水管流向地面。

（2）在图的左下角，设有屋面检修孔。索引符号标明了检修孔的出处位于图集 11ZJ201。

（3）在Ⓐ轴的下侧，设有净宽 550mm 的坡檐。此坡檐主要作用是为了装饰房屋，使立面更丰富，与排水无关，一般都会设置在层高处或主要立面处。

（4）房屋四周均设有 240mm 宽的女儿墙，沿着外围轴线布置，闭合形成一个矩形。

5.3 建筑立面图识图实例

实例 8：某商场①～⑧立面图识图

某商场的①～⑧立面图如图 5-8 所示，从图中可以看出：

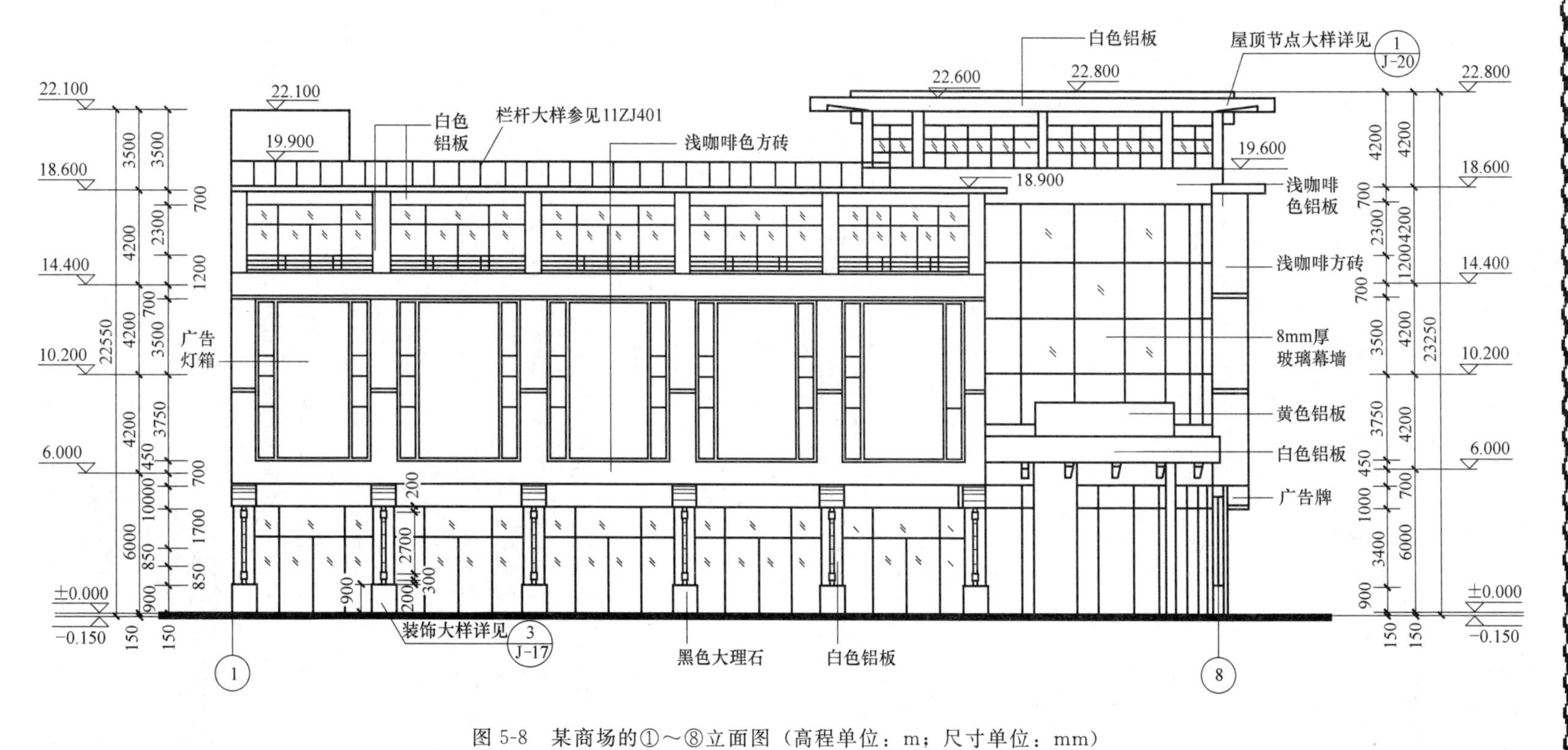

图 5-8 某商场的①～⑧立面图（高程单位：m；尺寸单位：mm）

1）图名和比例。该图是商场的①～⑧立面图，比例 1∶100。

2）建筑物的立面外貌，门窗、雨篷等构件的形式和位置。建筑物的外形轮廓用粗实线表示，室外地坪线用特粗线表示；门窗、阳台、雨篷等主要部分的轮廓线用中实线表示，其他如门窗、墙面分格线等用细实线表示。由图看出，建筑物①～⑧立面基本上也是矩形，首层 MC1 是玻璃门连窗，其余各层在该立面上设有玻璃窗，没有门。图中表达了门窗、玻璃幕墙的形状，但开启扇没表示，将在门窗详图中表示。

3）尺寸和标高。立面图的尺寸主要为竖向尺寸，有三道，最外一道是建筑物的总高尺寸；中间一道是层高尺寸；最内一道是房屋的室内外高差，门窗洞口高度，垂直方向窗间墙、窗下墙、檐口高度等细部尺寸。水平方向要标出立面最外两端的定位轴线和编号。由图可知，该商场各层的高度为：首层 6m，二层至五层每层都是 4.2m，总高 23.25m。室内外高差 0.15m。

立面图的标高表示主要部位的高度，如室内外标高、各层层面标高、屋面标高等。由图看出，标高零点定于首层室内地面，室外地坪标高－0.150m，二层楼板面标高 6.000m，三层楼板面标高 10.200m 等等，依此类推。

4）外部装饰做法。该图对立面的装饰做法有较详细的表达。如入口处雨篷的形状和饰面，饰面砖、铝板、大理石等材料的颜色和位置，广告牌、广告灯箱的位置和形状，装饰柱的尺寸，玻璃幕墙的用料等都有表达。

5）详图情况。由索引符号了解详图情况。图中显示屋顶节点、栏杆、装饰柱都有大样，具体位置和详图编号在索引符号中注明。如屋顶节点大样在 J-20 的 1 号详图中表示，栏杆大样见标准图集。

实例 9：某住宅楼建筑立面图识图

某住宅楼建筑立面图如图 5-9 所示，从图中可以看出：

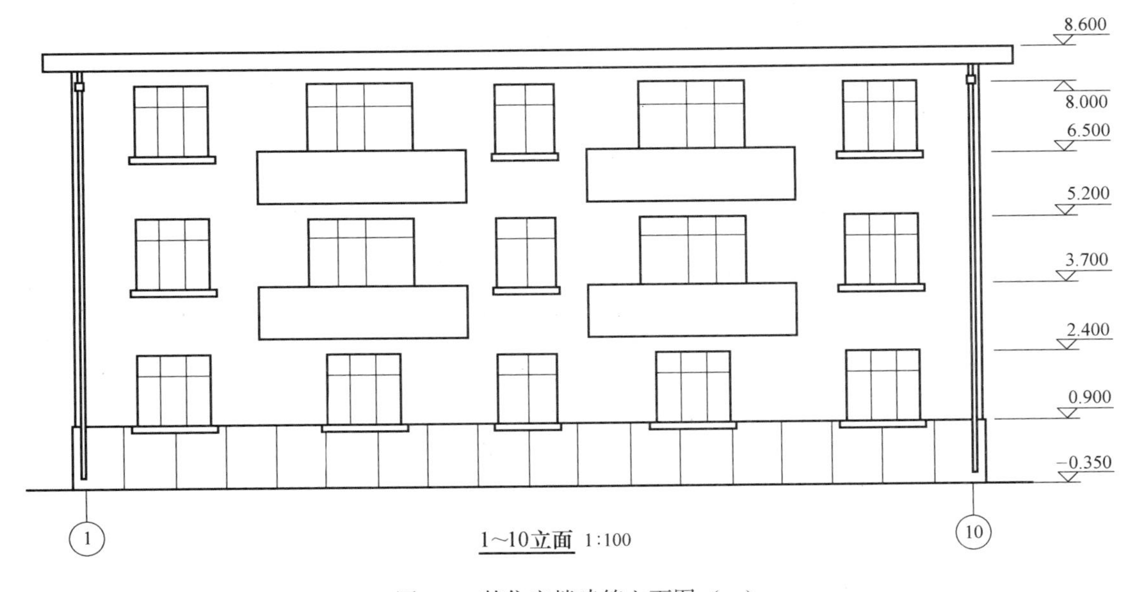

图 5-9　某住宅楼建筑立面图（一）

图 5-9 某住宅楼建筑立面图（二）

1）该住宅楼立面图有两个，上图为正立面，即定位轴线 1 至 10 立面，下图为背立面，即定位轴线 10 至 1 立面。

2）从正立面图上可以看到，各层临南向房间的外窗位置及其形式，阳台栏板立面位置、外墙面及墙裙立面形式、屋面挑檐立面形式等。

3）从背立面图上可以看出，各层临北向房间的外窗位置及其形式、外墙面及墙裙立面形式，楼梯间入口、第一段楼梯立面，室内台阶立面、雨篷立面等。

4）立面图右侧的标高线，表示外窗、挑檐等各处标高值，标高值以底层室内地面标高为零算起的，高于底层室内地面者为正值，低于底层室内地面者为负值，本图中室外地坪标高值为−0.350，表示室外地坪低于底层室内地面 0.35m。标高值的计量单位为“m”。

5）外墙裙立面上竖向细线是表示外墙裙抹灰的分格线。

6）每个外窗下边的狭长粗线条表示窗盘立面。

7）外墙底下一道最粗线表示室外地坪线（不画散水）。

实例 10：单层工业厂房①～⑪立面图识图

单层工业厂房①～⑪立面图如图 5-10 所示，从图中可以看出：

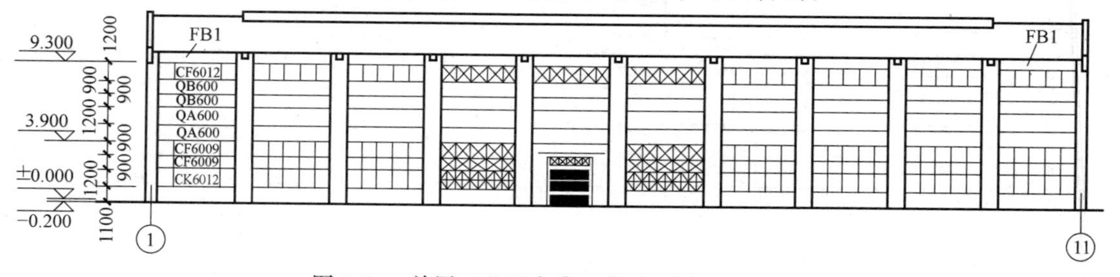

图 5-10 单层工业厂房①～⑪立面图（1∶200）

1）由图中可以看到，条板墙块的划分、条窗位置及其规格编号。从勒脚至檐口有QA600、QB600、FB1 三种条板和 CK6012、CF6009、CF6012 三种条窗。

2）屋面除两端开间外均设有通风屋脊。厂房墙面是由条板装配而成的，因此图上只标出上下两块条板（或条窗）的顶面与底面标高，中间注出条板和条窗的高度尺寸。条板、条窗、压条以及大门的规格与数量，均另列表说明。

5.4 建筑剖面图识图实例

实例 11：某住宅楼剖面图识图

某住宅楼剖面图如图 5-11 所示，从图中可以看出：

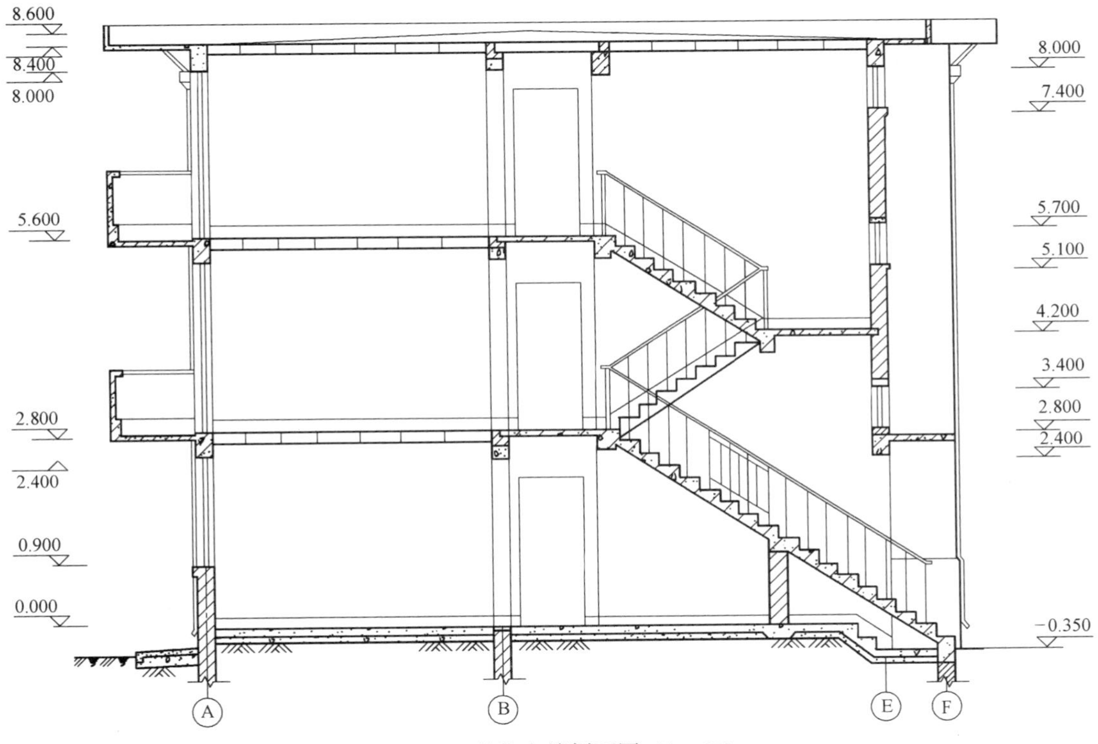

图 5-11 某住宅楼剖面图（1∶50）

1）该剖面图表示出楼梯间、客厅、阳台等处剖视情况。

2）从剖面图中看出，该住宅楼为三个层次。层高为 2.8m。屋顶为平屋面，有外伸挑檐。客厅外墙外侧有挑出阳台（二、三层有阳台，底层无阳台）。楼梯有三段，第一段楼梯从底层到二层为单跑梯；第二段楼梯从二层楼面到楼梯平台，第三段楼梯从楼梯平台到三层楼面，这两段楼梯组成双跑梯，从二层到三层。

3）根据建筑材料图例得知，二、三层客厅楼板为预制板；屋面板全为预制板，楼梯及走道为现浇混凝土。阳台、雨篷也为现浇混凝土。

4）每个外窗及空圈上边有钢筋混凝土过梁。三层外窗上面为挑檐圈梁。阳台门上面为阳台梁。楼梯间入口处上面为雨篷梁。

5）剖面图只表示到底层室内地面及室外地坪线，以下部分属于基础，另见基础图。

6）剖面图两侧均有标高线，标出底层室内地面、各层楼面、屋面板面、外窗上下边、楼梯平台、室外地坪等处标高值。以底层室内地面标高为零，以上者标正值，以下者标负值。

实例 12：某学校男生宿舍楼剖面图识图

某学校男生宿舍楼的剖面图如图 5-12 所示，从图中可以看出：

1）看图名及比例可知，这两个剖面图分别是 1-1、2-2 剖面图，比例为 1∶100。对应建筑的底层平面图，找到剖切的位置及投射的方向。

2）1-1、2-2 剖面图表示的都是建筑Ⓐ～Ⓕ轴之间的空间关系。由于剖切的位置不同，所以所要表达的要点也不一样。1-1 剖面图主要表达的是宿舍房间及走廊的部分；2-2 剖面图主要表达的是楼梯间的详细布置以及与宿舍房间的关系。

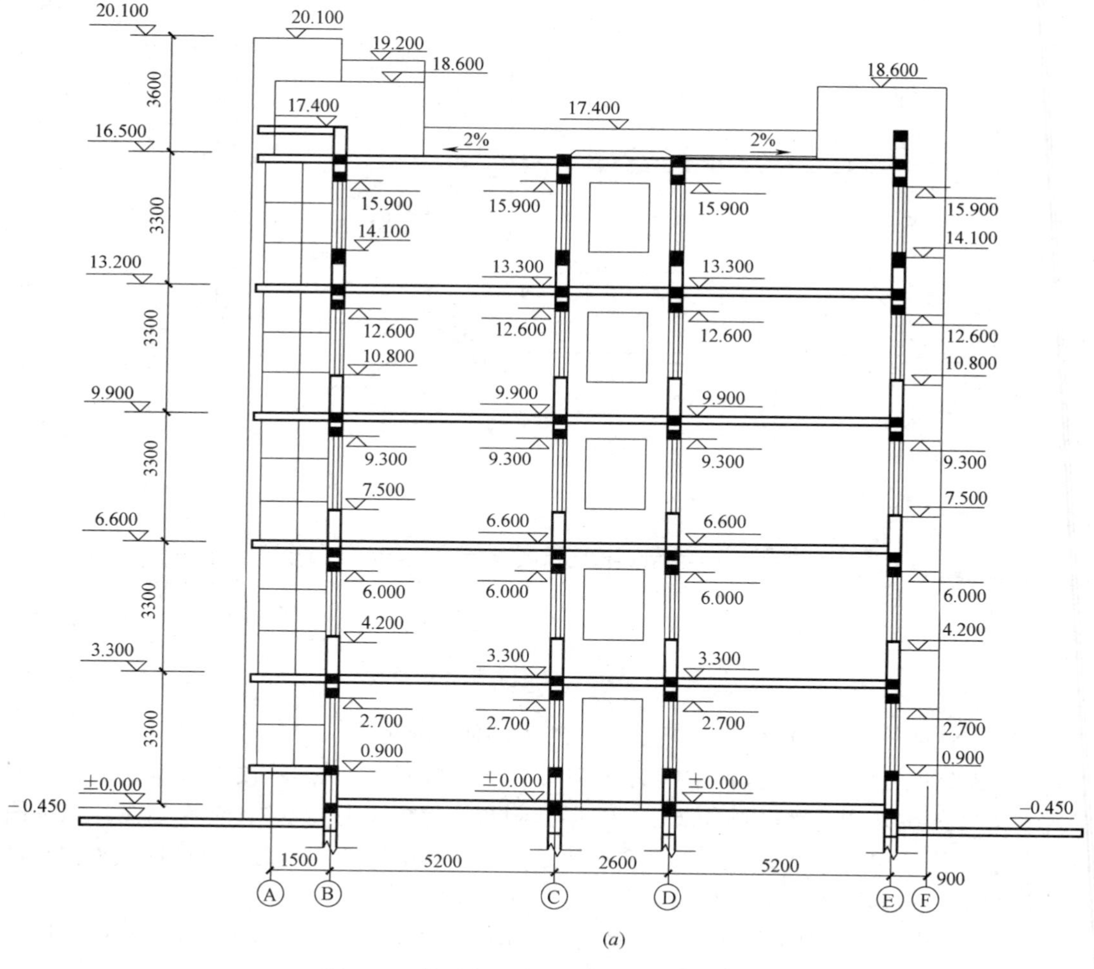

图 5-12 某学校男生宿舍楼的剖面图（一）
（a）1-1 剖面图（1∶100）

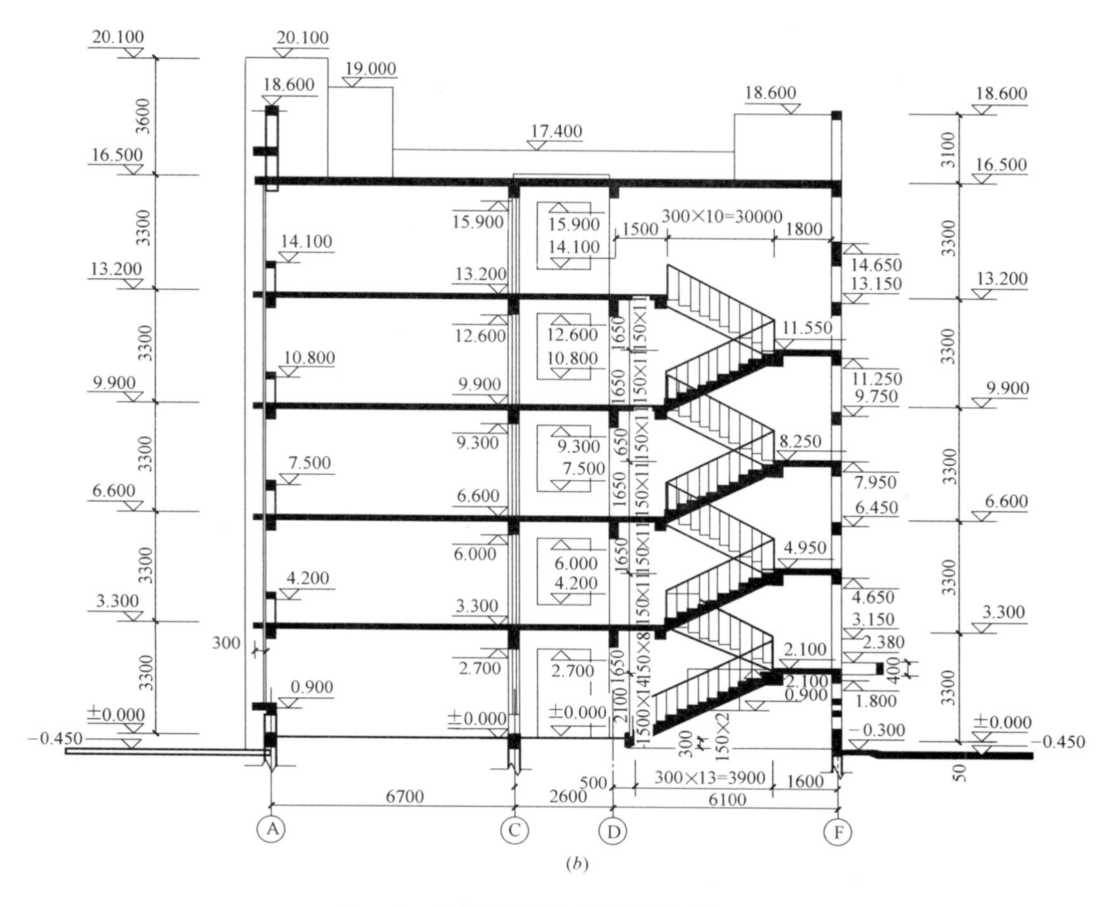

(*b*)

图 5-12 某学校男生宿舍楼的剖面图(二)
(*b*)2-2 剖面图(1∶100)

3)由 1-1 剖面图可以知道,该房屋为五层楼房,平屋顶,屋顶四周有女儿墙,为混合结构。屋面排水采用材料找坡 2%的坡度;房间的层高分别为±0.000m、3.300m、6.600m、9.900m、13.200m。屋顶的结构标高为 16.500m。宿舍的门高度都是 2700mm,窗户高度为 1800mm,窗台离地 900mm。走廊端部的墙上中间开设一窗,其高度为 1800mm。剖切到的屋顶女儿墙的高度为 900mm,墙顶标高为 17.400m。能够看到但未剖切到的屋顶女儿墙高低不一,它们的高度分别为 2100mm、2700mm、3600mm。墙顶标高为 18.600m、19.200mm、20.100mm。从建筑底部标高可知,该建筑的室内外高差为 450mm,底部的轴线尺寸标明,宿舍房间的进深尺寸为 5200mm,走廊宽度为 2600mm。另外有局部房间尺寸凸出主轴线,比如Ⓐ轴到Ⓑ轴间距 1500mm,Ⓔ轴到Ⓕ轴间距 900mm。

4)从 2-2 剖面图可知建筑的出入口及楼梯间的详细布局。在Ⓕ轴处是建筑的主要出入口,在门口设有坡道,高 150mm(由室外地坪标高−0.45m 及楼梯间门内地面标高−0.300m 可算出);门高 2100mm(由门的下标高为−0.300m,上标高 1.800m 得出);在门口上方设有雨篷,其高度为 400mm,顶标高为 2.380m。进入到楼梯间,地面标高为

−0.300m，经过两个总高度为 300mm 的踏步上到一层房间的室内地面高度（即 ±0.000m 标高处）。

5）每层楼梯都是由两个梯段组成。除一层之外，其余梯段的踏步数量及宽高尺寸均相同。一层的楼梯有些特殊，设置成了长短跑。也就是第一个梯段较长（共有 13 个踏步面，每个踏步均为 300mm，共有 3900mm 长），向上的高度较高（共有 14 个踏步高，每个踏步高均为 150mm，共有 2100mm 高）；第二个梯段较短（共有 7 个踏步面，每个踏步均为 300mm，共有 2100mm 长），向上的高度较低（共有 8 个踏步高，每个踏步高度均为 150mm，共有 1200mm 高）。这样做的目的主要是将一层楼梯的转折处的中间休息平台抬高，使行人能在平台下顺利通过。可以看出，休息平台的标高为 2.100m，地面标高为 −0.300m，因此下面空间高度（包含楼板在内）为 2400mm。除去楼梯梁的高度 350mm，平台下的净高为 2050mm。二层到五层的楼梯均由两个梯段组成，每个梯段均有 11 个踏步，每个踏步高 150mm、宽 300mm，所以梯段的长度为 300mm×10＝3300mm，高度为 150mm×11＝1650mm。在楼梯间休息平台的宽度均为 1800mm，其标高分别为 2.100m、4.950m、8.250m、11.550m。在每层楼梯间都设置有窗户，窗的底标高分别为 3.150m、6.450m、9.750m、13.150m，窗的顶标高分别为 4.650m、7.950m、11.250m、14.650m。每层楼梯间的窗户距中间休息平台高 1500mm。

6）与 1-1 剖面图所不同的是，走廊底部是门的位置。门的底标高为±0.000m，顶标高为 2.700m。1-1 剖面图的Ⓓ轴线标明的是被剖切到的是一堵墙；而 2-2 剖面图只是画了一个单线条，并且用细实线标注，它说明走廊与楼梯间是相通的。该楼梯间不是封闭的楼梯间，人流是可以直接走到楼梯间，再上到上面几层的。单线条是可看到的楼梯间两侧墙体的轮廓线。

7）另外，在Ⓐ轴线处的窗户设置方法与普通窗户不太一样。它的玻璃不是直接安在墙体中间的洞口上的，而是附在墙体的外侧，并且通上一直到达屋顶的女儿墙的装饰块处的。实际上，它就是一个整体的玻璃幕墙。在外立面看，是一个整块的玻璃。玻璃幕墙的做法有明框与隐框之分，其详细做法可以参考标准图集。每层层高处在外墙外侧伸出装饰性的挑檐，挑檐宽 300mm，厚度同楼板一样。每层窗洞口的底标高分别为 0.900m、4.200m、7.500m、10.800m、14.100m，窗洞口顶标高由每层的门窗过梁来确定（用每层层高减去门窗过梁的高度可以得到）。

实例 13：某办公楼建筑剖面图识图

某办公楼建筑剖面图如图 5-13 所示，从图中可以看出：

1）涂黑的部分是钢筋混凝土楼板和梁，房屋的楼层高度是 3400mm。

2）剖切到的办公室的门高度是 2000mm，阳台门高度是 2750mm。还剖切到了阳台上的窗户，走廊的窗户并未剖切到，但投影时可以看到。

3）从剖面图中可以很清楚地看出，窗台高度为 900mm，窗户高度为 1850mm，窗上的梁高是 650mm。

4）房屋顶部是钢筋混凝土平屋顶，而且屋顶上还安装了彩钢板。屋顶挑檐的厚度为 80mm，伸出屋面是 350mm，高出屋面是 450mm。

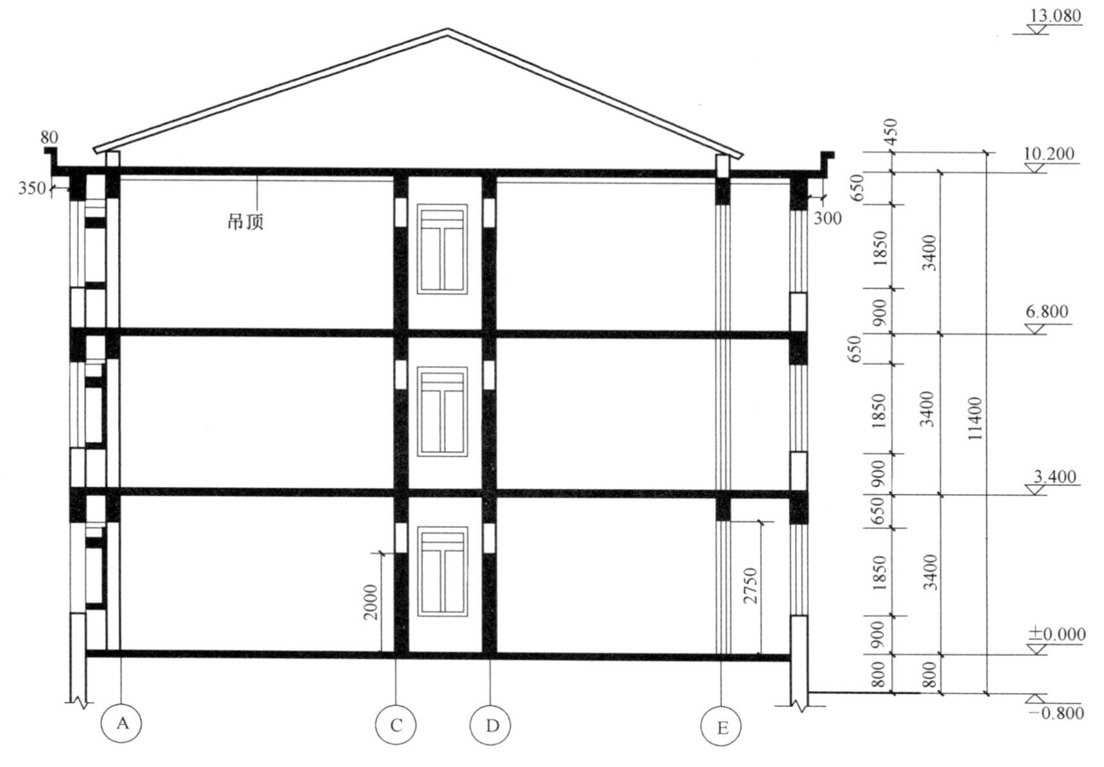

图 5-13　某办公楼建筑剖面图

5.5　建筑详图识图实例

实例 14：建筑外墙墙身详图识图

建筑外墙墙身详图如图 5-14 所示，从图中可以看出：

1）该图为建筑剖面图中外墙身的放大图，比例为 1∶30。

2）图中不仅表示了屋顶、檐口、楼面、地面等构造以及与墙身的连接关系，而且表示了窗、窗顶、窗台等处的构造情况。

3）圈梁、过梁均为钢筋混凝土构件，楼板为钢筋混凝土空心板，均用钢筋混凝土图例绘制表示。外墙为 240mm 厚砖墙，也以图例表示出来。

4）该图绘制了室外散水与室内地面节点、楼面节点、檐口节点三个节点的详图组合。

5）从图中可以看出，室内地面为混凝土地面。做法为：在 100mm 厚 C20 混凝土上，用 10mm 厚水泥砂浆找平，上铺 500mm×500mm 瓷砖。在室内地面与墙身基础的相连处设有水泥砂浆防潮层，一般用粗实线表示。本图中窗台的做法比较简单，没有窗台板也没有外挑檐。室外为混凝土散水，做法为：在素土夯实层上铺 100mm 厚 C15 混凝土，面层为 20mm 厚 1∶2 水泥砂浆。

6）图中檐口采用女儿墙形式，高度 900mm。屋面做法为油毡保温屋面，保温层采用

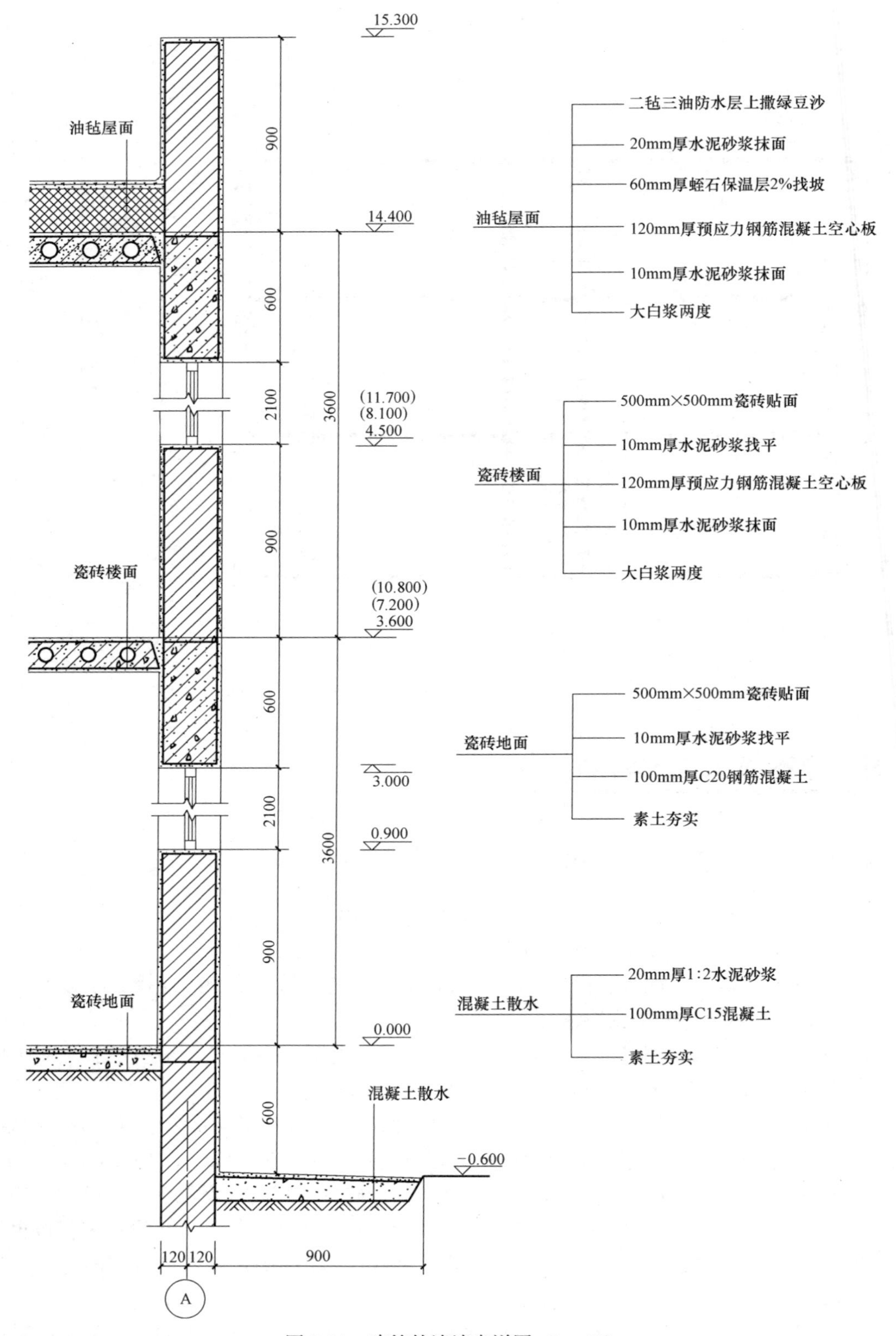

图 5-14 建筑外墙墙身详图（1∶30）

60mm 厚蛭石保温层，并兼 2%找坡作用。防水层采用二毡三油卷材防水，上撒绿豆沙。

7）在楼层节点处的标高，其中 7.200 与 10.800 用括号括起来，表示与此相应的高度上，该节点图仍然适用。此外，图中还注明了高度方向的尺寸及墙身细部大小尺寸。如墙身为 240mm，室外散水宽 900mm。

实例 15：门窗大样图识图

门窗大样图如图 5-15 所示，从图中可以看出：

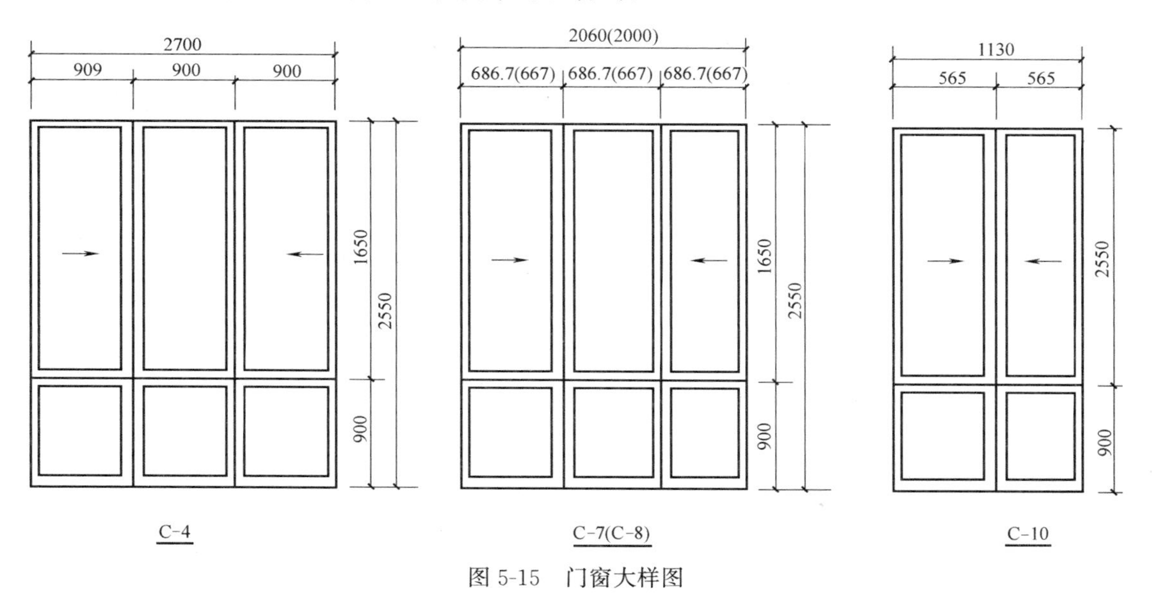

图 5-15 门窗大样图

（1）窗户 C-4 的、详细尺寸及分格情况：C-4 总高 2550mm，上下可分为两部分，上半部分高 1650mm，下半部分高 900mm，横向总宽为 2700mm。可分为三个相等的部分，每部分宽 900mm。

（2）窗户 C-7（C-8）的详细尺寸及分格情况，C-7（C-8）总高 2550mm，上下可分为两部分，上半部分高 1650mm，下半部分高 900mm，横向总宽为 2060mm 与 2000mm。可分为三个相等的部分，每部分宽 686.7mm 和 667mm。

（3）窗户 C-10 的详细尺寸及分格情况，C-10 的竖向分格和前面两个一样，都是 2550mm，上下分为两部分，只是横向较窄，总宽 1130mm，分两部分，每格 565mm。

参 考 文 献

［1］ 中华人民共和国住房和城乡建设部. 房屋建筑制图统一标准 GB/T 50001—2017［S］. 北京：中国建筑工业出版社，2018.

［2］ 中华人民共和国住房和城乡建设部. 总图制图标准 GB/T 50103—2010［S］. 北京：中国计划出版社，2011.

［3］ 中华人民共和国住房和城乡建设部. 建筑制图标准 GB/T 50104—2010［S］. 北京：中国计划出版社，2011.

［4］ 黄梅. 建筑工程快速识图技巧（第二版）［M］. 北京：化学工业出版社，2018.

［5］ 张建新. 怎样识读建筑施工图［M］. 北京：中国建筑工业出版社，2012.

［6］ 魏明. 建筑构造与识图［M］. 北京：机械工业出版社，2011.

［7］ 杨福云. 建筑构造与识图［M］. 北京：中国建材工业出版社，2011.

［8］ 朱缨. 建筑识图与构造［M］. 北京：化学工业出版社，2010.

［9］ 陈梅、郑敏华. 建筑识图与房屋结构［M］. 武汉：华中科技大学出版社，2010.

［10］ 刘仁传. 建筑识图［M］. 北京：中国劳动社会保障出版社，2012.